新能源电力系统概率预测理论与方法

Theory and Methodology of Probabilistic Forecasting for Renewable Power Systems

万　灿　宋永华　著

科 学 出 版 社

北　京

内 容 简 介

本书系统地介绍了新能源电力系统概率预测理论与方法，以期为不确定环境下电力系统分析与控制提供关键可靠信息支撑，助力新能源电力系统安全和经济运行。全书共9章，主要内容包括：预测科学基础，概率预测的数学原理与应用价值，自举极限学习机概率预测方法，自适应集成深度学习概率预测方法，机器学习直接区间预测，机器学习最优区间预测，直接分位数回归非参数概率预测方法，数据驱动非参数概率预测，概率预测-决策一体化。

本书可供新能源电力系统规划、经济调度、稳定控制、市场交易等科研和工程技术人员阅读参考，也可作为高校有关专业的本科生和研究生的学习教材或参考资料，同时也可为计算机科学、统计学、控制科学、经济金融、管理等领域从业者提供参考。

图书在版编目（CIP）数据

新能源电力系统概率预测理论与方法=Theory and Methodology of Probabilistic Forecasting for Renewable Power Systems/ 万灿，宋永华著. —北京：科学出版社，2022.2

ISBN 978-7-03-071467-1

Ⅰ. ①新… Ⅱ. ①万… ②宋… Ⅲ. ①新能源-电力系统-概率-预测-研究 Ⅳ. ①TM7

中国版本图书馆CIP数据核字（2022）第023902号

责任编辑：范运年 / 责任校对：王萌萌
责任印制：吴兆东 / 封面设计：蓝正设计

科 学 出 版 社 出版
北京东黄城根北街 16 号
邮政编码：100717
http://www.sciencep.com
北京中科印刷有限公司 印刷
科学出版社发行 各地新华书店经销
*
2022 年 2 月第 一 版 开本：720 × 1000 1/16
2022 年12月第二次印刷 印张：16 3/4
字数：337 000
定价：168.00 元
（如有印装质量问题，我社负责调换）

前　言

当前，全球性气候变暖与能源枯竭问题日益严峻。为了应对气候环境挑战，保障国家能源安全，我国正大力推动能源系统向清洁化和低碳化转型，确立了在 2030 年和 2060 年前分别实现“碳达峰”和“碳中和”目标，构建以新能源为主体的新型电力系统。截至 2021 年底，我国风电、光伏累计装机容量总和达到 6.4 亿 kW，居世界第一，占全国发电总装机容量的比重达到 26.7%，高比例新能源已成为我国电力系统发展的典型特征。然而以风电、光伏为代表的间歇性电源和以储能、电动汽车为代表的新型负荷大规模接入电网后，电力供需态势呈现高度复杂的波动性和不确定性，给电力系统的安全经济运行带来严峻挑战，严重制约了新能源的消纳。

电力系统预测利用多源历史量测数据和数值天气预报等预测数据，借助物理建模和统计回归等手段，对未来特定时段内的间歇性新能源发电功率、多层级电力负荷水平、电力市场交易价格等进行量化估计，从而为电力系统规划、运行、控制、交易等决策行为提供关键信息支撑，对促进新能源消纳和能源系统的清洁低碳转型具有至关重要的作用。鉴于大气系统的混沌特性和电力用户行为的随机特性，新能源电力系统中的预测对象难以被精准预测，以单点值作为输出的点预测结果存在不可消除的误差，预测呈现高不确定性。与传统点预测不同，电力系统概率预测以预测对象的概率分布、分位数、预测区间等作为输出形式，可对预测不确定性进行有效量化，从而为电力系统决策者提供更为丰富的供需与交易信息。概率预测的数学本质可以被归结为构建从高维信息空间到分布函数的非线性条件映射，为了获得更为可靠的概率预测，一方面要求预测人员对电力系统预测不确定性的来源进行全面分析，从模型、数据等多维度量化预测各环节的不确定性；另一方面需要针对具有非平稳、异方差、多模态特性的预测不确定性概率分布，开发具有广泛适用性和高灵活性的概率预测模型。此外，电力系统概率预测需要对高复杂度的非线性关系进行拟合，电力系统的实时决策也对预测模型的计算效率提出更高的要求，需要利用机器学习强大的非线性映射能力与先进运筹优化理论为概率预测的高可靠性与高计算效率提供保障。本书对上述电力系统概率预测的关键问题给予了系统性总结，并提出了创新性的理论和方法。

第 1 章介绍预测科学基础。本章描述预测的定义、一般步骤、时间尺度等基本原理，从不同分类角度总结传统的预测模型与方法，分析预测的重要性及预测科学面临的挑战。

第 2 章介绍概率预测的数学原理与应用价值。本章首先对预测误差的统计特性进行分析，讨论了预测不确定性的来源；然后阐述概率预测的基本原理与主要方法，并概述其在电力系统中的应用场景。

第 3 章介绍自举极限学习机概率预测方法。本章首先引入一种极为高效的机器学习模型——极限学习机；其次，介绍预测不确定性的分类；最后，给出利用自举极限学习机进行期望估计、模型不确定性估计、余差估计的方法。

第 4 章介绍自适应集成深度学习概率预测方法。本章首先介绍深度学习和集成学习的基本概念与方法，包括深度学习基础、深度学习典型方法、集成学习基础算法等；其次，介绍自适应的集成深度概率预测方法，从数据挖掘的角度求解自适应权重。

第 5 章介绍机器学习直接区间预测。本章从预测区间分数与分位数回归的关系出发，介绍三种无需依赖点预测误差分析与参数化概率分布假设的区间预测方法——直接区间预测、基于分位数的区间预测、自适应双层优化预测。

第 6 章介绍机器学习最优区间预测。本章分析了区间预测对可靠性与锐度的提升需求，解释二者的帕累托最优关系，介绍了机会约束极限学习机区间预测方法。

第 7 章介绍直接分位数回归非参数概率预测方法。本章首先对分位数回归理论进行系统介绍，包括分位数的定义、分位数回归的损失函数及分位数预测的评价指标；其次，介绍基于极限学习机的直接单分位数和多分位数回归模型；最后，介绍基于线性规划的直接分位数拟合模型训练算法。

第 8 章介绍数据驱动非参数概率预测。本章首先从特征选择、相似性度量方法、相似模式数量等角度构建合理的相似数据集；其次总结非参数的密度估计方法；最后，介绍基于加权集成的密度估计概率预测方法。

第 9 章介绍概率预测-决策一体化。本章概述电力系统预测与决策之间的关系，指出传统预测-决策序贯框架的不足，建立概率预测-决策一体化理论框架，构建成本导向的预测区间理论，并以基于概率预测的电力系统运行备用量化为例，展示电力系统概率预测-决策一体化理论与方法的应用价值。

本书是作者及其研究团队在新能源电力系统概率预测领域耕耘十年的成果总结，其目的在于推动概率预测基础理论研究及其电力系统应用。浙江大学电气工程学院博士研究生赵长飞、曹照静和崔文康参与了本书的部分研究工作，在此向他们表示感谢。

本书的研究工作得到了国家重点研发计划“智能电网技术与装备”重点专项项目(2018YFB0905000)、国家自然科学基金项目(51877189，51761135015)、中国科协“青年人才托举工程”项目(2018QNRC001)、浙江省杰出青年基金项目(LR22E070003)的资助。

作　者

2022年1月于浙江大学求是园

目　录

第1章　预测科学基础

1.1　概　　述

预测科学是对未知事件做出事先估计与推断的科学，是人们认识自然、经济、社会发展变化规律的基础。科学技术发展使得环境、资源、市场、信息越来越呈现出更新速率快、数据复杂度高等特点，这就要求在进行预测活动时需要做到稳定、准确、精细。在现代信息社会中，预测科学不能仅提供概括性的定性表述，更要依靠计算机科学、信息处理、数理统计等科学技术的发展，对预测对象未来发展变化给出全面、准确、可靠的定量描述，从而为经济社会运行、企业经营管理、水文环境管理及其他决策场景提供更加精准、个性化的信息支撑[1-4]。

电力系统是世界上最复杂的人造系统，其空间分布广泛，动态特性复杂，数学模型具有显著的高维、非线性、时变特性。近年来，以风电、光伏等为代表的间歇性新能源发电大规模接入，使得电力系统不确定性显著提升。新能源电力系统中，预测能够为系统的决策调度、电力市场化交易、能源规划等场景提供可靠信息支撑，从而更好地保障新能源电力系统的安全、经济运行，促进新能源在电力系统中的高比例接入和消纳[5]。本章从预测的一般步骤、时间尺度、新能源电力系统预测对象等方面阐述预测的基本原理，综述物理预测模型、时间序列预测模型、统计法预测模型、机器学习预测模型、组合预测模型等基本的预测模型与方法，进而从数据冗余、预测问题的多学科交叉、预测不确定性量化、高分辨率预测、预测方法泛化性能检验与提升、预测理论与方法创新下的实际应用探索等多个角度总结概括预测科学面临的挑战。

1.2　预测的基本原理

1.2.1　预测的定义

预测是利用科学的计量与统计方法，根据历史和现实规律，综合考虑多类型、多维度信息，得到预测对象自身发展变化的规律特征及其与外部因素的变化联系，对不确定事件或未知事件进行估计或描述，从而对预测对象未来的可能变化情况做出事先推断的科学[6]。预测基于一个前提，即利用当前和过去的知识可以推测未来。特别是对于时间序列而言，可以从历史统计数据中识别变化规律，并且可以预测未来的变化趋势[7]。简而言之，预测是通过分析对事物的现有认识，做出对预测对象的未来评估。

科学预测理论中，预测对象Y可视为随机变量。预测对象在$t+k$时刻的实际测量值y_{t+k}可以看作是随机变量Y的一个实现。那么，在t时刻可以根据给定的预测模型F、预测模型参数ϕ_t和预测信息集合Ω_t做出对$t+k$时刻的预测$\hat{y}_{t+k|t}$，定义为

$$\hat{y}_{t+k|t}=F(\Omega_t,\phi_t) \tag{1-1}$$

预测信息集合Ω_t是在t时刻可以获取到的与预测对象相关的所有信息，是预测决策者做出对预测对象未来发展变化规律正确估计的基础。做出科学预测不仅需要考虑预测对象自身的自相关特性，也要关注外部相关变量对预测对象的影响，如在风电功率预测中要考虑风速风向等外部环境信息对风电功率的影响。预测信息集合Ω_t包括以下几部分信息：

(1)预测对象Y的历史时刻统计信息$\Omega_t^{(1)}=\{y_{t-l+1},y_{t-l+2},\dots,y_{t-1},y_t\}$，其中$l$为历史统计时长。

(2)外部解释变量的历史时刻统计信息$\Omega_t^{(2)}=\{x_{t-l+1},x_{t-l+2},\dots,x_{t-1},x_t\}$。

(3)外部解释变量的预测信息$\Omega_t^{(3)}=\{\hat{x}_{t+1},\hat{x}_{t+2},\dots,\hat{x}_{t+k}\}$。

1.2.2 预测的一般步骤

预测通常包含以下几个步骤。

1. 预测关键要素抽象化

预测问题研究中，首先需要从现实场景的预测问题中，抽象出预测问题的关键要素。对于具体的预测场景，需要对预测任务进行明确定义，包括预测对象、预测时间尺度、预测输入信息、可供选择的预测方法、预测性能要求等。预测关键要素的抽象化有助于预测信息的筛选、预测模型的选取、模型超参数的设定及便于预测结果的表达。

2. 预测输入信息获取及预处理

预测输入信息需选择与预测对象相关性高的信息，同时需平衡预测性能与数据冗余。预测输入信息还需经过预处理，主要包括以下内容。

(1)缺失值处理：对于缺少部分数值的预测信息，根据输入信息的分布特性和对预测对象影响的重要性采用数据插值、哑变量填充等方式处理。

(2)离群点处理：对于输入信息中存在的超出一般区域范围的“噪点”，可根据箱线图、3σ原则、绝对离差中位数、数值聚类等方式加以清除，或利用邻近样本替换。

(3)维度变换：对于高维复杂数据，采用数值聚类、主成分分析、奇异值分解等方式，在保证数值信息完整性的前提下实现数据降维，从而更高效地实现信息利用。

(4)数值规范化处理：不同输入信息其数值范围存在不同，不宜直接作为统一的输入信息输入预测模型，需进行数值规范化处理，如 min-max 规范化、Z-score 规范化、log 变换等。

3. 预测模型构建与评估

对于给定原始数据集 $\mathcal{D}=\{(\boldsymbol{x}_t,\boldsymbol{y}_t)\}_{t\in\mathcal{T}}(\boldsymbol{x}_t\in\Omega_t)$，将 $\mathcal{D}$ 划分为训练数据集 $\mathcal{D}_{\mathrm{Tr}}$ 和测试数据集 $\mathcal{D}_{\mathrm{Te}}$，两个数据集相互独立。$\mathcal{D}_{\mathrm{Tr}}$ 用于训练预测模型，$\mathcal{D}_{\mathrm{Te}}$ 用于评估预测模型的性能。在测试集 $\mathcal{D}_{\mathrm{Te}}$ 中，预测结果的生成应当模拟实际的预测情形，即利用 t 时刻已知的信息集合 Ω_t 估计 $t+k$ 时刻的预测对象。

通常情况下，预测误差是难以避免的，预测因而被视为具有天然的不确定性。单一的评价指标不足以得出某一预测方法性能优劣的结论，因此可以从多个角度进行评价预测误差。常用的预测误差评价指标有平均偏差(mean bias error，MBE)、平均绝对误差(mean absolute error，MAE)、平均绝对百分误差(mean absolute percentage error，MAPE)、均方误差(mean square error，MSE)及均方根误差(root mean square error，RMSE)等。单个预测值误差定义为

$$e_{t+k|t}=y_{t+k}-\hat{y}_{t+k|t} \tag{1-2}$$

式中，y_{t+k} 和 $\hat{y}_{t+k|t}$ 分别为实际值与预测值。则 MBE 定义为

$$\mathrm{MBE}(k)=\frac{1}{N_T}\sum_{t=1}^{N_T}e_{t+k|t} \tag{1-3}$$

其中，N_T 为测试集样本数。

MBE 是预测性能的一个基本方面，它表明该方法是否倾向于高估或低估预测对象，一般很难说明预测方法的实际性能。即便 MBE 为零，也不能说明预测方法提供了完美的预测结果，很多情况下只是因为正负误差值在测试集上相互抵消。

表示正误差和负误差对预测偏差贡献度的一个常用度量方法是平均绝对误差，它是测试集上绝对值误差的平均值：

$$\mathrm{MAE}(k)=\frac{1}{N_T}\sum_{t=1}^{N_T}\left|e_{t+k|t}\right| \tag{1-4}$$

MAPE 在 MAE 基础上计算预测误差相对于真实值的相对值，再计算均值，定义为

$$\mathrm{MAPE}(k)=\frac{1}{N_T}\sum_{t=1}^{N_T}\left|\frac{e_{t+k|t}}{y_{t+k}}\right| \tag{1-5}$$

MAPE 避免了数据大小对误差计算的影响，但当真实值 y_{t+k} 接近于零时，很小的预测误差也会带来很大的 MAPE 值，从而影响对预测结果的客观评价。

另一种常用的预测精度测量方法是均方误差，它是测试集上误差平方的平均值：

$$\mathrm{MSE}(k)=\frac{1}{N_T}\sum_{t=1}^{N_T}\left(e_{t+k|t}\right)^2 \tag{1-6}$$

或以其平方根形式表示为均方根误差

$$\mathrm{RMSE}(k)=\mathrm{MSE}(k)^{\frac{1}{2}}=\left[\frac{1}{N_T}\sum_{t=1}^{N_T}\left(e_{t+k|t}\right)^2\right]^{\frac{1}{2}} \tag{1-7}$$

不同于 MSE，RMSE 与预测对象具有相同单位。

除 RMSE 之外，还可以考虑误差的样本标准差(standard deviation of the error, SDE)，表示为

$$\mathrm{SDE}(k)=\left[\frac{1}{N_T-1}\sum_{t=1}^{N_T}\left(e_{t+k|t}-\mathrm{MBE}(k)\right)^2\right]^{\frac{1}{2}} \tag{1-8}$$

在统计上，MBE 和 MAE 的值与预测误差分布的一阶矩有关，因而它们是与预测误差均值直接相关的量度。RMSE 和 SDE 的值与二阶矩有关，反映的是预测误差分散程度。与 MAE 相比，RMSE 对离群值、异常值等错误数据更敏感，而 MAE 则表现更加稳健。因此，如果在预测结果中离群值或异常值较多的情况下，应将 MAE 作为主要评判标准。否则，将会出现由于异常值过多导致 RMSE 误差过大，从而得出预测性能不佳的结论。

1.2.3 预测时间尺度

预测时间尺度是指做出预测所提前的时间跨度。预测时间尺度是根据决策应用场景而确定的。对于长期规划类、评估类场景，需要开展中长期时间尺度预测，而对于实时控制决策则要求开展高精度的短期、超短期时间尺度的预测。

在新能源电力系统中，按照不同时间尺度，可以分为超短期、短期、中期和长期预测[5]。不同时间尺度的预测采用的输入变量和预测方法不同，对预测结果精度要求也有所不同，预测结果应用场景亦有所差别。目前对预测时间尺度的明

确定义尚未形成共识，本节主要介绍一般意义上的时间尺度分类。

1. 超短期预测

超短期预测一般指秒级、分钟级的预测，主要利用实际历史统计数据，有些场合下还考虑实测气象信息等外部变量。超短期预测采用数据驱动模型如时间序列模型、人工神经网络方法，挖掘历史数据内在统计规律，对未来时刻出力情况做出预测。新能源电力系统中，超短期预测通常用在实时控制和实时经济调度等对实时性要求高的场合。

2. 短期预测

短期预测一般指对未来数小时到数天的预测，除利用历史统计数据外，通常会结合数值天气预报等外部信息，一般采用考虑外部输入的人工神经网络模型、时间序列模型等做出预测。对于统计数据多样性强、信息量丰富的场合，还会进行相似日分析以提升预测准确度。新能源电力系统中，短期预测常用于短期控制调度、机组组合优化、备用安排、电力市场交易等场合。

3. 中期预测

中期预测一般指对未来一周到数月的预测，易受外部因素特别是气象信息影响，在统计特性上常呈现出周期性、季节性特征，预测过程中需要更多外界变量的补充。新能源电力系统中，通常采用考虑气象信息和相似特征提取的物理模型或时间序列模型，用于制定一段时间内的检修计划和运行方式。

4. 长期预测

长期预测一般指季度或年度预测，受外部因素影响较大。新能源电力系统中，气象信息、政策信息、成本信息等都是影响预测结果的重要因素，常利用气象统计信息作为决策输入变量，对电站选址、电力系统规划、新能源资源评估等场景提供规划指导。

不同预测时间尺度下预测应用场景有所不同。新能源电力系统中，各时间尺度的预测应用场景可概括为表 1.1。

1.2.4　新能源电力系统预测对象

1. 电力负荷

负荷主要受季节、温度等因素影响，而间歇性、波动性显著的分布式新能源大规模接入电网，使得用电模式复杂性大大增加，新能源电力系统中负荷的随机

表 1.1 不同时间尺度下新能源电力系统预测应用场合

时间尺度	预测范围	新能源电力系统预测应用场合
超短期	秒级、分钟级(欧美) 数小时内(中国)	电力现货市场报价优化 电力系统频率控制 实时储能调度控制 新能源与储能协同调控 新能源与储能协同调控实时安全预警
短期	数小时到数天	日前调度 备用优化 机组组合优化 电力市场交易报价优化 电力需求响应
中期	一周到数月	制定检修计划
长期	季度或年度	电站规划选址 长期发电计划制定 能源资源评估 新能源电力系统网架规划设计

波动性显著增强[8,9]。图 1.1 展示了华东某城市 110kV 变电站在有光伏和无光伏接入情况下，净负荷曲线呈现出不同特点。在有光伏接入的情况下，净负荷曲线在午间出现低谷，呈现出“鸭型曲线”的特征，负荷波动性更强，甚至在光伏出力较强的情况下出现负荷小于零的现象。此外，电力市场和需求响应等外界影响因素的增加，使得用户用电模式的复杂性增强，负荷预测的不确定性进一步加剧[10]。

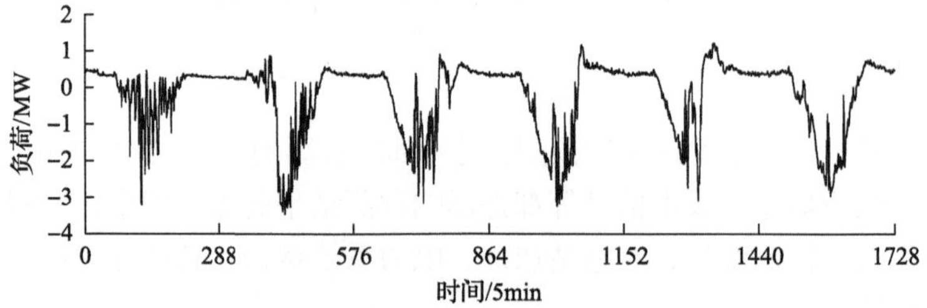

(a) 有光伏接入净负荷曲线

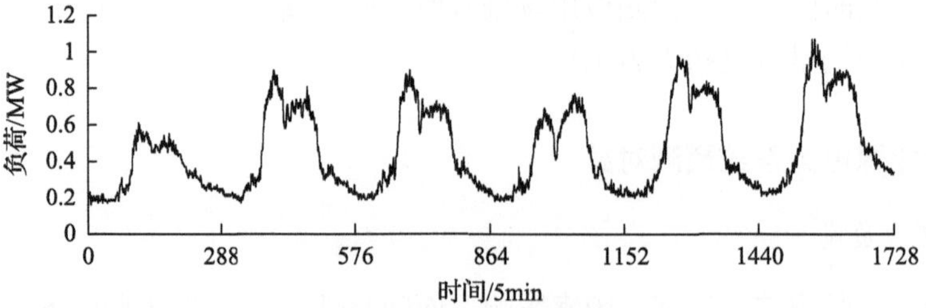

(b) 无光伏接入净负荷曲线

图 1.1 华东某城市 110kV 变电站不同情形下净负荷曲线

2. 风力发电功率

风电输出功率主要取决于风速，同时也受当地的天气状况和地形地貌特征等因素影响[11,12]。风电功率 P 与空气密度 ρ 、风机叶片半径 r 、风速 v 的关系可表示为

$$P=\frac{1}{2}C\pi\rho r^2v^3 \tag{1-9}$$

式中，C 为风能利用系数，由风机桨叶节距角和叶尖速比等参数确定。

由式(1-9)看出，风电功率与风速间呈现三次方关系，因而小的风速波动会导致较大的风电功率预测偏差。同时，对于含有多个风机的风电场来说，风机间还存在涡流效应等影响，从而给风电功率预测带来误差。此外，风速与风电功率间的映射也存在不确定性，广西某风电场风机风电功率-风速散点图如图 1.2 所示。

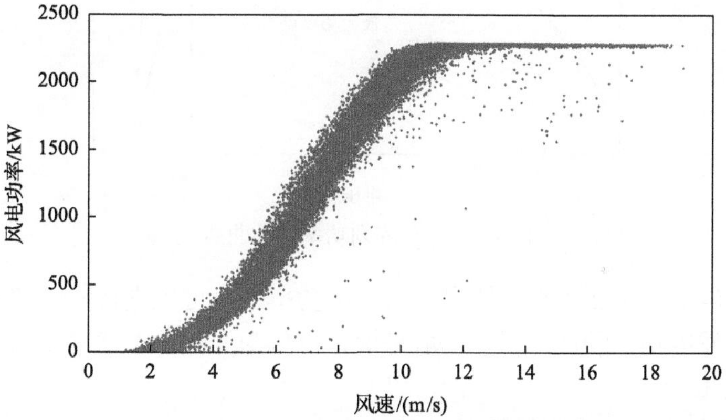

图 1.2　广西某风电场风机风电功率-风速散点图

风力发电主要受环境风速影响。在风力发电功率预测中，可以直接预测输出风力发电功率，也可以先进行风速预测，再根据风速—风电功率关系转化为风力发电功率数据。一般来说，可作为风力发电功率预测输入变量的主要有以下几种。

(1)风力发电的历史测量数据。

(2)外部变量的历史测量数据，比如相关的气象变量，包括风速、风向、地形等。

(3)外部变量的预测数据，例如数值天气预报。

3. 光伏发电功率

光伏发电功率预测结果受很多因素影响，包括总辐照度、太阳反射强度、温度和逆变器效率等。光伏发电理论最大功率输出定义为[13]

$$P_R = \eta SI\left[1 - 0.05\left(t_0 - 25\right)\right] \tag{1-10}$$

式中，η 为光伏电池阵列的转换效率；S 为阵列面积，m；I 为辐照度，kW/m^2；t_0 为外部大气温度，℃。

光伏阵列最大功率点追踪(maximum power point tracking，MPPT)可提高光伏发电效率，是光伏发电系统的重要部分。MPPT 技术是自动追踪电压 V_R 和电流 I_R，使光伏阵列在给定温度和辐照度下高效运行在最大功率输出点 P_R，如图 1.3 所示。

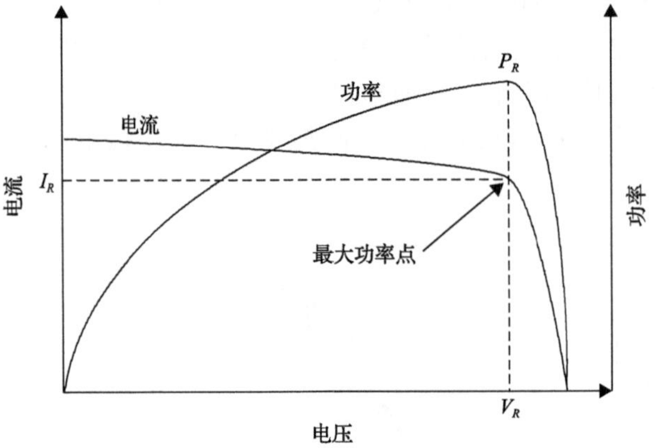

图 1.3　光伏阵列功率特性曲线

光伏发电功率预测可直接输出光伏发电功率，也可先进行辐照度预测，然后转化为光伏发电功率预测结果。一般来说，可作为光伏发电功率预测输入变量的主要有以下几种。

(1)光伏发电的历史测量数据。

(2)外部变量的历史测量数据，比如相关的气象变量，包括全球总辐照度、温度、云量、湿度、风速等。

(3)外部变量的预测数据，例如数值天气预报。

从新能源电力系统能量管理和运行角度来看，超短期和短期光伏功率预测对电站运行、实时机组组合、储能控制、自动发电控制及电能交易等方面意义重大[13]。因此，多数研究聚焦于构建更高精度的超短期和短期光伏发电功率预测模型。

4. 电力交易价格

当前电力系统中，电力市场的发展越来越迅速。电价是多利益主体参与电力市场交易中的基本要素，在很大程度上可以影响市场参与者的收益。电价通常受到历史电价、电力负荷、发电商报价、时段等因素影响，具有较高的波动性[14]。图 1.4 和图 1.5 展示了美国 PJM 公司发布的 2021 年 1 月份和 7 月份现货市场出清电价波动曲线。可以看出，电价不仅在日内呈现出峰谷波动特征，在同一月份不同日期、不同月份间也呈现出不同的变化特点。

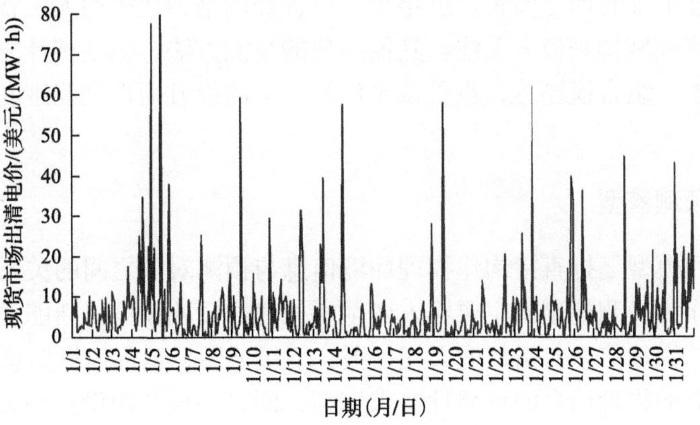

图 1.4　美国 PJM 公司 2021 年 1 月现货市场出清电价波动曲线

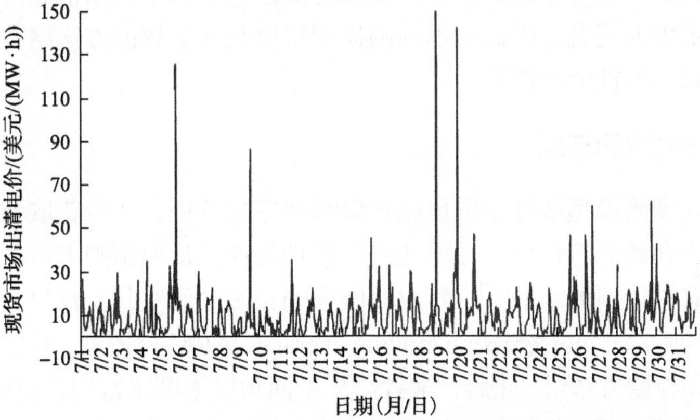

图 1.5　美国 PJM 公司 2021 年 7 月现货市场出清电价波动曲线

作为电力供应商，电价预测结果可以为其在电力市场中制定竞价策略提供可靠信息，从而实现利润最大化；作为电力用户，可以根据电价预测结果做出积极主动反应，灵活调整电力消费模式，从而提高自身在电力市场中的参与度，降低用能成本；作为系统运营商，可以根据电价预测和负荷预测结果做出合理规划，保障电力供应和电力系统的安全运行。新能源电力系统中，电价预测在电力系统的经济运行、电力系统能效提升、保障系统可靠性提升等方面的作用显著[15]。

1.3　常用预测模型与方法

经典的预测模型与方法可以分为物理预测模型、时间序列模型及统计模型等。

随着计算机技术的快速发展，计算效率大大提升，分析更大更复杂的海量多源异构数据集成为可能，这推动了对数据分析和科学预测的研究，预测的方法模型在规模和复杂度上都有明显增长。近年来，以神经网络为代表的人工智能和机器学习方法在预测领域得到极大关注。其他经典的预测方法，包括统计方法及其他复杂的回归模型、组合模型等，也受益于计算水平的提升而得到改进和创新，提升了预测性能。

1.3.1 物理预测模型

物理预测模型是指直接构建物理环境信息与预测对象之间的关系模型，或者将物理信息作为预测模型的主要输入变量所构建的预测模型。新能源电力系统预测中，常用的物理信息包括数值天气预报、卫星云图、地理地形信息等[16]。物理方法对所获取的物理信息的可靠性要求较高，同时环境监测设备如天空成像仪、气象监测站等设备装设成本较高，分析处理难度大。随着人工智能技术的提升，非数值信息的处理能力增强，复杂的地理地形信息、天空云图信息等信息的智能化处理水平也大大提升。因而物理预测模型得以与人工智能方法结合，实现预测算法的创新和预测性能的提升。

1.3.2 时间序列预测模型

时间序列预测模型通过分析预测对象时间序列特征，从中获取预测对象的发展方向、过程和趋势等信息，并据此进行推理延伸，从而预测未来某时刻或一段时间内预测对象达到的水平[17]。针对时间序列预测的研究起步较早，有学者提出了自回归移动平均(autoregressive moving average，ARMA)模型，并建立了一系列建模、评价和检验方法[7]。此后，学者们从不同角度不断丰富完善时间序列理论，开发出更多适用于不同场景的时间序列预测方法，在经济、金融、物理、气象、贸易等领域得到广泛应用。

在新能源电力系统预测领域的早期研究中，时间序列预测模型也结合了气象等外部输入数据，在负荷预测、风电功率预测、光伏预测等方面得到研究与应用。经典的时间序列预测模型包括持续法(Persistence)、移动平均法(moving average，MA)、自回归移动平均法、整合自回归移动平均法(auto-regressive integrated moving average，ARIMA)、外源自回归移动平均法(autoregressive-moving-average model with exogenous inputs，ARMAX)等。

1. 持续法

持续法一直被认为是“基础预测器”，通常被用作复杂预测模型的基准对照模型。作为一种简单的预测模型，持续法假定未来的预测值 Y_{t+k} 与最近一次的实际

测量值 Y_t 相等，表示为

$$Y_{t+k} = Y_t \tag{1-11}$$

尽管模型简单程度很高，但是在超短期预测中持续法的性能表现相对不错。

2. 移动平均法

如果将过去 T 个时刻内预测对象实测值的动态平均值作为预测对象的预测值，即

$$Y_{t+k} = \frac{1}{T}\sum_{i=0}^{T-1} Y_{t-i} \tag{1-12}$$

则该模型被称为移动平均法。尽管形式简单，但在短期光伏预测和风电预测中该方法也是最常用的基准参考模型之一。任何一种新提出的预测模型应当比基准参考模型性能要好，否则就没有意义。持续法和移动平均法的预测精度随着预测时间尺度的增长而降低。

3. 自回归移动平均法

自回归移动平均法是最著名的时间序列预测模型之一，可以从时间序列中提取有用的数据特征。从理论上讲，它由两个基本部分组成：移动平均和自回归（auto-regressive，AR），表示为

$$Y_t = \sum_{i=1}^{p} \varphi_i Y_{t-i} + \sum_{i=1}^{q} \theta_i \varepsilon_{t-i} \tag{1-13}$$

式中，Y_t 为预测对象在 t 时刻的预测值；p 为 AR 模型的维数；φ_i 为第 i 个自回归系数；q 为 MA 误差项的维数；θ_i 为第 i 个移动平均系数；ε 为白噪声。

ARMA 模型通常应用到自相关时间序列预测中，并已成为时间序列预测的常见且实用的工具。ARMA 模型使用灵活，针对潜在线性相关结构的预测问题十分有效。

4. 整合自回归移动平均法

ARMA 模型要求时间序列须是平稳的，但在实际场景中，预测对象往往受到环境因素变化影响而不能作为平稳时间序列处理。整合自回归移动平均法是针对非平稳随机过程提出的，一个非平稳随机过程 Y_t 的 ARIMA(p,d,q) 模型可以表示为

$$\left(1-\sum_{i=1}^{p}\varphi_i L^i\right)(1-L)^d\, Y_t = \left(1+\sum_{i=1}^{q}\theta_i L^i\right)\varepsilon_t \tag{1-14}$$

式中，φ_i 为自回归系数；θ_i 为移动平均系数；ε_t 为服从标准正态分布的白噪声；p 、q 分别为 AR 和 MA 的维数；d 为差分阶数；L 为滞后算子；定义为

$$LY_t = Y_{t-1} \tag{1-15}$$

ARIMA 模型是时间序列预测中最普遍的模型之一，其更好的性能表现源于其具有更好的提取周期循环特征能力和处理非平稳时间序列能力。

5. 外源自回归移动平均法

为直接考虑外部输入的影响，有学者提出带有外源输入的自回归移动平均模型。由 p 个 AR 项、q 个 MA 项和 b 个外部输入项的 ARMAX 预测模型可以表示为 ARMAX(p,q,b)，定义为

$$Y_t = \sum_{i=1}^{p}\varphi_i Y_{t-i} + \sum_{i=1}^{q}\theta_i\varepsilon_{t-i} + \sum_{i=1}^{b}\eta_i d_{t-i} \tag{1-16}$$

式中，η_i 为外部输入 d_t 的参数。

ARMAX 将可以实际观测或通过预测得到的环境变量作为输入纳入到预测模型中，在一些受外部环境因素影响较大的场合，如风电功率预测(将风速、风向作为外源输入)、光伏发电功率预测(将辐照度、环境温度作为外源输入)等场合中，表现出比 ARIMA 更好的性能。

1.3.3 统计法预测模型

除经典时间序列预测模型外，学者们还提出了指数平滑(exponential smoothing，ES)、马尔可夫链(Markov chain，MC)、卡尔曼滤波(Kalman filtering，KF)等统计法预测模型。

1. 指数平滑

指数平滑是使用指数窗口函数平滑时间序列数据的方法，按照随时间呈指数递减原则分配权重。当预测对象的时间序列无明显趋势性变化特征时，可用一次指数平滑预测方法，表示为

$$S_{t+1}^{(1)} = ay_t + (1-a)S_t^{(1)} \tag{1-17}$$

式中，y_t 为 t 时刻的真实值；$S_{t+1}^{(1)}$ 为 $t+1$ 时刻的预测值；a 为平滑系数，取值范围为 $[0,1]$。预测初值可以选择某一时刻的真实值或一段时间内的平均值。

多次指数平滑可表示为

$$S_{t+1}^{(n+1)} = aS_t^{(n)} + (1-a)S_t^{(n+1)}, n \in \mathbb{Z}_+ \tag{1-18}$$

指数平滑方法对历史数据的非等权重处理更加符合实际情况，且模型参数少，实现简单方便，但长期预测的效果较差。

2. 马尔可夫链

马尔可夫链预测模型是指某一时刻状态转移的概率只依赖于它的前一个状态的序列，即

$$P\left(x_{t+1}|\cdots,x_{t-2},x_{t-1},x_t\right) = P\left(x_{t+1}|x_t\right) \tag{1-19}$$

式中，x_t 为 t 时刻状态，x_t 可能取值的全体状态空间为离散状态空间 $I=\{1,2,3,\cdots,\mathrm{m}\}$。转移概率 $p_{ij}^{(n)}$ 为马尔可夫链在时刻 t 从 i 转移到 j 的转移概率

$$p_{ij}^{(n)} = p(x_{t+1}=j \mid x_t = i) \tag{1-20}$$

当 $p_{ij}^{(n)}$ 不依赖于时刻 t 时，马尔可夫链具有平稳的转移概率。当马尔可夫链应用于预测回归模型中时，需要将待预测的连续样本数据分组成有限状态，将原先的离散时间序列变成有限状态空间。马尔可夫链预测模型利用状态转移矩阵实现对统计数据变化规律的建模，但对样本数据的分组在一定程度上影响了马尔可夫链预测模型的精度，而分组过细将会使组内样本过少，从而影响状态转移矩阵的准确性。此外，基于马尔可夫链基本原理的隐马尔可夫预测、高阶马尔可夫预测等方法，也在新能源电力系统预测领域得到应用。

3. 卡尔曼滤波

卡尔曼滤波[5]利用数据的动态信息，设法去掉噪声的影响，以得到目标的预测。卡尔曼滤波是一种递归的估计，根据上一时刻的状态估计值及上一时刻的观测值计算出当前时刻的状态估计。利用卡尔曼滤波进行预测可表示为

$$x(k \mid k-1) = \boldsymbol{F}(k,k-1)x(k-1 \mid k-1) \tag{1-21}$$

式中，$x(k \mid k-1)$ 为利用上一状态得到的预测结果；$x(k-1 \mid k-1)$ 为上一状态最优结果；$\boldsymbol{F}(k,k-1)$ 为从 $k-1$ 时刻到 k 时刻的状态转移矩阵。理论上卡尔曼滤波可以根据初值得到任意未来时刻的结果，但是递推的过程中会有一系列不确定的噪声的干扰，进而导致预测结果产生偏差，卡尔曼滤波方法将这种噪声滤去，从而实现预测。

卡尔曼滤波具有应对强波动性数据的能力，模型构建清晰，在新能源电力系统预测中得到大量应用。

1.3.4 机器学习预测模型

作为人工智能的一个重要分支，机器学习模型具有很强的数据特征挖掘能力、非线性映射能力、自主学习能力，可以很好地反映预测输入输出的映射关系，从有限的实测数据中学习出数据演变的一般性规律，进而将此一般性规律应用到未观测样本中[18-20]。

1. 机器学习预测的一般原理

机器学习预测亦是构建输入 x 与输出 y 的映射，可以是概率分布，也可以是决策函数。所有可能的函数构成预测模型的假设空间 $\mathcal{F}$ ，定义为

$$\mathcal{F} := \{f : x \to y \mid y = f(x)\} \tag{1-22}$$

若明确了 $\mathcal{F}$ 的类型，那么函数 f 的训练即可转化为函数参数 θ 的计算，此时模型假设空间 $\mathcal{F}$ 定义为

$$\mathcal{F} := \{f : x \to y \mid y = f_\theta(x), \theta \in R^n\} \tag{1-23}$$

式中，函数参数 θ 为函数 $f(\cdot)$ 的取值空间(欧氏空间)，称作参数空间； n 为参数空间的维数。

机器学习预测算法是从模型假设空间 $\mathcal{F}$ 中寻找最优函数 $f_{\text{opt}} : x \to y$ ，使得样本输入到输出的给定指标最优化。在机器学习预测中，由于输入输出间存在极为复杂的非线性高维映射关系，一般该函数难以通过常规的计算方式得到解析表达，因而需要开发精准高效的算法进行迭代求解，使得所构建的函数 $f_{\text{opt}}^*(\cdot)$ 逼近最优函数 $f_{\text{opt}}(\cdot)$ 。

给定损失函数 $L(f(x_t), y_t)$ ，则在训练样本集 $\mathcal{D} = \{(x_t, y_t)\}_{t=1}^T$ 范围内，构建的最优函数 $f_{\text{opt}}^*(\cdot)$ 应满足

$$f_{\text{opt}}^* = \arg\min_{f \in \mathcal{F}} R_{\text{emp}}(f) = \arg\min_{f \in \mathcal{F}} \frac{1}{T} \sum_{t=1}^{T} L(f(x_t), y_t) \tag{1-24}$$

式中， $R_{\text{emp}}(f)$ 被称为经验风险，通过最小化经验风险得到的函数对训练样本集的拟合程度最佳。而在预测问题中，需要利用已知样本得到对未知样本的估计，因而需要考虑函数对未知样本的映射能力。如果假设预测输入 x 与预测输出 y 符合联合概率分布 $\Pr(x, y)$ ，那么可以用期望风险 $R_{\text{exp}}(f)$ 作为损失函数，则构建最优函数 $f_{\text{opt}}^*(\cdot)$ ：

$$
\begin{aligned}
f_{\text{opt}}^{*} &= \arg\min_{f\in\mathcal{F}} R_{\exp}(f) \\
&= \arg\min_{f\in\mathcal{F}} \mathbb{E}[L(f(X),Y)] \\
&= \arg\min_{f\in\mathcal{F}} \int_{X\times Y} L[f(x),y]\Pr(x,y)\mathrm{d}x\mathrm{d}y
\end{aligned} \tag{1-25}
$$

理论上，期望风险是全局的，可以用于描述未知变量。但在实际应用中，联合概率分布 $\Pr(x,y)$ 难以得到，仅利用已知样本难以实现对期望风险的构建。因此，在实际应用中，采用局部反映整体的思想，利用经验风险模拟期望风险。为了防止经验风险对样本集的过拟合问题，可以通过增加正则惩罚项 $\lambda J(f)$ 来实现对经验风险与期望风险的平衡与折中，即构建结构风险 $R_{\text{srm}}(f)$，定义为

$$
R_{\text{srm}}(f) = \frac{1}{T}\sum_{t=1}^{T} L(f(x_t),y_t) + \lambda J(f) \tag{1-26}
$$

则最优函数 f_{opt}^{*} 可根据(1-26)得到

$$
f_{\text{opt}}^{*} = \arg\min_{f\in\mathcal{F}} R_{\text{srm}}(f) \tag{1-27}
$$

在机器学习预测模型中，有监督的机器学习算法一般都是通过最小化结构风险 $R_{\text{srm}}(f)$ 来求解模型假设空间上的最优函数来得到。

机器学习目前在预测领域得到广泛应用，是预测问题研究的热点。

2. 反向传播神经网络

机器学习预测模型中最经典的是反向传播神经网络(back propagation neural network, BPNN)[21]，它通常由输入层、一个或多个隐藏层及输出层组成。理论上，BPNN 具备逼近任何非线性映射关系的能力，应用十分广泛，在处理新能源电力系统预测问题中表现突出。

BPNN 每一层有一个或多个神经元，相邻两层神经元之间，较低一层神经元向较高一层神经元输出信息，并赋有一定的权重。每一层计算都是上一层输入的线性组合，并经由激活函数激活后得到非线性关系，经过多层计算后，最终的输出结果是最初输入变量的非线性组合。

常用的神经网络激活函数主要有以下几种。

(1) Sigmoid 函数。Sigmoid 函数表示为

$$
\text{Sigmoid}(x)=\frac{1}{1+\mathrm{e}^{-x}} \tag{1-28}
$$

是一个将输入映射到(0,1)区间的映射函数。Sigmoid 函数具有平滑的梯度，可以

避免跳跃的输出，但对于过大或过小的数据则会出现梯度消失的现象，从而影响模型训练，且其指数形式会影响计算效率。

(2) 双曲正切函数。双曲正切函数表示为

$$\tanh(x)=\frac{2}{1+\mathrm{e}^{-2x}}-1 \tag{1-29}$$

tanh 函数与 Sigmoid 函数具有一定相似性，但其映射区间是(–1,1)，且是以 0 为中心的，权重更新效率会优于 Sigmoid 函数。但 tanh 函数同样具有梯度消失和计算效率低的问题。

(3) ReLU 函数。ReLU 函数表示为

$$\mathrm{ReLU}(x)=\max\{0,x\} \tag{1-30}$$

ReLU 函数作为一种非线性激活函数，其效率要优于 Sigmoid 函数和 tanh 函数，在深度学习神经网络中应用十分广泛。但它存在当输入为负时的梯度消失问题，即陷入“死 ReLU”模式。

(4) LReLU 函数。LReLU 函数表示为

$$\mathrm{LReLU}(x)=\begin{cases}x, & x>0\\ \alpha x, & x\leqslant 0\end{cases} \tag{1-31}$$

式中，α 为人为给定的负常数，通常 $-1<\alpha<0$。LReLU 解决了 ReLU 函数的梯度消失问题，同时继承了 ReLU 函数的“线性”特征。

(5) ELU 函数。ELU 函数表示为

$$\mathrm{ELU}(x)=\begin{cases}x, & x>0\\ \alpha(\mathrm{e}^{x}-1), & x\leqslant 0\end{cases} \tag{1-32}$$

ELU 函数作为 ReLU 函数的另一种变体，通过引入指数函数，使得梯度迭代时接近自然指数梯度，当输入很小时会饱和至一负定值，从而减少前向传播过程中的异常信息。但指数函数的引入降低了其计算效率。

(6) Softmax 函数。Softmax 函数是一种归一化函数，常用于分类问题的神经网络模型中，表示为

$$\mathrm{Softmax}(x_i)=\frac{\mathrm{e}^{x_i}}{\sum_i \mathrm{e}^{x_i}} \tag{1-33}$$

Softmax 函数多应用于多类分类问题，可以实现网络输出的压缩，同时避免了经

典最大值函数的信息丢失问题，即 Softmax 函数对输入的映射是赋予较小值以较小的概率，而不是完全丢失，从而更有利于提升网络鲁棒性。

(7) Softplus 函数。Softplus 函数表示为

$$\text{Softplus}(x) = \ln(1 + \mathrm{e}^{x}) \tag{1-34}$$

Softplus 函数的图像与 ReLU 函数相似，也是对输入进行单侧抑制，但其处处可导，表现更加平滑。

训练 BPNN 的常用方法是反向传播算法，通过不断逐层迭代计算实现模型参数更新。BPNN 每次模型参数更新包括 3 个过程。

(1) 前向传播过程：输入数据经输入层→隐藏层→输出层得到输出结果。

(2) 误差计算过程：将输出结果与实际值比较，计算最终误差及每一层传播误差。

(3) 反向传播过程：利用计算得到的误差修正相邻两层神经元之间的权重系数。

经过不断迭代，直至输出结果与实际值之间的误差满足要求即停止训练。典型的 BPNN 结构如图 1.6 所示。

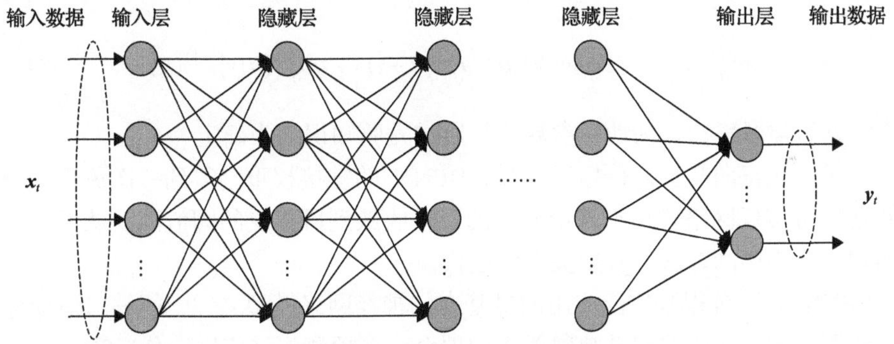

图 1.6　典型 BPNN 结构图

具体实现过程如下。

考察具有 M 层(含输入层和输出层)的 BPNN，其网络输入为 $\boldsymbol{x}_t = [x_1, x_2, \cdots, x_m]^{\mathrm{T}}$，网络输出为 $\boldsymbol{o}_t = [o_1, o_2, \cdots, o_n]^{\mathrm{T}}$。对于第 n 次迭代，利用 l–1 层输出结果 $y_i^{(l-1)}(n)$ 作为 l 层输入变量，计算得到 l 层第 j 个隐藏节点的原始输出 $\upsilon_j^{(l)}(n)$：

$$\upsilon_j^{(l)}(n) = \sum_i \omega_{ji}^{(l)}(n) y_i^{(l-1)}(n), \qquad 2 \leqslant l \leqslant M \tag{1-35}$$

式中，$\omega_{ji}^{(l)}(n)$ 表示第 n 次迭代时，第 l–1 层第 i 个节点与第 l 层第 j 个节点间的连接权重，$\omega_{ji}^{(l)}(n)$ 在模型构建之初时为给定的随机数；当 l=2 时，$y_i^{(l-1)}(n) = x_i$。继

而利用激活函数 φ_j 对隐藏节点原始输出 $\upsilon_j^{(l)}(n)$ 进行非线性映射得到 l 层第 j 个隐藏节点的输出：

$$y_j^{(l)}(n)=\varphi_j\left[\upsilon_j^{(l)}(n)\right] \tag{1-36}$$

据此逐层计算得到输出层节点结果 $y_j^{(M)}(n)$，将其作为网络输出结果 $d_j(n)$，然后计算与理论输出 $o_j(n)$ 的误差：

$$e_j(n)=d_j(n)-o_j(n) \tag{1-37}$$

再反向计算神经网络每一隐藏层的梯度值：

$$\delta_j^{(l)}(n)=\begin{cases} e_j^{(l)}(n)\varphi_j'\left[\upsilon_j^{(l)}(n)\right], & l=M \\ \varphi_j'\left[\upsilon_j^{(l)}(n)\right]\sum\limits_k \delta_k^{(l+1)}(n)\omega_{kj}^{(l+1)}(n), & 2\leqslant l<M \end{cases} \tag{1-38}$$

根据反向传播过程计算的第 l 层的梯度 $\delta_j^{(l)}(n)$ 可以调整隐藏层权重：

$$\omega_{ji}^{(l)}(n+1)=\omega_{ji}^{(l)}(n)+\alpha\left[\omega_{ji}^{(l)}(n-1)\right]+\eta\delta_j^{(l)}(n)y_i^{(l-1)}(n) \tag{1-39}$$

式中，η 为学习率；α 为动量参数，须通过先验知识人为确定。

完成一次正向与反向传播过程后，BPNN 的链接权重会得到一次更新，通过不断迭代可实现网络输出与理论输出的误差收敛到可接受的阈值内，从而网络可以实现输入输出间非线性映射关系的建模。

BPNN 是一种得到广泛应用的最基本的神经网络模型之一，能够自适应地进行新能源电力系统中非线性映射关系的拟合，在预测领域应用十分广泛。

3. 支持向量机

支持向量机(support vector machine，SVM)是一种监督学习模型，广泛应用于分类和回归分析。针对回归问题，SVM 建立输入输出之间的函数关系，将输入映射到高维空间，在高维空间中实现线性回归。支持向量机的原理图如图 1.7 所示。

支持向量机通过特征映射过程，通过引入高维变量，将复杂非线性映射问题转化为高维空间上的线性映射问题[22]。在新能源电力系统预测中，支持向量机主要应用于回归问题[23]，因而也被称作支持向量回归(support vector regression，SVR)。给定训练样本集 $\left\{\left(\boldsymbol{x}_t,y_t\right)\right\}_{t=1}^T$，其中 $\boldsymbol{x}_t\in R^n$ 为 n 维输入向量，$y_t\in R$ 为输出向量，T 为训练样本个数，SVR 构建的预测模型可表示为

$$y_t = f(\boldsymbol{x}_t) = \boldsymbol{w}_o \cdot \varphi(\boldsymbol{x}_t) + b_o \tag{1-40}$$

式中，$\varphi(\cdot)$ 为将输入向量映射到高维特征空间的非线性变换，系数 $\boldsymbol{w}_o$ 和 b_o 由式(1-41)决定：

$$\begin{aligned}(\boldsymbol{w}_o, b_o) &= \arg\min\left(c\frac{1}{n}\sum_{i=1}^{n} L_\varepsilon\left(y_t, \boldsymbol{w}_o \cdot \varphi(\boldsymbol{x}_t) + b_o\right) + \frac{1}{2}\|\boldsymbol{w}_o\|^2\right) \\ \text{s.t.} \quad L_\varepsilon\left(y_t, \hat{y}_t\right) &= \begin{cases} 0, & |y_t - \hat{y}_t| \leqslant \varepsilon \\ |y_t - \hat{y}_t| - \varepsilon, & |y_t - \hat{y}_t| > \varepsilon \end{cases}\end{aligned} \tag{1-41}$$

式中，ε 为阈值；$L_\varepsilon(\cdot,\cdot)$ 被称为 ε 不敏感损失函数；c 为正的常数。$L_\varepsilon(\cdot,\cdot)$ 决定拟合误差，$\|\boldsymbol{w}_o\|^2/2$ 为正则项，减小过拟合，c 决定了损失函数与正则化之间平衡。

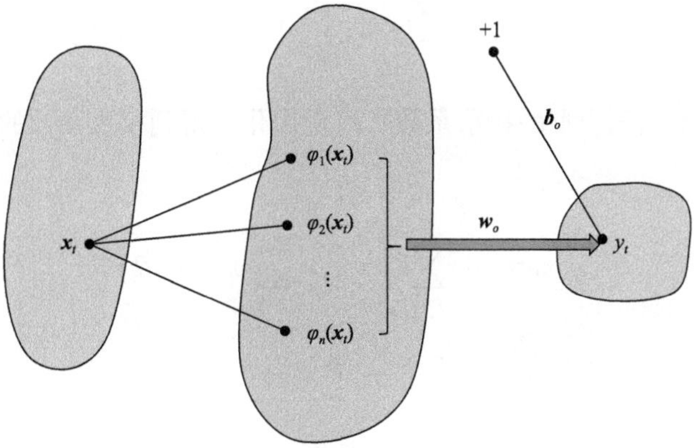

图 1.7 支持向量机原理图

支持向量机由于具有强非线性映射能力，训练效率相较于经典反向传播神经网络更加高效，并且在实际应用中能够很好地与其他方法相结合，可扩展性更强，因而在新能源电力系统预测中应用十分广泛[4,16,23]。

4. 自组织映射

自组织映射是一类基于竞争学习的机器学习算法。网络输出神经元之间通过相互竞争来达到被激活的目的。在每一次竞争中，每一时刻只有一个神经元得到激活，成为获胜神经元。基础的竞争学习过程每次权重调整一般都只有获胜神经元得到调整；而自组织神经网络在得到获胜神经元之后，还通过神经元间彼此的相互联系形成获胜神经元自己的拓扑邻域，在拓扑邻域内的神经元权重都可以通过某种合适的算法得到调整，并且邻域的生成也会随着学习过程的深入而不断变化。通常，权重调整公式如下：

$$W_v(s+1)=W_v(s)+\boldsymbol{\theta}(u,v,s)\alpha(s)(\boldsymbol{D}(t)-W_v(s)) \tag{1-42}$$

式中，s 为迭代次数；$\boldsymbol{D}(t)$ 为输入向量；u 为获胜神经元；$\alpha(s)$ 为学习系数；$\boldsymbol{\theta}(u,v,s)$ 为神经元 u 和神经元 v 之间的距离函数；$W_v(s)$ 为神经元 v 当前的权重。

自组织映射是可以将高维数据在低维空间表示的方法，因而本身也是一种天然的降维方法。自组织映射网络一般由输入层、竞争层和输出层构成，在其形成中主要有竞争、合作和自适应权重更新三个过程。

1.3.5 组合预测模型

组合预测模型是组合多种预测方法的优势，实现预测性能的提升的预测模型。组合预测模型的一般形式可以表示为 M 个子预测模型的加权组合：

$$\hat{y}_{t+h|t}=f_e(x_t)=\sum_{i=1}^{M}\omega_i f_i(x_t;\theta_i) \tag{1-43}$$

式中，ω_i 为各子预测模型的权重系数，权重优化是得到权重系数的常用方法，表示为

$$\begin{aligned}&\hat{\omega}_i=\arg\min\sum_{t=1}^{T}L\left(y_{t+h}-\sum_{i=1}^{M}\omega_i f_i(\boldsymbol{x}_t;\theta_i)\right)\\&\text{s.t.}\ \sum_{i=1}^{M}\hat{\omega}_i=1,\quad \hat{\omega}_i\geqslant 0\end{aligned} \tag{1-44}$$

此外，模型的其他组合方法还有集成学习、信息论组合等[24]。

1.4 预测科学的挑战

1. 数据冗余

现代预测问题研究中，海量多源异构数据在丰富了预测输入信息的同时，也带来了数据冗余的问题。数据的复杂度不断提升，处理难度增大，不仅带来“维数灾难”问题，同时一些劣质、冗杂数据的输入不仅不能提升预测性能，反而会影响预测精度。因此，需研究数据有效性辨识和多维数据特征挖掘与处理技术，为大数据背景下预测性能的提升赋能[25]。

2. 预测问题的多学科交叉

预测问题不是单纯的数学问题，不仅涉及概率论与数理统计等数学原理，同时其丰富的预测信息还涵盖了人工智能与机器学习、信息论、计算机图形学、计

算原理、气象学、数据挖掘等众多学科，是一个复杂的学科交叉问题[3]。开展预测问题的研究需统筹多维信息，综合利用多类型技术，实现预测总体性能的提升。

3. 高分辨率预测

在现代社会生活中，大数据、物联网技术的创新发展使得数据获取与更新越来越便捷，数据资源越来越丰富，同时也给预测问题带来更高的更新速度的要求。在一些需要实时分析控制的场景中，高分辨率预测方法越来越重要，需要分钟级、秒级的高性能预测，并针对不同预测场景需要输出多预测时间尺度的多步预测结果。高分辨率预测问题的研究对模型高效率训练、数据传输与实时处理等提出更高要求。

4. 预测方法泛化性能检验与提升

在预测研究中，许多预测方法是针对特定的预测场景提出的。在这些预测模型的构建中，由于选取的预测信息不同，一些预测模型易呈现出较强的数据依赖性，即针对特定场景下特定数据特征的概率预测问题预测性能良好，而应用于其他场景时泛化能力不足，不同预测算法的性能对比检验困难。预测标准数据集的建立有助于预测方法的泛化性能检验，实现预测方法性能检验的规范与标准化。同时需要进一步完善预测性能检验与评价体系，建立有场景针对性的具体化评价指标。

5. 预测不确定性量化

预测问题是对预测对象未来未知变化的建模，采用现有数据构建预测模型是对预测对象未来变化的近似描述。而利用现有数据做出对未来数据的预测不一定是对预测问题的准确建模，即“完美”的预测模型是难以实现的。经典预测问题的研究多针对确定性预测，即预测输出为单点定值。而受多种因素影响，预测误差往往难以避免，预测结果存在多重不确定性，从而给预测的应用带来挑战[26]。因此，需开展对概率预测理论与方法的研究，实现对预测不确定性的有效量化。

6. 预测理论与方法创新下的实际应用探索

当前，预测研究多集中于预测理论与方法的研究和创新，而在实际应用中，先进的预测理论与方法还没有到得到充分利用。当涉及对预测结果的利用时，所采用的预测模型多为经典的预测方法，特别是针对预测不确定性的描述多采用基于概率分布参数化假设的概率预测模型，对预测不确定性的描述不够准确，从而影响在实际应用中制定决策的可靠性和准确性。因此，还需要不断探索预测理论与方法创新下的实际应用价值，实现先进预测理论与方法和实际场景应用的高效结合。

参 考 文 献

[1] Bustos O, Pomares-Quimbaya A. Stock market movement forecast: A Systematic review[J]. Expert Systems with Applications, 2020, 156: 113464.

[2] Wen J, Yang J, Jiang B, et al. Big data driven marine environment information forecasting: A time series prediction network[J]. IEEE Transactions on Fuzzy Systems, 2020, 29(1): 4-18.

[3] Clauset A, Larremore D B, Sinatra R. Data-driven predictions in the science of science[J]. Science, 2017, 355(6324): 477-480.

[4] Nguyen D K, Walther T. Modeling and forecasting commodity market volatility with long - term economic and financial variables[J]. Journal of Forecasting, 2020, 39(2): 126-142.

[5] 万灿, 崔文康, 宋永华. 新能源电力系统概率预测: 基本概念与数学原理[J]. 中国电机工程学报, 2021, 41(19): 6493-6509.

[6] Goodman N. Fact, Fiction, and Forecast[M]. Cambridge: Harvard University Press, 1983.

[7] Hamilton J D. Time Series Analysis[M]. Princeton: Princeton University Press, 2020.

[8] Fan S, Hyndman R J. Short-term load forecasting based on a semi-parametric additive model[J]. IEEE Transactions on Power Systems, 2011, 27(1): 134-141.

[9] Gross G, Galiana F D. Short-term load forecasting[J]. Proceedings of the IEEE, 1987, 75(12): 1558-1573.

[10] Cao Z, Wan C, Zhang Z, et al. Hybrid ensemble deep learning for deterministic and probabilistic low-voltage load forecasting[J]. IEEE Transactions on Power Systems, 2019, 35(3): 1881-1897.

[11] Mendes J, Sumaili J, Bessa R, et al. Very short-term wind power forecasting: State-of-the-art[R]. DuPage County: Argonne National Lab. (ANL), Argonne, IL (United States), 2014.

[12] Giebel G, Brownsword R, Kariniotakis G, et al. The state of the art in short-term prediction of wind power: A literature overview, 2nd Edition[R]. Kongens Lyngby: ANEMOS.plus, 2011.

[13] Wan C, Zhao J, Song Y, et al. Photovoltaic and solar power forecasting for smart grid energy management[J]. CSEE Journal of Power and Energy Systems, 2015, 1(4): 38-46.

[14] Weron R. Electricity price forecasting: A review of the state-of-the-art with a look into the future[J]. International Journal of Forecasting, 2014, 30(4): 1030-1081.

[15] Motamedi A, Zareipour H, Rosehart W D. Electricity price and demand forecasting in smart grids[J]. IEEE Transactions on Smart Grid, 2012, 3(2): 664-674.

[16] Jang H S, Bae K Y, Park H S, et al. Solar power prediction based on satellite images and support vector machine[J]. IEEE Transactions on Sustainable Energy, 2016, 7(3): 1255-1263.

[17] Ahmed N K, Atiya A F, Gayar N E, et al. An empirical comparison of machine learning models for time series forecasting[J]. Econometric Reviews, 2010, 29(5-6): 594-621.

[18] Dekel O, Gilad-Bachrach R, Shamir O, et al. Optimal distributed online prediction using mini-batches[J]. Journal of Machine Learning Research, 2012, 13(1): 165-202.

[19] Connor J T, Martin R D, Atlas L E. Recurrent neural networks and robust time series prediction[J]. IEEE Transactions on Neural Networks, 1994, 5(2): 240-254.

[20] Shi H, Xu M, Li R. Deep learning for household load forecasting—A novel pooling deep RNN[J]. IEEE Transactions on Smart Grid, 2018, 9(5): 5271-5280.

[21] Rumelhart D E, Hinton G E, Williams R J. Learning representations by back-propagating errors[J]. Nature, 1986, 323(6088): 533-536.

[22] Cortes C, Vapnik V. Support-vector networks[J]. Machine Learning, 1995, 20(3): 273-297.

[23] Shi J, Lee W J, Liu Y, et al. Forecasting power output of photovoltaic systems based on weather classification and support vector machines[J]. IEEE Transactions on Industry Applications, 2012, 48(3): 1064-1069.

[24] Zhou Z H. Ensemble Methods: Foundations and Algorithms[M]. London: Chapman and Hall/CRC, 2019.

[25] Dhar V. Data science and prediction[J]. Communications of the ACM, 2013, 56(12): 64-73.

[26] Wan C, Xu Z, Pinson P, et al. Optimal prediction intervals of wind power generation[J]. IEEE Transactions on Power Systems, 2013, 29(3): 1166-1174.

第 2 章　概率预测的数学原理与应用价值

2.1　概　　述

新能源电力系统中，在能源供给侧，风电、光伏等间歇波动性新能源发电具有较强随机性；在能源需求侧，储能、电动汽车等各类型主动负荷广泛接入电力系统，使得新能源电力系统中供需态势呈现高度不确定性。此外，分布式新能源发电分散化、多点化、无序化接入，使得精准可靠预测更加困难，给电力系统安全与经济运行带来严峻挑战。由于新能源电力系统多重不确定性的存在，而经典确定性预测旨在输出预测对象的确定性单点期望值，预测误差难以避免，预测存在高不确定性。同时，随着系统中影响因素的增多，预测结果既受自身多时间尺度历史统计数据的影响，又受外部复杂多变的环境气象因素影响。这些数据本身的复杂特征，使得新能源电力系统预测输入输出映射关系间存在显著的非线性、非平稳、异方差特点，海量多源异构数据的分析处理难度大。

与确定性点预测不同，概率预测输出以预测对象的条件概率分布、预测区间、预测分位数等形式表示的预测结果，可以实现对预测对象不确定性的有效量化，进而为电力系统规划、运行控制、市场化交易、储能配置与调控等提供关键、可靠、丰富的信息支撑[1,2]。从不确定性来源看，概率预测是实现对数据不确定性与模型不确定性的总体量化；从数学本质看，概率预测是给出在多元输入条件下，预测对象未来的条件概率分布。本章首先从预测不确定性的统计特性分析、预测不确定性的来源阐释预测不确定性；进而从概率预测的数学本质、基本形式、评价指标、方法分类等方面概述概率预测的基本原理；最后综述概率预测在新能源电力系统中的多场景应用。

2.2　预测不确定性

2.2.1　预测误差统计特性分析

1. 预测误差分布数值统计特征

传统预测以输出确定性点预测结果为主，即通过最小化二乘损失构建预测模型，得到预测对象的期望值。概率预测通过预测区间、预测分位数及预测分布等形式表达，可实现对预测对象不确定性的定量描述。

电力系统预测误差的统计分布对运行人员制定可靠决策具有至关重要的影响，预测误差分布的准确性也决定着系统决策效果的优劣。尽管预测方法的改进有助于减小误差，但误差的随机特性表明其无法从根本上消除。预测误差常被假设为零均值的正态分布，这类假设被广泛应用于电力系统规划、运行、控制等决策中。事实上，预测误差的统计分布是相当复杂的，因预测对象、提前时间、预测条件等因素的变化而变化，很难通过特定类型的概率分布形式精确拟合。

通常对于预测误差分布特征的考察主要包括绝对值的均值和平方值的均值。为了更细致地了解预测误差的统计分布形态，预测误差的偏度(skewness)和峰度(kurtosis)被应用于预测误差评估。对于某一有效的预测方法，其预测误差通常在 0 附近上下变动，但出现正误差和负误差的概率往往是不同的，即误差统计分布是非对称的，偏度通常被用来度量这种非对称性：

$$\mathrm{Skew}(k)=\frac{\dfrac{1}{N_T}\sum_{t=1}^{N_T}(e_{t/k}-\mathrm{MBE}(k))^3}{\left[\dfrac{1}{N_T}\sum_{t=1}^{N_T}(e_{t/k}-\mathrm{MBE}(k))^2\right]^{3/2}} \tag{2-1}$$

由式(2-1)可知，偏度的取值可正可负。正的偏度值对应右偏态的统计分布，负的偏度值对应左偏态的概率分布，偏度为 0 表示数据样本相对均匀地分布于均值两侧，如图 2.1 所示。

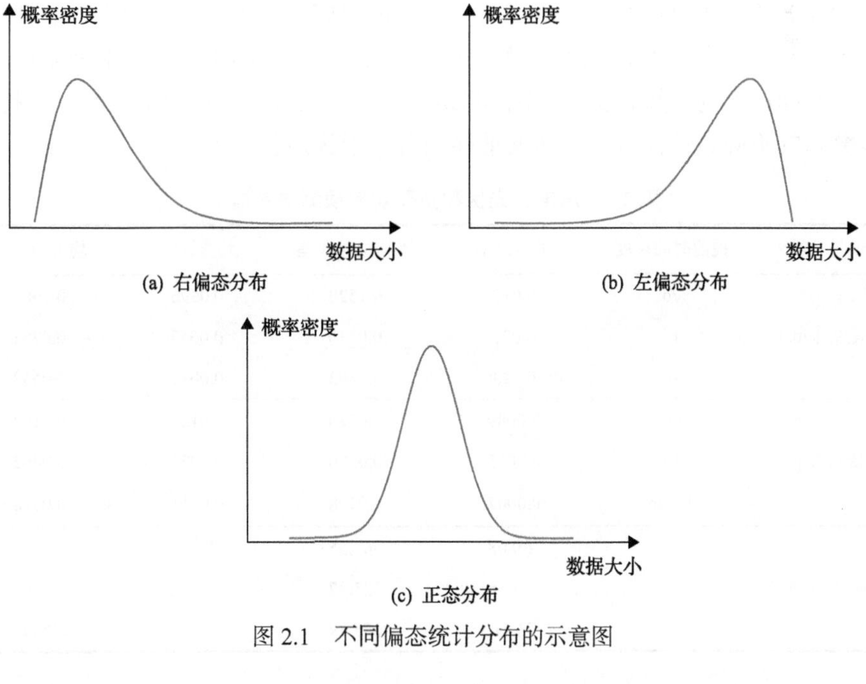

图 2.1　不同偏态统计分布的示意图

峰度能够度量统计分布在均值附近的集中程度，刻画了分布曲线顶峰的形态特征。

$$\mathrm{Kurt}(k)=\frac{\frac{1}{N_T}\sum_{t=1}^{N_T}(e_{t/k}-\mathrm{MBE}(k))^4}{\left[\frac{1}{N_T}\sum_{t=1}^{N_T}(e_{t/k}-\mathrm{MBE}(k))^2\right]^2} \tag{2-2}$$

峰度的取值以正态分布为基准，服从正态分布的误差峰度为 3，峰度高于 3 的预测误差统计分布比正态分布陡峭，峰度低于 3 的预测误差的统计分布比正态分布扁平。

2. 预测时间尺度对预测不确定性的影响

本节利用比利时电力系统运营商 Elia 公开的 2019 年 12 月～2020 年 11 月间风电、光伏及负荷功率预测数据，说明不同预测时间尺度对预测不确定性的影响。其中，风电和光伏数据分别根据系统装机容量进行归一化，负荷数据则采用有名值。

表 2.1 给出了风电、光伏和负荷功率在多提前时间尺度下的预测误差指标，包括周前、日前及日内的预测情况。总体而言，不同时间尺度下的预测误差均值接近于 0，但预测误差并不一定随提前时间的拉近而降低。表 2.1 中周前风电预测的平均误差均低于日前与日内的风电预测，说明周前风电预测误差比日前预测误差更为均匀地分布于 0 值两侧，这一点也可以由表 2.2 给出的误差偏度验证。随着提前时间尺度的缩短，表 2.2 中预测误差的偏度在数值上反而呈现增大的趋势，误差分布的不确定性没有因时间的推移变得易于认知。

表 2.1　风电、光伏和负荷功率预测误差指标

预测对象	提前时间尺度	平均误差	平均绝对误差	均方误差	均方根误差
风电功率/p.u.	7d	–0.0171	0.1520	0.0396	0.1989
	1d	–0.0279	0.0530	0.0057	0.0754
	1h	–0.0230	0.0393	0.0031	0.0559
光伏功率/p.u.	6d	0.0089	0.0720	0.0121	0.1102
	1d	0.0015	0.0286	0.0021	0.0462
	3～4h	0.0007	0.0198	0.0011	0.0328
负荷功率/MW	6d	–29.08	363.55	220923.37	470.02
	1d	–14.55	325.37	176385.67	419.98
	15min	73.31	175.39	52589.12	229.32

表 2.2　风电、光伏和负荷功率预测误差统计量

预测对象	提前时间尺度	误差标准差	误差偏度	误差峰度
风电功率/p.u.	7d	0.1982	−0.0164	3.4342
	1d	0.0700	−0.4642	6.2667
	1h	0.0510	−0.8085	6.1669
光伏功率/p.u.	6d	0.1098	0.0461	5.7575
	1d	0.0461	0.1079	8.8302
	3～4h	0.0328	0.4384	11.6780
负荷功率/MW	6d	469.13	0.0235	3.6752
	1d	419.74	−0.0836	3.6867
	15min	217.29	−0.3482	5.5813

由于平均预测误差会出现正负相抵的情况，误差绝对数值的大小往往被这种正负相抵所掩盖。平均绝对误差、均方误差和均方根误差能避免这一问题。观察表 2.1 可知，随着提前时间的缩短，预测误差的幅值显著减小。对风电预测而言，日前预测的平均绝对误差、均方误差和均方根误差比周前预测的相应指标要低一个数量级；对光伏预测而言，日前预测的平均绝对误差、均方误差和均方根误差也比周前预测的对应指标低 60%～80%；对负荷预测而言，日前预测的平均绝对误差、均方误差和均方根误差与周前预测的对应指标之间差距较小，提前 15 分钟预测的对应指标相比周前与日前下降 50%以上。

表 2.2 给出了风光预测误差的各统计量，从中可以得知预测误差的标准差随着提前时间的缩短呈现减小的趋势，峰度随着提前时间总体增大，这说明预测误差更加集中地分布于均值附近，分布形状变得更加瘦尖。由于表 2.2 中预测误差的偏度均不等于 0，说明出现正误差的概率和负误差的概率存在差异。具体而言，风电预测误差和负荷预测误差呈现左偏的特征，光伏预测误差呈现右偏的特征。表 2.2 中预测误差的峰度均高于 3，说明提前时间在一周以内的预测误差统计分布要比正态分布更为集中，这也验证了将预测误差假设为正态分布是不准确的。

3. 预测对象对预测不确定性的影响

为了更加直观地表示不同预测对象的预测误差形态特征，图 2.2～图 2.4 分别绘制了风电、光伏与负荷日前预测误差的频率分布直方图，并利用极大似然估计法对预测误差数据进行了正态分布、logistic 分布及 *t* location-scale 分布的拟合。对于风电与光伏预测而言，可以观察到三种拟合分布曲线与直方图存在明显的偏差，例如预测误差是有界的，而上述拟合分布曲线则是无界的，这种尾部概率质量的泄露也导致了其曲线峰值显著低于直方图峰值。此外，实际预测误差的统计分布是左偏或右偏的，而三种分布曲线关于峰值呈现对称的特征。拟合曲线与直方图之间的差异性说明特定类型的分布函数模型难以准确描述风电与光伏预测误差的统计特性。而对于负荷预测而言，三种拟合分布曲线，特别是 logistic 分布曲线与直方图具有较好的拟合效果，说明负荷预测误差的分布特征具有较强的对称性与规律性，在一定精度允许范围内可以使用该分布函数模型刻画。

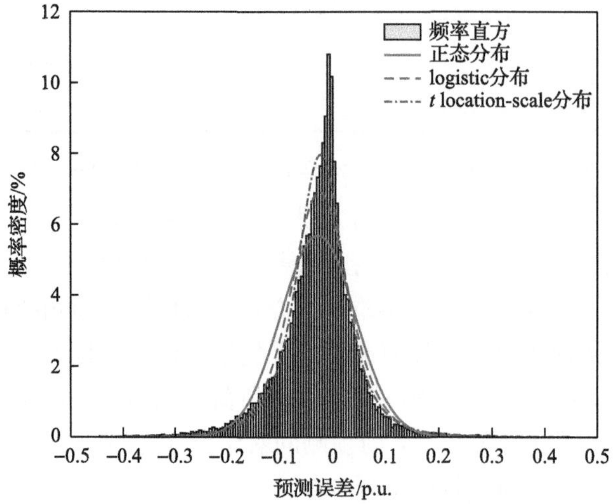

图 2.2　日前风电预测误差直方图及分布函数拟合曲线

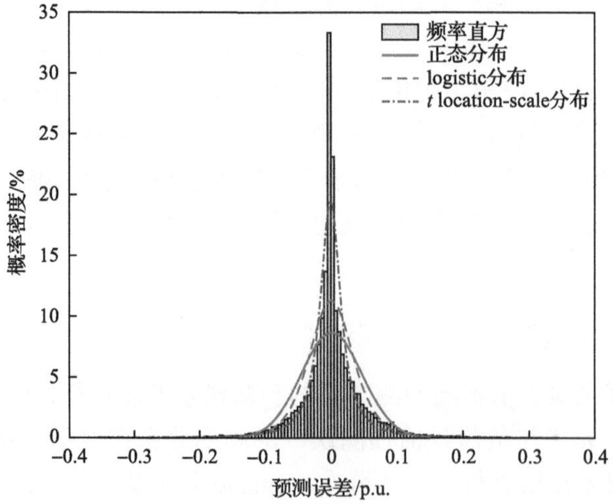

图 2.3　日前光伏预测误差直方图及分布函数拟合曲线

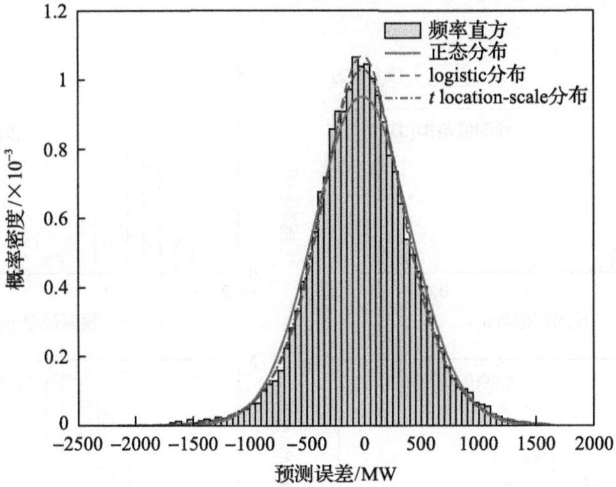

图 2.4　日前负荷预测误差直方图及分布函数拟合曲线

4. 预测条件对预测不确定性的影响

除了预测对象和提前时间，预测误差的统计特性还与预测条件息息相关。预测条件涵盖的范围非常广泛，包括预测的提前时间、已有历史量测信息、预测方法、预测结果本身等，预测条件改变，预测误差的统计特性也随之改变。例如，新能源的发电功率必定在 0 和装机容量之间波动，一个理性的预测者不会对风电或光伏做出低于 0 或高于装机容量的预测，这就导致当预测值位于 0 附近时，出现负误差的概率极低，大部分为正误差；反之，当预测值位于装机容量附近时，出现正误差的概率极低，大部分为负误差。负荷预测结果也可由预测者根据可靠的历史数据信息限制在特定的范围内，当预测值位于历史最低负荷值附近时，出现负误差的概率极低，大部分为正误差，反之当预测值位于历史最高负荷值附近时，出现正误差的概率极低，大部分为负误差。

图 2.5～图 2.7 分别将风电、光伏和负荷的日前预测误差根据预测值范围进行分类，绘制了不同预测值范围中误差的分布直方图，并利用非参数的核函数估计对分类后的预测误差进行拟合。从图中可以得知，不同预测值范围对应的统计分布形态存在显著差异。当风电功率的预测值较低或较高时，误差的统计分布较为集中，往往呈现尖峰和非对称的特征。而当预测值处于中等水平时，统计分布曲线相对扁平，部分预测值范围内的误差分布呈现多峰的特征，例如图 2.5 中位于 0.5～0.6p.u.之间的预测值对应的误差在 0 附近出现两个分布峰。以上实例仅仅依据预测值这一条件对预测误差进行分类分析，所获得的统计分布已足够复杂。事实上，预测误差受多元输入数据和多环节输入交互影响，对其开展高维条件统计分析更为困难。

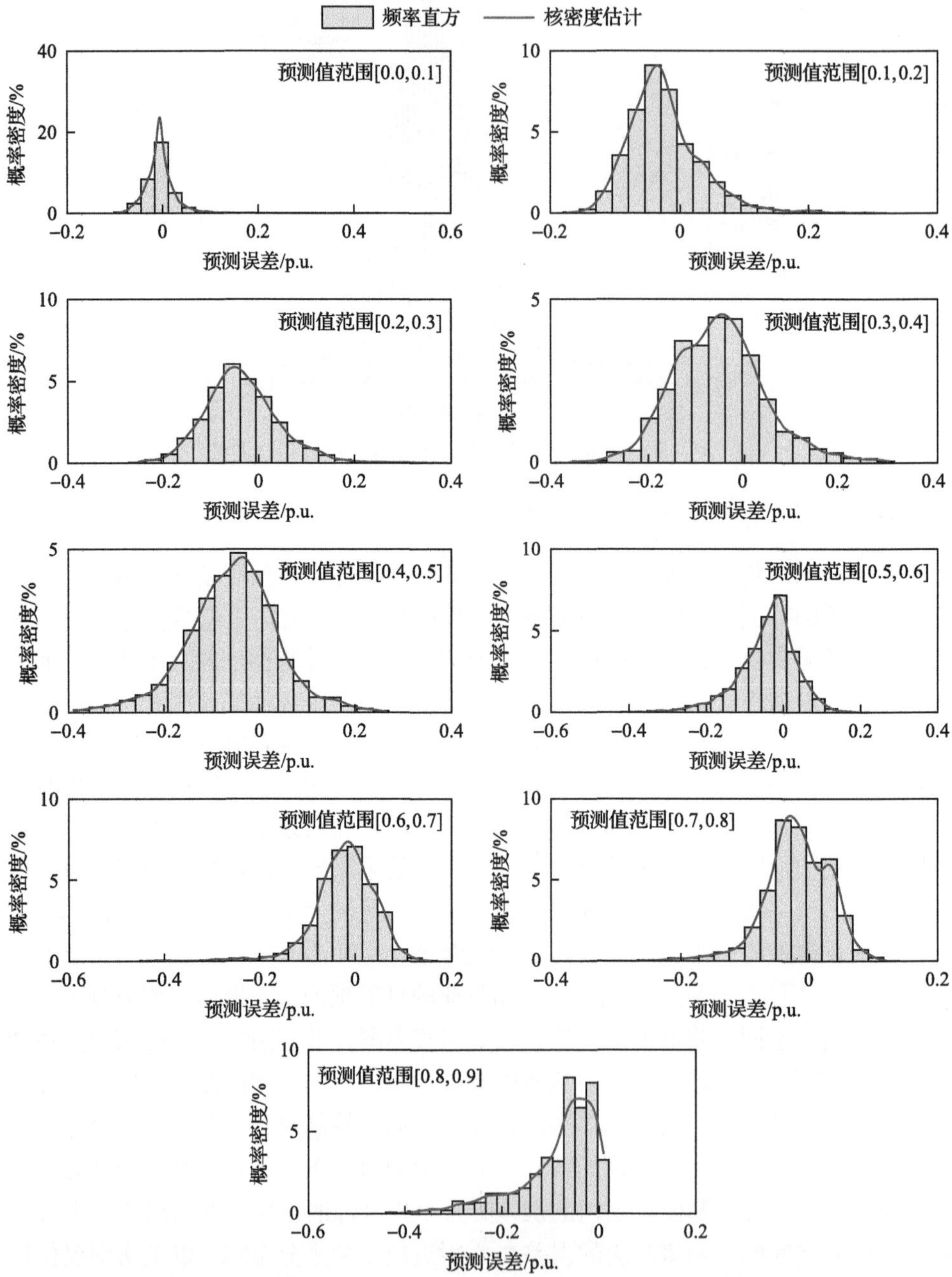

图 2.5　风电功率预测值在不同范围(不含[0.9,1.0])内的误差统计分布

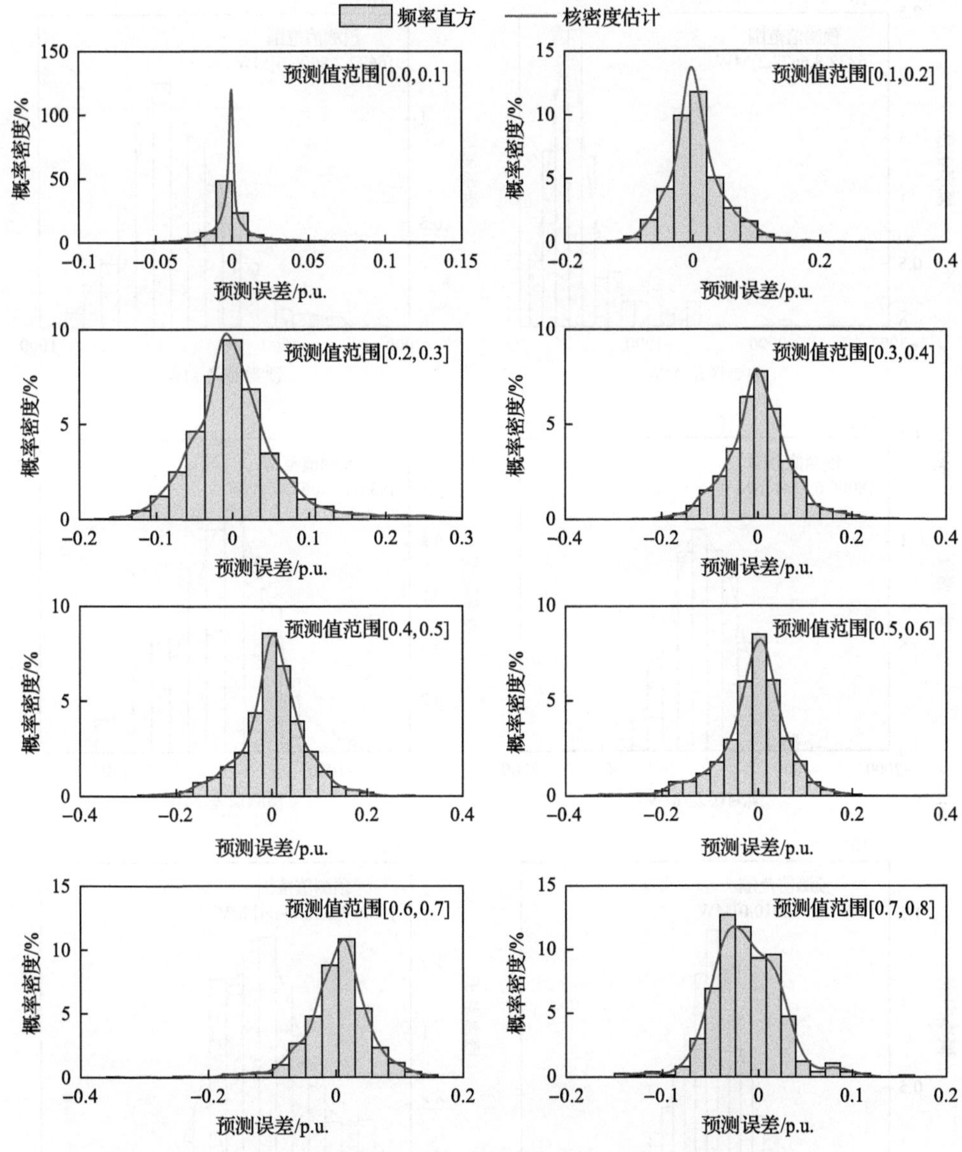

图 2.6　光伏功率预测值在不同范围(不含[0.8,1.0])内的误差统计分布

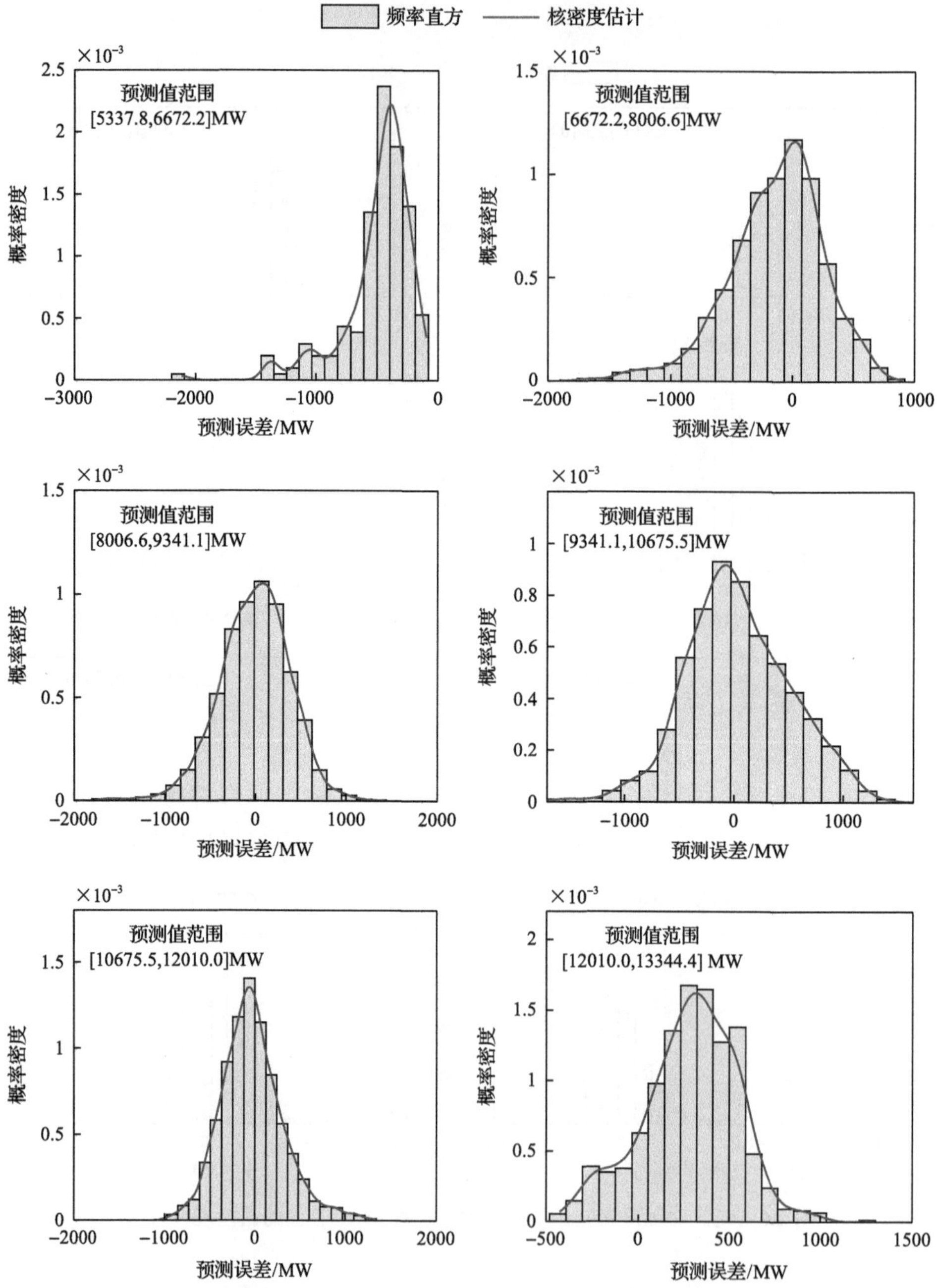

图 2.7　负荷预测值在不同范围内的误差统计分布

2.2.2　预测不确定性的来源

预测是利用已知知识和信息对未来事物发展进行推断的活动，当已知知识或信息出现偏差时，基于此知识或信息所得到的推断与预判也会存在偏差。对电力系统预测而言，新能源发电功率、电力负荷水平及电力市场价格等预测对象受复杂的自然社会因素影响，预测过程中所涉及的数据采集、特征选择、模型建立、参数优化等一系列算法流程中都存在着无法回避的误差。总体而言，预测不确定性的来源可以被归结为输入数据和预测模型两大方向，这两大方向既存在区别，同时也相互作用，最终作用于预测结果之上，表现出预测的总体不确定性[3,4]。

1. 输入数据不确定性

在进行预测时，需要将一些已知信息和知识以数据的形式输入到预测模型中，这些已知数据不依赖于当前进行的预测活动生成，被称为输入数据，例如用于构建模型的训练集样本及待预测量所对应的解释特征等。尽管这些输入数据有些可以通过真实量测得到，还有一些只能通过前序计算仿真获得，但都难以保证完全准确。

对于超短期新能源发电功率预测或负荷预测，常利用历史风光出力或负荷水平时间序列作为解释特征并构成训练集样本，这些输入数据来源于电力系统量测记录，而海量量测终端在进行数据采集时会出现量测误差、信息丢失、信道噪声、时标错位等问题。对于提前时间在 3～6h 的新能源发电功率预测而言，需要引入气象数据作为输入特征，而未来时段的风速和光照等物理量是未知的，只能以数值天气预报数据作为替代，大气系统的混沌特性又导致数值天气预报本身具有不可避免的误差。上述量测误差与输入数据预测误差经逐级传播与放大后，呈现为电力系统预测的误差。

2. 预测模型不确定性

预测者需要按照某种规则构建从已知信息到待预测量的映射关系，这一映射关系即预测模型，预测模型可以通过数学方程或可执行的算法步骤来描述。电力系统中的预测对象通常受到复杂的自然与社会因素影响，致使预测人员很难通过构建解析数学模型对这些对象进行精准刻画。即使预测人员能够找到这种数学模型，模型常具有极高复杂度，输入数据的微小差异会导致完全不同的预测输出，出现过拟合现象。

当预测模型的基本数学形式确定后，模型中还存在需要根据数据来调整优化的待定参数，例如神经网络需通过训练才能确定神经元偏置与连接权重[5]。由于有限的训练集数据难以完整反映预测对象的特性，训练所得预测模型的泛化能力也是有限的，训练数据规模越小，即已知信息越少，所得预测模型的不确定性也越高。当训练数据充足时，模型参数可能会因训练算法的局限性陷入局部最优解，从而出现欠拟合的现象。当给予训练算法不同的启动初值时，模型参数所陷入的局部最优解通常也是不同的，进而对未来做出不同的预测。此外，模型往往还存在一些在训练之前需预先设定的超参数，例如神经网络的深度及每层神经元个数等，模型超参数的不合理设置同样属于预测模型的不确定性。

3. 两种不确定性的关系

输入数据和预测模型的不确定性也分别被称为偶然不确定性(aleatoric uncertainty)和认知不确定性[6](epistemic uncertainty)。输入数据不确定性来源于外部环境固有的随机性，与数据多寡及预测方法的优劣无关；预测模型不确定性来源于对待预测对象规律特性认识的不足，可以通过改善预测技术、扩大样本规模减少或规避这类不确定性。由于预测模型的构建依赖于输入数据，若输入数据的不确定性过高，预测模型“学习”到的并非待预测对象的真实规律，即便预测模型能够克服欠拟合和过拟合等问题，且同时选择最优的超参数，错误的外部信息同样会导致显著的总体预测不确定性。反过来，若预测模型不确定性过高，例如只利用小规模高精度数据作为输入进行模型训练，尽管输入数据不确定性降低了，但因所得预测模型泛化能力不佳，很难在测试集上取得令人满意的预测结果[7]。

2.3　概率预测数学原理

2.3.1　概率预测的数学本质

确定性预测的任务是给出预测对象未来期望发生的单点值或单个事件。与确定性预测不同，概率预测采用概率分布的形式对尚未发生的数量或事件进行估计，提供这些待预测量可能发生的不同结果及其发生概率。

设研究的随机变量为 Y_{t+k} ，确定性预测目标是在 t 时刻（k 为预测的提前时间）获得对随机变量 Y_{t+k} 实现值 y_{t+k} 的估计 $\hat{y}_{t+k|t}$ ，记为

$$\hat{y}_{t+k|t} = \mathbb{E}[Y_{t+k} \mid \boldsymbol{x}_t, \mathcal{M}, \theta] \tag{2-3}$$

式中，$\mathbb{E}[\cdot]$ 为期望运算符；$\boldsymbol{x}_t$ 为 t 时刻下预测者所掌握的信息向量；$\mathcal{M}$ 为预测模型；θ 表示预测模型中的参数集合。如在风电功率预测中常见如“某风场次日 8 时瞬时发电功率为 350kW”的预报形式，这里，次日 8 时的发电功率及其大小对应随机变量 Y_{t+k} 与实现值 y_{t+k} ，350kW 为预测值 $\hat{y}_{t+k|t}$ 。从统计学意义上看，连续随机变量等于某一单点值的概率几乎为 0，即

$$\Pr(Y_{t+k} = \hat{y}_{t+k|t}) = 0 \tag{2-4}$$

因而，确定性预测输出的点预测结果与随机变量的实现值之间往往存在难以消除的偏差 $\epsilon_{t+k|t}$：

$$\epsilon_{t+k|t} = y_{t+k} - \hat{y}_{t+k|t} = y_{t+k} - \mathbb{E}[Y_{t+k} \mid \boldsymbol{x}_t, \mathcal{M}, \theta] \tag{2-5}$$

若确定性预测的偏差 $\epsilon_{t+k|t}$ 对决策者的影响不可忽略，则有必要将这种点预测的不确定性考虑到预测结果中，概率预测的目的就是用概率分布的形式量化这种预测不确定性，即寻找概率分布 $\hat{f}_{t+k|t}$ 或 $\hat{f}^{\varepsilon}_{t+k|t}$ 使

$$Y_t \sim \hat{f}_{t+k|t} \tag{2-6}$$

$$Y_t - \hat{y}_{t+k|t} \sim \hat{f}^{\varepsilon}_{t+k|t} \tag{2-7}$$

从而待预测量的实现值 y_{t+k} 服从概率分布 $\hat{f}_{t+k|t}$，预测误差 $\varepsilon_{t+k|t}$ 服从概率分布 $\hat{f}^{\varepsilon}_{t+k|t}$。

考察式(2-5)，可知预测误差 $\epsilon_{t+k|t}$ 对应随机变量 $Y_t - \hat{y}_{t+k|t}$ 的概率分布既取决于预测值 $\hat{y}_{t+k|t}$，同时也受确定性预测信息向量 $\boldsymbol{x}_t$、预测模型 $\mathcal{M}$ 及其参数集合 θ 的影响，因而 $\hat{f}^{\varepsilon}_{t+k|t}$ 实质上是一个条件概率分布。为了获得概率预测结果 $\hat{f}^{\varepsilon}_{t+k|t}$，需要建立新的预测模型 $\mathcal{M}_{\mathrm{p}}$ 将预测信息向量 $\boldsymbol{x}_t$ 映射为预测误差的概率分布 $\hat{f}^{\varepsilon}_{t+k|t}$：

$$\hat{f}^{\varepsilon}_{t+k|t} = \mathcal{M}_{\mathrm{p}}(\boldsymbol{x}_t \mid \theta_{\mathrm{p}}, \hat{y}_{t+k|t}) \tag{2-8}$$

式中，θ_{p} 为概率预测模型 $\mathcal{M}_{\mathrm{p}}$ 中的参数集合。注意概率预测模型 $\mathcal{M}_{\mathrm{p}}$ 并非一个从实值到实值的函数，其输入的信息 $\boldsymbol{x}_t$ 往往包含多种类型的数据，输出也不再是单点的值，而是一个概率分布函数。将多源输入信息张成的空间记为 $\mathcal{X}$，将概率分布函数构成的集合记为 $\mathcal{P}$，则概率预测的数学本质可以被归结为构建从高维信息空间 $\mathcal{X}$ 到概率分布函数集合 $\mathcal{P}$ 的条件映射：

$$\mathcal{M}_{\mathrm{p}} : \mathcal{X} \mapsto \mathcal{P} \tag{2-9}$$

通过确定合适的模型参数 θ_{p}，使得输入已知信息 $\boldsymbol{x}_t$、映射 $\mathcal{M}_{\mathrm{p}}$ 能输出满足式(2-6)或式(2-7)的概率分布。此外，也可以不利用预测误差分布 $\hat{f}^{\varepsilon}_{t+k|t}$ 直接构建预测对象的概率分布 $\hat{f}_{t+k|t}$。

2.3.2　概率预测基本形式

概率预测的基本形式通常包括概率分布预测、分位数预测、区间预测等。

1. 概率分布预测

概率分布描述的是随机变量在其所有可能取值上发生的可能性大小，通常用累积分布函数或概率密度函数表示[8]。

对于随机变量 $Y_t \in \mathbb{R}$ 而言，其累积分布函数 F_t 描述了随机变量取值小于任意取值 y 的概率：

$$F_t(y) = \Pr(Y_t \leqslant y) \tag{2-10}$$

累积分布函数是关于自变量 y 的单调非减函数，其取值范围为[0, 1]。

概率密度函数 f_t 描述的则是随机变量 Y_t 落在某一区间 $[y, y+\Delta y]$ 内的概率与该区间大小的比值的极限，该极限在区间长度 Δy 趋向于 0 时取到：

$$f_t(y) = \lim_{\Delta y \to 0} \frac{\Pr(y < Y_t \leqslant y + \Delta y)}{\Delta y} \tag{2-11}$$

根据两种分布函数的定义式(2-10)和式(2-11)，随机变量累积分布函数 F_t 与概率密度函数 f_t 满足如下关系：

$$\begin{aligned} f_t(y) &= \lim_{\Delta y \to 0} \frac{\Pr(y < Y_t \leqslant y + \Delta y)}{\Delta y} \\ &= \lim_{\Delta y \to 0} \frac{F_t(y + \Delta y) - F_t(y)}{\Delta y} \\ &= \frac{\mathrm{d}F_t(y)}{\mathrm{d}y} \end{aligned} \tag{2-12}$$

$$F_t(y) = \Pr(Y_t \leqslant y) = \int_{-\infty}^{y} f_t(y)\mathrm{d}y \tag{2-13}$$

概率分布预测即在时间 $t-k$ 下，对未来 t 时刻发生的随机变量 Y_t 的累积分布函数 F_t 或概率密度函数 f_t 进行估计，分别记作 $\hat{F}_{t|t-k}$ 或 $\hat{f}_{t|t-k}$。由于两种分布函数之间可以根据式(2-12)和式(2-13)相互转化，通常根据预测方法的特点提供两种分布函数中的任意一种即可。

2. 分位数预测

在实际的概率预测应用中，决策者有时不需要得到完整的预测分布。分位数可以实现对预测概率分布的离散化表达，给出在特定概率水平下的预测对象分位数[9-11]。分位数预测形式上更加直观，利用分位数可以构建预测区间，应用更加便捷。假设随机变量 Y_t 的累积分布函数 F_t 是一个严格递增函数，则随机变量在分

位水平 $\alpha \in [0,1]$ 下的分位数 $q_t^{(\alpha)}$ 可以由式(2-14)定义：

$$q_t^{(\alpha)} : \Pr\left(Y_t < q_t^{(\alpha)}\right) = \alpha \tag{2-14}$$

或将其直接表示为累积分布函数的反函数：

$$q_t^{(\alpha)} = F_t^{-1}(\alpha) \tag{2-15}$$

当累积分布函数不满足严格递增的条件时，随机变量在分位水平 $\alpha \in [0,1]$ 下的分位数 $q_t^{(\alpha)}$ 可以被定义为

$$q_t^{(\alpha)} = \inf\{y \mid F_t(y) \geqslant \alpha\} \tag{2-16}$$

分位数预测即在 t 时刻，对未来 $t+k$ 时刻随机变量 Y_{t+k} 的分位数 $q_{t+k}^{(\alpha)}$ 进行估计。尽管一般意义下概率预测的输出目标为完整的概率分布函数，但工程上有时也对概率分布函数离散化，从而得到一系列变量取值及其发生概率的组合。根据式(2-15)和式(2-16)可知，分位数预测是对完整累积概率分布预测的采样，当获得[0,1]之间不同分位水平 $\{\alpha_i\}_{i=1}^m$ 下的分位数预测 $\{\hat{q}_{t+k|t}^{(\alpha_i)}\}_{i=1}^m$ 后，即可对完整的累积概率分布预测 $\hat{F}_{t+k|t}$ 近似估计：

$$\hat{F}_{t+k|t} = \left\{\hat{q}_{t+k|t}^{(\alpha_i)}, i = 1,\cdots,m \mid 0 \leqslant \alpha_1 < \alpha_2 < \cdots < \alpha_m \leqslant 1\right\} \tag{2-17}$$

显然，序列 $\{\alpha_i\}_{i=1}^m$ 对累积概率分布函数的值域[0,1]离散越致密，分位数预测 $\{\hat{q}_{t+k|t}^{(\alpha_i)}\}_{i=1}^m$ 对累积概率分布预测的近似程度就越好。

3. 区间预测

区间预测给出了随机变量可能出现的一个连续范围，随机变量以特定概率出现在该范围内，这一概率称为区间预测的置信度[12-15]。区间预测结果表现更为直观，结合鲁棒优化、区间优化等技术，可实现决策过程中对预测不确定性的考虑，便于决策者直接使用。在时间 $t-k$ 下对 t 时刻发生的随机变量 Y_t 做出的区间预测为 $\hat{I}_{t|t-k}^{(\beta)}$，其置信度为 $100(1-\beta)\%$，$\beta \in [0,1]$，根据区间预测的定义，有

$$\Pr(Y_t \in \hat{I}_{t+k|t}^{(\beta)}) = 100(1-\beta)\% \tag{2-18}$$

预测区间由其下界 $L_{t+k|t}^{(\beta)}$ 和上界 $U_{t+k|t}^{(\beta)}$ 来确定，即

$$\hat{I}_{t+k|t}^{(\beta)} = [L_{t+k|t}^{(\beta)}, U_{t+k|t}^{(\beta)}] \tag{2-19}$$

这一组下界和上界可以被解释为分位水平分别为 $\underline{\alpha}$ 和 $\overline{\alpha}$ 分位数预测：

$$L_{t+k|t}^{(\beta)}=\hat{q}_{t+k|t}^{(\underline{\alpha})} \tag{2-20}$$

$$U_{t+k|t}^{(\beta)}=\hat{q}_{t+k|t}^{(\overline{\alpha})} \tag{2-21}$$

其标称分位水平 $\underline{\alpha}$ 和 $\overline{\alpha}$ 满足如下关系：

$$\overline{\alpha}-\underline{\alpha}=1-\beta \tag{2-22}$$

式(2-18)这种预测区间的一般定义使得在相同的置信水平下，预测区间仍不唯一，存在多种可能的分位水平组合使得式(2-22)成立。通常选择对称的分位水平组合，使随机变量 Y_t 小于预测区间下界的概率与大于预测区间上界的概率相同，即

$$\underline{\alpha}=1-\overline{\alpha}=\frac{1-\beta}{2} \tag{2-23}$$

这种预测区间被称为中心预测区间，反之则称为非中心区间预测。

对于新能源电力系统预测的非线性和有界过程，未来输出的概率分布可能存在多模态和肥尾特征。对于复杂的概率分布，当置信度设置很低时，中位数可能与平均值相差很大，因而中心预测区间难以准确覆盖真实值。当置信度设置为 95%或更大时，预测区间通常会过于宽泛，且会覆盖极端的预测误差甚至是异常值。

事实上，确定性预测与概率预测的各种形式也是相互联系的，如图 2.8 所示。一方面，通过分析确定性预测的误差特性，可以确定概率分布模型中的关键参数，确定性预测也可作为概率预测的重要输入特征。另一方面，通过对概率预测进行关键统计量计算，也可以得到确定性预测结果，例如概率分布预测的数学期望对应最小化均方误差的确定性预测，标称分位水平为 50%的分位数预测对应最小化平均绝对误差的确定性预测。

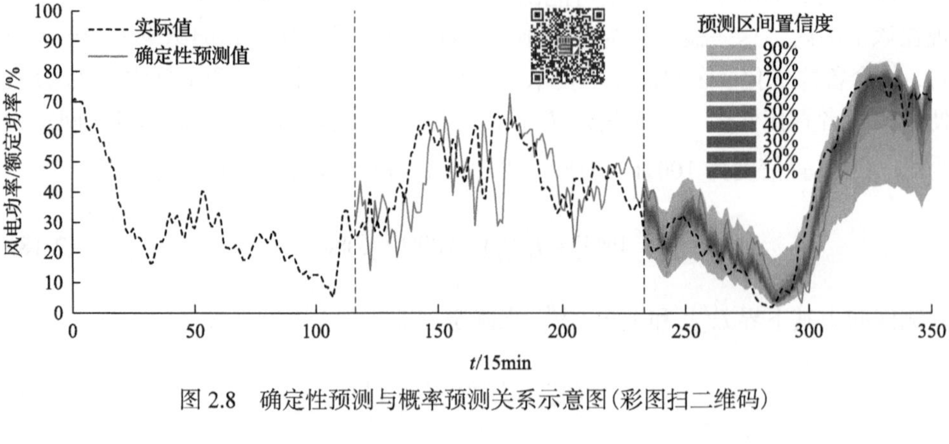

图 2.8　确定性预测与概率预测关系示意图(彩图扫二维码)

2.3.3　概率预测评价指标

可靠性(calibration)、锐度(sharpness)和分辨率(resolution)是评价概率预测性能的三个重要方面。概率预测结果应当首先保证可靠性要求，即保证预测与观测在概率上是一致的，因为只有具有优良可靠性的概率预测才有意义。此外，概率预测应具有较高的锐度和分辨率，前者强调概率分布预测应当尽可能集中，后者强调概率预测应能在不同的预测条件下生成不同概率信息。此外，在进行概率预测的评价时，可靠性、锐度和分辨率三方面的性能可能是相互冲突的，因而还存在通过一种指标即可评估预测总体性能(overall skill)的需求。

1. 可靠性

可靠性用于衡量预测结果和实际值的一致性，评估的是预测结果在概率上的精确性。可靠性是概率预测最为核心的性能，只有当概率预测具有良好可靠性时，该预测才可能是客观正确的，才能对其进行其他维度的性能评估。

对于分位数预测结果来说，可靠性可以由预测分位数的经验比例与标称分位水平之间的偏差来衡量。假设需要对某一测试样本 $\{y_t\}_{t=1}^T$ 在标称分位水平 α 下的分位数预测 $\{\hat{q}_t^{(\alpha)}\}_{t=1}^T$ 进行可靠性评估，首先应计算分位数预测的经验比例 $\hat{P}^{(\alpha)}$：

$$\hat{P}^{(\alpha)} = \sum_{t=1}^{T} \mathbb{I}\left(y_t \leqslant \hat{q}_t^{(\alpha)}\right) \tag{2-24}$$

式中，$\mathbb{I}$ 为示性函数，当函数中的逻辑表达式 $y_t \leqslant \hat{q}_t^{(\alpha)}$ 成立时取值为 1，否则取值为 0，即

$$\mathbb{I}\left(y_t \leqslant \hat{q}_t^{(\alpha)}\right) = \begin{cases} 1, & y_t \leqslant \hat{q}_t^{(\alpha)} \\ 0, & y_t > \hat{q}_t^{(\alpha)} \end{cases} \tag{2-25}$$

对于可靠的预测分位数，经验比例 $\hat{P}^{(\alpha)}$ 应尽可能接近标称分位水平 α 。理想分位数预测的经验比例应当与标称相等。如图 2.9 所示，10 个测量值(用*表示)中的五个低于预测分位数 $q^{(50\%)}$ ，那么，预测分位数的经验比例为 50%，等于标称分位水平。将经验比例与标称分位数水平 α 之间的偏差称为平均比例偏差(average proportion deviation，APD)，即

$$\mathrm{APD} = \hat{P}^{(\alpha)} - \alpha \tag{2-26}$$

APD 的数值越小，说明分位数预测的可靠性越高。分位数的可靠性还可通过可靠性图进行评价。可靠性图以待考察的标称分位水平为横坐标，以标称分位水

平对应分位数预测的经验比例为纵坐标，所得曲线越接近对角线，说明预测可靠性越好。概率预测结果的可靠性图如图 2.10 所示。

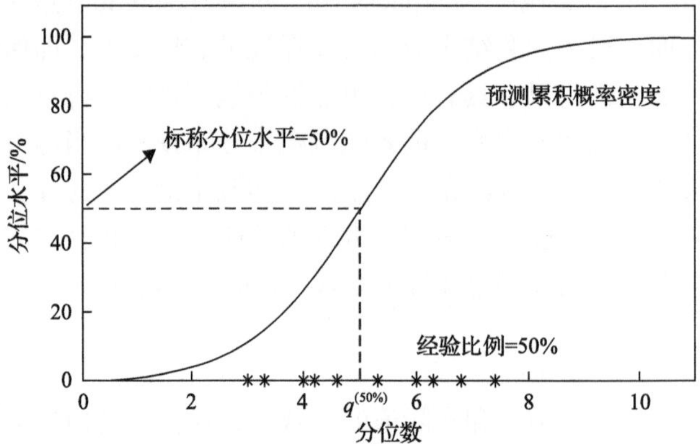

图 2.9　理想情况下高可靠性预测分布实例

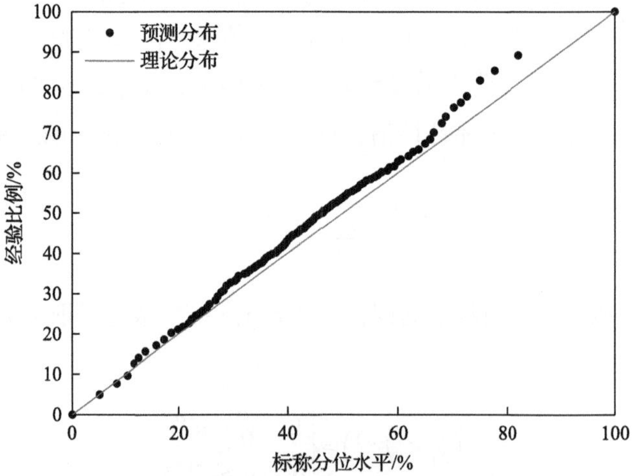

图 2.10　概率预测结果的可靠性图

对于区间预测来说[16]，通常采用平均覆盖率误差（average coverage deviation，ACD）衡量可靠性，该值被定义为待预测量 y_t 实际值落在预测区间 $\hat{I}_t^{(\beta)}$ 的经验覆盖概率（empirical coverage probability，ECP）与标称覆盖概率（nominal coverage probability，NCP）之差。

$$\mathrm{ACD} = \mathrm{ECP} - \mathrm{NCP} \tag{2-27}$$

其中

$$\mathrm{NCP} = 100(1-\beta)\% \tag{2-28}$$

$$\mathrm{ECP} = \frac{1}{T}\sum_{t=1}^{T}\mathbb{I}\left(y_t \in \hat{I}_t^{(\beta)}\right) \tag{2-29}$$

ACD 的数值越小，说明区间预测的可靠性越高。

2. 锐度与分辨率

锐度指的是概率分布预测的集中程度：概率分布预测越集中，说明待预测量出现在分布密度峰值附近的概率越大，预测的不确定性越小；概率分布越平缓，待预测量可能出现的范围越大，预测的不确定性越高。如图 2.11 所示，对于锐度不同的概率密度预测而言，如果随机变量预测分布的锐度更高，则在相同置信度下基于高锐度预测所得区间宽度更小。

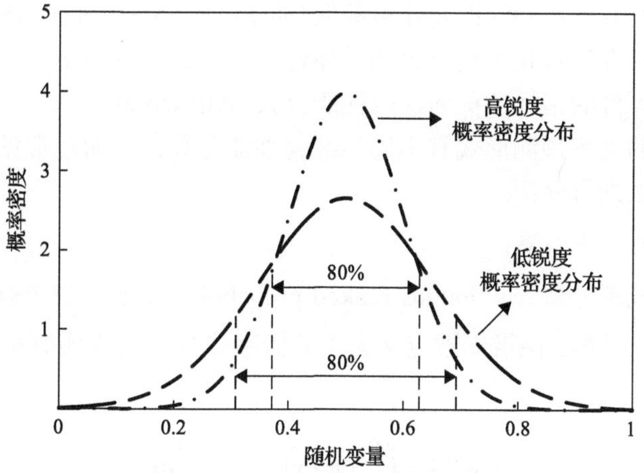

图 2.11　不同锐度预测分布实例

对于区间预测 $\{\hat{I}_t^{(\beta)}\}_{t=1}^{T} = \{[L_t^{(\beta)}, U_t^{(\beta)}]\}_{t=1}^{T}$ 来说，锐度可以用区间平均宽度 (average width，AW) 来衡量：

$$\mathrm{AW} = \frac{1}{T}\sum_{t=1}^{T}(U_t^{(\beta)} - L_t^{(\beta)}) \tag{2-30}$$

相同置信度水平下的预测区间宽度应该尽可能小，更窄的预测区间比更宽的预测区间更具应用价值，更有利于减少决策者为应对预测不确定性所需付出的代价。

概率预测的分辨率反映的是预测模型对预测条件变化的敏感程度。概率预测的本质是高维复杂信息下的条件概率建模，不同条件下得到的预测结果是不同的。如果预测条件发生了变化，而预测结果的统计特征保持不变，则说明预测模型对条件不敏感，所得到的预测模型是非条件预测模型，不符合概率预测的要求。概率预测的分辨率很难通过具体的数值来量化，因为这种量化需要同时评估预测条件与预测结果的变化程度。有研究通过衡量不同时刻预测区间宽度的标准差大小来体现分辨率的高低。但单纯依靠分辨率的大小无法区分预测模型的优劣，预测分辨率的评估必须联系可靠性和锐度进行，只有当两种预测的可靠性和锐度性能相近时，具有更高分辨率的预测才能被认为性能更优。

3. 总体性能

概率预测的整体性能由可靠性、锐度和分辨率等共同决定[17]。在对量化可靠性、锐度和分辨率性能的指标分别进行评价时，有时会得到冲突或矛盾的结果，从而难以从众多预测结果中选择整体性能最优的预测。在实际应用中，决策者往往更青睐使用类似点预测的误差评价标准(如 MAE、MSE 和 RMSE)，即通过一种一致的评价标准来量化预测结果的总体性能。在概率预测中，这种对预测结果总体性能进行评价的指标被称为综合性能分数(skill score)。

针对不同的概率预测形式有不同的综合性能分数，下面对常见的综合性能分数及其适用场景进行介绍。

1)连续等级概率分数

连续等级概率分数(continuous ranked probability score，CRPS)用于评估概率分布预测的总体性能，该指标被定义为预测概率分布 $\hat{F}_t$ 与真实概率分布 F_t 之间差值平方的积分：

$$\mathrm{CRPS} = \int_{-\infty}^{+\infty} \left(\hat{F}_t(x) - F_t(x)\right)^2 \mathrm{d}x \tag{2-31}$$

CRPS 越小，说明分布预测的总体性能越好。

通常，当某一随机变量已经实现后，只能知晓其确定的观测值 y_t，随机变量的真实概率分布 F_t 则难以获取。因此，原始形式的 CRPS 难以得到实际应用，通常的做法是利用观测值 y_t 的经验概率分布替代真实概率分布 F_t。单一样本 y_t 对应的经验概率分布为

$$F_t(x) = \mathbb{I}\left(x - y_t\right) \tag{2-32}$$

式中，$\mathbb{I}(\cdot)$ 含义为

$$\mathbb{I}(x) = \begin{cases} 1, & x \geqslant 0 \\ 0, & x < 0 \end{cases} \tag{2-33}$$

设待评估的概率分布预测为 $\{\hat{F}_t\}_{t=1}^{T}$，待预测对象的观测值为 $\{y_t\}_{t=1}^{T}$，这些样本的

平均 CRPS 可通过下式计算

$$\mathrm{CRPS}=\frac{1}{T}\sum_{t=1}^{T}\int_{-\infty}^{+\infty}\left[\hat{F}_t(x)-\mathbb{I}(x\geqslant y_t)\right]^2\mathrm{d}x \tag{2-34}$$

CRPS 多应用于概率分布预测结果的综合性能评估，在处理异常值和极端事件时表现稳健[18]。

2) 分位数综合分数

对于分位数预测而言，常利用分位数综合分数评估其总体性能。常用的分位数综合分数指标包括 Pinball 损失分数、分位数性能分数(quantile skill score)等。

Pinball 损失是分位数回归的损失函数，基于此可以得到 Pinball 损失分数，用于评价概率预测综合性能。标称分位水平为 α 的分位数预测的 Pinball 损失分数可定义为

$$\begin{aligned}L_{\mathrm{Pinball}}^{(\alpha)}=\frac{1}{T}\sum_{t=1}^{T}&[(1-\alpha)(\hat{q}_{t+k|t}^{(\alpha)}-y_{t+k})\mathbb{I}(\hat{q}_{t+k|t}^{(\alpha)}-y_{t+k})\\&+\alpha(y_{t+k}-\hat{q}_{t+k|t}^{(\alpha)})\mathbb{I}(y_{t+k}-\hat{q}_{t+k|t}^{(\alpha)})]\end{aligned} \tag{2-35}$$

更小的 Pinball 损失分数表明分位数预测结果的综合性能更好。但是，Pinball 损失分数仅适用于描述在单一分位水平下预测结果的综合性能，不适用于所有分位水平下预测结果整体性能的评估。

衡量分位数概率预测结果综合性能的另一个指标是分位数性能分数，定义为

$$S_{\mathrm{Q}}=\frac{1}{NT}\sum_{i=1}^{N}\sum_{t=1}^{T}(\mathbb{I}(\hat{q}_{t+k|t}^{(\alpha_i)}-y_{t+k})-\alpha_i)(y_{t+k}-\hat{q}_{t+k|t}^{(\alpha_i)}) \tag{2-36}$$

3) 区间分数

针对区间预测的综合评分称为区间分数(interval score)，常见的区间分数有两类，第一类基于分位数综合分数进行综合性能评估，另一类在指标中对可靠性和锐度实现适当权衡。两种分数在形式上具有一定差异，但本质上是等价的。

第一类区间分数利用区间边界对应的分位数来实现对总体性能的评估。设区间预测 $[L_t^{(\beta)},U_t^{(\beta)}]$ 的下边界 $L_t^{(\beta)}$ 对应分位水平为 $\underline{\alpha}$ 的分位数，上边界 $U_t^{(\beta)}$ 对应分位水平为 $\overline{\alpha}$ 的分位数，则第一类基于分位数的区间分数被定义为

$$S_{\mathrm{Q}}^{\mathrm{int}}=\left[\mathbb{I}(y_t\leqslant L_t^{(\beta)})-\underline{\alpha}\right](y_t-L_t^{(\beta)})+\left[\mathbb{I}(y_t\leqslant U_t^{(\beta)})-\overline{\alpha}\right](y_t-U_t^{(\beta)}) \tag{2-37}$$

第二类区间分数通过对区间的可靠性和锐度进行加权实现对总体性能的评

估，这一指标通常也称为 Winkler 分数，其常用形式为

$$S_{\mathrm{W}}^{\mathrm{int}} = -(U_t^{(\beta)} - L_t^{(\beta)}) - \frac{2}{\beta}(L_t^{(\beta)} - y_t)\mathbb{I}(y_t < L_t^{(\beta)}) - \frac{2}{\beta}(y_t - U_t^{(\beta)})\mathbb{I}(y_t > U_t^{(\beta)}) \tag{2-38}$$

式中第一项是对预测区间锐度的评估，预测区间越宽，第一项会贡献越大的负值；后两项是对预测区间可靠性的评估，当预测区间未能覆盖待预测值 y_t 的时候，后两项同样会贡献较大的负值，且待预测量距离区间边界越远，这一负值也越大，当预测区间成功覆盖待预测值时，后两项变为 0。基于以上分析，Winkler 分数的取值范围同样为 $(-\infty,0]$，该分数越高，预测区间的总体性能越好。

需要说明的是，Winkler 分数 $S_{\mathrm{W}}^{\mathrm{int}}$ 并不是对锐度和可靠性的简单加权，该分数本质上是基于分位数预测的评分规则制定的。令式中的 $m=2$，分位水平取 $\alpha_1 = \beta/2$ 和 $\alpha_2 = 1-\beta/2$，单调非减函数取 $s_1(x) = s_2(x) = 2x/\beta$，任意函数取 $h(x) = -2x/\beta$，即可得到 Winkler 分数。基于以上分析，可以推知 Winkler 分数 $S_{\mathrm{W}}^{\mathrm{int}}$ 仅仅是针对边界分位水平满足 $\underline{\alpha} = 1-\overline{\alpha} = \beta$ 的中心预测区间构造的，并不能用于非中心预测区间的总体性能评估。

此外，还有一种形式上更一般的 Winkler 分数，该分数的适用范围不仅局限于中心区间，定义为

$$S_{\mathrm{W}}^{\mathrm{int}} = -(U_t^{(\beta)} - L_t^{(\beta)}) - \frac{2}{\underline{\alpha}}(L_t^{(\beta)} - y_t)\mathbb{I}(y_t < L_t^{(\beta)}) - \frac{2}{1-\overline{\alpha}}(y_t - U_t^{(\beta)})\mathbb{I}(y_t > U_t^{(\beta)}) \tag{2-39}$$

上述 Winkler 分数 $S_{\mathrm{W}}^{\mathrm{int}}$ 与第一类基于分位数的区间分数 $S_{\mathrm{Q}}^{\mathrm{int}}$ 类似，在进行区间总体性能评估时，需要指定区间上下边界对应的分位水平 $\underline{\alpha}$ 和 $\overline{\alpha}$。但在非中心区间预测中，有时无法得到区间上下边界对应的分位水平而只有分位数，因而该指标也不能很好地用于此类型非中心预测区间的评估。

4) 对区间预测综合性能分数的讨论

对于置信水平相同的区间预测而言，区间边界可以对应不同的分位水平组合，从而导致区间预测的不唯一性。例如置信度为 90%的预测区间，可由分位水平分别为 5%和 95%的分位数预测构成，也可由 2%和 92%的分位数预测构成。不同边界分位水平组合得到的预测结果会呈现不同的预测性能，选择合适的综合性能分数对其进行客观评价至关重要。

概率预测要求预测者在满足可靠性的前提下最大化锐度，遵循这一规则，若其上下边界的分位水平组合不同，但两种区间预测具有相同置信水平和可靠性表现，应认为宽度更窄的区间预测总体性能更优，相应地，区间分数需能够辨识出这一差异。然而广泛使用的基于分位数的区间分数和 Winker 分数在进行总体性能评估前，往往需要指定区间边界对应的分位水平，这导致其无法分辨对应不同上下边界分位水平的等置信度区间预测，下面举例说明这一问题。

首先讨论式(2-37)中基于分位数的区间分数 $S_{\mathrm{Q}}^{\mathrm{int}}$ 。考察服从 Weibull 分布的某随机变量 y_t，其概率密度函数为

$$f(x,\lambda,k)=\begin{cases}\dfrac{k}{\lambda}\left(\dfrac{x}{\lambda}\right)^{k-1}\mathrm{e}^{-(x/\lambda)^k}, & x\geqslant 0\\ 0, & x<0\end{cases} \tag{2-40}$$

为了简便，假设上述分布中的参数 $k=\lambda=1$，此时式(2-40)对应的累积分布函数可以被显示地求取

$$F(x)=\int_{-\infty}^{x}f(x\mid k=\lambda=1)\mathrm{d}x=\begin{cases}1-\mathrm{e}^{-x}, & x\geqslant 0\\ 0, & x<0\end{cases} \tag{2-41}$$

令 $F(x)$ 分别等于中心预测区间边界的分位水平 0.05 和 0.95，反算出 x 的值即可确定随机变量 Y_t 的 90%中心预测区间 $I_1=[-\ln(1-0.05),-\ln(1-0.95)]$，该区间宽度为 2.9444，将该区间边界及其分位水平代入式(2-37)并取关于 y_t 的期望，求得其基于分位数的区间分数 $S_{\mathrm{Q}}^{\mathrm{int}}$ 为–0.1985。考察边界分位水平分别为 0 和 0.90 的非中心区间 $I_2=[0,-\ln(1-0.9)]$，该区间宽度为 2.3026，基于分位数的区间分数 $S_{\mathrm{Q}}^{\mathrm{int}}$ 为–0.2303。由于预测区间 I_1 和 I_2 是根据已知概率分布计算，两者都具有理想的可靠性，而预测区间 I_1 的宽度明显大于 I_2，说明区间 I_2 的锐度更优，因而具有更好的总体性能，但 I_1 的区间分数高于 I_2，误判了不同区间的总体性能优劣。

对于式(2-39)给出的 Winkler 区间分数 $S_{\mathrm{W}}^{\mathrm{int}}$ 而言，易知当预测区间上下边界对应的分位水平趋向于 0 或 1 时，Winkler 区间分数趋向于负无穷，无论真实概率分布如何变化，该分数始终判定这种预测区间的总体性能比其他要差，这显然是不合理的。

2.3.4　概率预测方法分类

根据不同的分类标准，概率预测方法存在多种分类组合，主要可归纳为以下四类。

按照预测是否依赖特定类型的概率分布形式，可以将概率预测分为参数法预

测和非参数法预测。参数法概率预测是预先假定预测对象或预测误差服从现有的概率分布假设，而非参数法则不指定预测分布，直接实现对预测对象概率分布的描述。

按照预测环节中是否涉及预测对象外的预测，可以将概率预测分为直接法预测和间接法预测。直接预测指直接构建解释变量与预测对象的映射关系，直接输出概率预测结果。间接预测指先进行与预测对象相关性最大的变量的预测，然后根据该变量与预测对象间的映射关系，间接得到预测对象的预测结果。

按照所采用预测模型的不同，可将概率预测分为统计学习方法和人工智能方法。统计学习方法是基于对预测对象在历史维度上的信息统计构建的预测模型。人工智能作为计算机领域发展的典型技术，具有多维特征自适应提取、非线性映射能力，在概率预测领域得到广泛应用。

按照预测模型的组成，可将概率预测分为单一法和集成法。单一法以单一预测模型构建输入输出映射，而集成法则通过集成多种预测模型来构建最终的预测模型，从而实现预测总体性能的提升[18]。

1. 参数法与非参数法

1) 参数化概率预测

参数化概率预测是指预先给定预测对象的参数化分布形式，如高斯分布可由代表均值的参数μ和代表方差的参数σ^2来描述：

$$Y_t \sim \hat{f}_{t|t-k} = f(y \mid \mu, \sigma^2) \tag{2-42}$$

参数化概率预测主要包括预测分布假设和分布参数估计。参数化概率预测需要事先给定预测对象可能满足的概率分布模型，如假设预测对象或预测对象的预测误差呈高斯分布、贝塔分布、威布尔分布等[19]。如在风电功率预测中，常常使用威布尔分布来模拟其概率分布。新能源电力系统预测误差分布的峰度较大，预测误差统计特性随预测条件的变化而变化，如图 2.5～图 2.7 所示。因此，现有参数分布假设难以表征预测对象的真实概率分布，也可通过组合现有参数分布构建新的参数分布模型，从而更接近于预测对象的真实分布。

完成预测分布假设后，需要利用已有信息对预测分布参数进行估计。分布参数的估计主要包括位置参数和尺度参数估计。位置参数估计主要依赖于点预测估计值，尺度参数的估计又分为不随时间变化而变化的估计方法(非时变估计)及随时间变化而变化的估计方法(时变估计)。新能源电力系统中，预测对象在不同时间尺度上都表现出高度的异方差特性，这意味着预测对象时间序列是一个非线性、非平稳的过程，因而尺度参数的估计应当是时变的[20]。

2) 非参数概率预测

非参数概率预测是不给定任何分布形状假设的概率预测方法[9,12,14]。常见的非参数概率预测方法有核密度估计(kernel density estimation，KDE)、分位数回归(quantile regression，QR)等。

分位数回归通过最小化样本的分位数损失函数获得输出理想条件分位数预测的回归函数，该方法无需假设待预测量的概率分布形式[21]。传统的分位数回归采用线性函数对回归变量和分位数预测进行建模。由于线性模型在拟合复杂映射关系方面存在不足，而样条分位数回归(spline quantile regression，SQR)采用分段函数拟合回归变量和分位数之间的关系，具有更高的灵活性。分位数回归森林(quantile regression forest, QRF)对训练数据进行重采样，构造多个子训练集并分别训练分位数回归模型，形成分位数预测决策树，通过自适应集成，能有效改善传统分位数回归模型的泛化能力。分位数回归可以与机器学习结合，利用机器学习强大的非线性映射能力输出分位数，从而实现对预测不确定性的准确建模。

核密度估计是一种常用的非参数化的概率密度函数估计方法，其基本思想是生成一个平滑的直方图来估计随机变量的概率密度函数。基于核密度估计的概率密度函数可以表述为

$$\hat{f}_X(x) = \frac{1}{N \cdot h}\sum_{i=1}^{N} K\left(\frac{x - X_i}{h}\right) \tag{2-43}$$

式中，K 表示核函数，常见的核函数有高斯核函数、贝塔核函数、伽马核函数等；h 表示带宽；X_i 表示数据点；N 表示数据点个数。核密度估计的关键问题包括选择合适的核函数，确定最佳带宽。核密度估计需要大量数据样本，且预测结果不受预测条件影响，造成该方法拟合性能良好但预测性能不够理想。条件核密度估计方法通过引入解释特征对核函数进行加权，从而输出条件概率预测结果。

2. 直接法与间接法

新能源电力系统中，预测对象受外界气象环境等因素影响很大。尤其是针对风电、光伏的概率预测时，可以考虑直接构建预测输入与预测对象间的映射模型，也可以考虑先构建预测输入与对预测对象影响最大的环境变量的映射关系，再根据环境变量与预测对象的转换关系得到预测对象的概率分布。前者称作直接概率预测方法，后者称作间接概率预测方法。

直接概率预测方法是构建预测输入 x_t 与预测对象概率分布 $\hat{F}_{t+h|t}(y \mid x_t)$ 的映射关系，表示为

$$g : x_t \mapsto \hat{F}_{t+h|t}(y \mid x_t) \tag{2-44}$$

而间接概率预测模型则首先构建映射 $g_1: x_t \mapsto \hat{v}_{t+h|t}$ 得到中间预测变量的预测结果 $\hat{v}_{t+h|t}$，再根据 $\hat{v}_{t+h|t}$ 与预测对象的关系建立模型 $g_2: \hat{v}_{t+h|t} \mapsto \hat{F}_{t+h|t}(y|x_t)$ 得到预测对象的预测分布，表示为

$$g: x_t \overset{g_1}{\mapsto} \hat{v}_{t+h|t} \overset{g_2}{\mapsto} \hat{F}_{t+h|t}(y|x_t) \tag{2-45}$$

例如在风电和光伏预测中，可以先得到与风电和光伏输出最相关的太阳辐照度和风速预测结果，再根据辐照—功率和风速—功率转换模型得到功率概率分布预测结果。

3. 统计学习与人工智能

统计学习概率预测模型是在对预测对象自身历史维度的数据信息统计的基础上，利用自身的自相关性构建的概率预测模型。在早期确定性预测研究中，自回归移动平均模型、自回归整合移动平均模型等统计学习预测模型得到广泛应用。在此基础上，近年来马尔科夫链预测、向量自回归、卡尔曼滤波等统计学习预测模型也在概率预测研究中得到越来越广泛的应用。统计学习概率预测模型可解释性强、模型结构简单、训练复杂度低，但面对新能源电力系统中的多维复杂非线性映射问题的建模能力仍有待提升。

人工智能概率预测模型利用人工智能强大的非线性映射能力、多维特征提取能力和数据特征深度挖掘能力，构建输入与输出间的映射关系，在概率预测中已得到广泛应用[7,9,22,23]。特别是近年来深度学习技术的发展，使得深度挖掘新能源电力系统中各变量间复杂的映射关系更加有效，从而更好地反映数据随机波动特征，因而逐渐成为新能源电力系统概率预测领域的重要预测方法。此外，人工智能预测模型能够有效处理高维多源异构信息，对于实时监控数据及历史统计数据等数值类信息可以高效处理，同时可以通过特征编码等方式实现对非数值类数据的处理，从而可以更广阔地接收信息来源，为降低预测不确定性提供有效信息支撑。此外，人工智能概率预测模型可以与统计学习、物理模型等其他预测方法有效结合，从而实现多种预测模型优势的互补。

4. 单一法与集成法

单一法概率预测模型指利用单一的预测模型构建预测输入与输出概率的映射关系，这种预测方法往往场景针对性强，可以充分发挥单一预测模型的优势。而在新能源电力系统中，预测对象的随机波动性对预测方法的泛化性能提出更高要求。采用单一预测模型进行概率预测通常只在处理特定场合预测问题时具有优势，因此有学者研究了集成多种概率预测模型的集成预测方法，可以实现多种预测模

型优势的有效整合，提升预测模型总体性能和泛化能力，更好地实现多场景灵活适用。

集成法预测模型是指采用集成策略 $\mathbb{F}$，利用 M 个子预测模型 $g_{\mathrm{e}}^{(i)}(x_t)$ $(i=1,2,\cdots,M)$，构建最终的概率预测模型 $g_{\mathrm{e}}(x_t)$，表示为

$$\hat{F}_{t+h|t}(y\mid x_t)=g_{\mathrm{e}}(x_t)=\mathbb{F}(g_{\mathrm{e}}^{(i)}(x_t),\omega_i),\qquad i=1,2,\cdots,M \tag{2-46}$$

式中，ω_i 为集成策略 $\mathbb{F}$ 中各子预测模型的集成参数。常见的模型集成方式有模型权重优化、集成学习、信息论集成等。近年来，机器学习中的集成学习在数据统计分析、数值预测、特征挖掘与提取等方面得到广泛应用，通过整合多种基学习器的具有差异性的学习能力，从而得到具有更强泛化能力、更优综合性能的模型。

集成方法可以规避单一预测模型的不足，预测者需要根据预测场景确定选取何种单一预测模型及何种集成方式。

2.4　概率预测的电力系统应用

2.4.1　不确定性环境下的决策方法

新能源电场的规划、运行和控制必须计及新能源出力的不确定性。尽管新能源发电具有低碳清洁、边际成本趋近于零等优点，但其出力易受气候、环境等因素影响，从而表现出较强的随机性与间歇性。因此，规模化的新能源接入电网必然会导致调度决策所依据的数据准确度降低，从而威胁电力系统的安全运行[24]。目前常用的考虑不确定性的电力系统决策问题的建模方法包括随机优化、区间优化、机会约束规划和鲁棒优化等[25]。

1. 随机优化

随机优化是指含有随机变量的一类数学优化模型[26]。近些年，随机优化理论在考虑不确性的电力系统研究中得到了广泛应用，如机组组合、经济调度、发输电规划、储能规划等。在当前电力系统的研究中，常用的随机优化模型包括：期望值模型、基于场景的模型等，可表示为

$$\begin{aligned}&\min\ \ F_0(x)=\mathrm{E}\left[f_0(x,\omega)\right]\\&\text{s.t.}\ \ F_i(x)=\mathrm{E}\left[f_i(x,\omega)\right]\leqslant 0,\qquad i=1,\cdots,m\end{aligned} \tag{2-47}$$

式中，E 为期望算子；$f_0(x,\omega)$ 和 $f_i(x,\omega)$ 分别为目标函数和约束，x 为优化变量，ω 为参数，可以是随机变量。

期望值随机优化模型是指各类状态变量在期望约束下，实现目标函数期望值

达到最优的优化形式。期望值随机优化问题以期望值近似作为随机变量的实际取值，带入模型中直接求解，则原有随机优化问题转化为常见的确定性优化模型，但其无法考虑随机变量服从的分布特征，容易造成较大的误差。基于场景的随机优化是依据概率分布抽取场景，将概率分布离散化，随后对每个场景分别求解确定性优化问题，以最小化各场景下的成本的加权平均值为决策目标。值得注意的是，随机优化的解并不一定满足所有参数的取值。

2. 鲁棒优化

鲁棒优化不需要事先给定不确定参数的概率分布，而是通过一个不确定集来描述不确定参数，只要参数的取值在不确定集范围之内，鲁棒优化模型的解一定严格满足所有约束[27]。与随机优化相比，鲁棒优化试图在概率分布信息未知的情况下考虑不确定性。与随机优化中最小化总期望成本不同，鲁棒优化是最小化不确定参数的所有可能结果中最坏情况的成本，一个不确定性线性优化问题 $\left\{\min_{x}\left[\mathrm{c}^T x : Ax \geqslant b\right]\middle|(c,A,b)\in U\right\}$ 所对应的鲁棒优化问题为

$$\min_{x}\left\{t : t\geqslant \mathrm{c}^T x, Ax\geqslant b, (c,A,b)\in U\right\} \tag{2-48}$$

鲁棒优化可划分为静态鲁棒优化和分布鲁棒优化等。静态鲁棒优化，又称单阶段鲁棒优化，其决策是在不确定参数实现之前做出。在不确定参数的任意实现后，之前的决策结果必须使约束条件得到满足。静态鲁棒优化的优点为模型及求解过程较简单，缺点是由于决策仅能一次性做出，且等式约束的两端之间不存在裕量，故模型一般不能包含等式约束，而且所获得的决策偏保守。

分布鲁棒优化是一种基于随机优化的不确定性处理方法，由 Scarf 于 1958 年提出，其目的是解决随机优化中概率分布估计不准确的问题。类似于鲁棒优化在最恶劣情况下进行决策的思想，分布鲁棒优化是在不确定变量最恶劣概率分布下进行决策。与鲁棒优化方法相比，分布鲁棒优化方法包含随机变量的统计概率信息，且通过在模糊集中寻找不确定变量最坏的概率分布进行求解，而不是在某一可能不发生的最坏场景求解，这使得分布鲁棒优化法的解不会过于保守。分布鲁棒优化方法既融入了随机优化方法中随机变量的概率信息，又借鉴了鲁棒优化方法的思想，决策结果具有一定的抗风险性能，这也使得分布鲁棒优化方法可以较好地运用于考虑不确定性的电力系统决策问题中。

3. 机会约束规划

机会约束规划由查纳斯和库伯于 1959 年提出，是在一定的概率意义下得到最优解的理论。机会约束规划主要是针对约束条件中含有不确定变量，且在观测到

不确定变量实现之前做出决策的情况，可表示为

$$\begin{aligned} &\min \ \psi \\ &\text{s.t.} \ \ \text{Prob}(f_0(x,\omega) \leqslant \psi) \geqslant \tau \end{aligned} \tag{2-49}$$

机会约束规划考虑到所作决策在不利的情况下可能不满足约束条件，允许约束条件在一定概率下不被满足，即约束条件是以某一置信水平成立的。因此，机会约束规划是在一定概率意义下达到最优，主要用于解决约束条件中含不确定变量，且必须在观测到不确定变量实现前做出决策的优化问题。

4. 区间优化

由于某些客观或主观的限制而不能明确给出新能源出力的不确定信息，区间优化不同于其他点搜索优化算法，它不需要在点上采样，而是计算区间的边界值，这样就可以包含那些不容易被表示的点。区间优化可表示为

$$\begin{aligned} &\min \ f(x) = \left[f^L(x), f^U(x) \right] \\ &\text{s.t.} \ \ x \in \mathbf{C} \end{aligned} \tag{2-50}$$

相对于区间优化方法，其他考虑不确定性的决策建模方法都需要大量的不确定信息，然而在实际的应用和问题中，难以获得准确的不确定信息。对于区间优化来说，无论不确定参数的变化规律如何，只需要知道不确定参数的上下界，即可实现对考虑不确定性优化问题的求解。此外可以改变给定的区间置信水平，进行更加灵活的优化决策。

2.4.2 新能源电力系统不确定性分析

1. 电力系统灵活性评估

高比例新能源的接入对电力系统的安全和经济运行造成了挑战，而具有较高灵活性的电力系统能够更好地应对新能源出力的不确定性带来的负面影响。因此，如何构造科学的指标体系，定性定量地评估电力系统的灵活性，逐渐成为电力系统研究的重要课题[28]。

电力系统灵活性的定义目前尚未统一，国际能源署(international energy agency，IEA)认为，灵活性主要反映的是电力系统在面临扰动时，通过快速响应以维持供电可靠性的能力。在指标方面，电力系统的灵活性通常可用三个相互关联的指标进行描述，即爬坡限制、功率容量和能量容量。传统的灵活性评估体系侧重于原理分析与定性评价，缺少可指导工程实践的量化指标。随着新能源的大规模接入与概率预测方法的愈发成熟，基于源荷概率预测结果的电力系统灵活性

评估方法逐渐成为新的研究方向。

相较于传统的分析方法，基于概率预测的电力系统灵活性评估方法更侧重于分析各类不确定性因素对灵活性的影响，从而为高比例新能源接入下电力系统的运行与规划提供更具实际意义的参考。在指标体系方面，则以可调容量期望或灵活性不足概率作为定量指标，克服传统指标难以反映源荷不确定性概率特性的局限性。在分析方法上，基于概率预测结果的模拟方法，有效描述了多重不确定性因素作用下电力系统灵活性的分布特征。总体而言，在概率预测的支撑下，新能源与负荷概率特性得到了有效刻画，进而显著提升了高比例新能源接入下电力系统灵活性评估的准确性与实践价值。

2. 电力系统概率潮流与概率最优潮流

新能源出力的不确定性与电力负荷本身具有的不确定性会对新能源电力系统的调度造成极大风险，传统的确定性潮流分析通常无法满足不确定性下运行决策的需要。因此，对新能源电力系统开展概率潮流与概率最优潮流分析，综合考虑新能源出力与负荷等多种不确定性，估计系统关键潮流的概率分布特征，可为新能源电力系统的运行决策提供重要参考。

概率潮流与概率最优潮流分析方法大致可以分为模拟法、近似法、解析法三类。模拟法是新能源电力系统概率潮流与概率最优潮流分析的基本方法，通常建立在蒙特卡罗模拟的基础之上，其基本思想是通过大量的数值模拟计算，使样本计算结果的分布情况逐渐逼近真实分布。传统的模拟法基于随机抽样方法，具有较高的精度，但其计算效率极低，通常需要花费数倍于其他算法的时间。因此，在随机抽样的基础上，又发展出拉丁超立方采样、重要性抽样和拟蒙特卡罗模拟等方法，这些方法在保证计算结果较高准确度的前提下，显著缩短了传统蒙特卡罗方法的计算时间。近似方法的核心思想是通过对随机变量数字特征的计算，获得随机变量分布状况的近似描述，从而减轻大规模抽样带来的计算负担。典型的近似法包括点估计法、一次二阶矩法等，由于原理简单和计算便捷的优势，近似法在电力系统概率潮流分析中得到了广泛应用。解析法在广义上也可以归为近似法的一种，但与近似法通过随机变量的统计特征值对随机变量的分布进行近似描述不同，解析法的重点在于研究如何准确揭示决策变量与输入随机变量之间的映射关系，从而有效提升准确性并减少计算量。解析法包括半不变量法、序列运算法等，其较高的计算效率和解析表达的形式同样受到了研究者的关注。

3. 电力系统运行风险评估

电力系统风险评估对保障电力系统运行可靠性与安全性具有重要意义。传统的电力系统运行风险评估研究工作主要集中在运行风险指标设计与改进、基于风险的调度决策等方面。随着新能源的大规模接入，新能源电力系统的运行受到多种不确定性因素的影响[29]，因此，近年来基于数据驱动的迭代随机森林、生成对抗网络等风险评估方法受到广泛关注。

新能源电力系统概率预测为系统运行风险评估提供了关键数据支撑，也促进了基于场景分析的电力系统运行风险评估方法的发展。在基于概率预测与场景分析的电力系统运行风险评估中，首先基于新能源出力与负荷的概率预测方法，对未来运行场景下的不确定性因素进行量化分析。其次针对节点电压、支路潮流等电力系统关键状态，通过场景构建、概率计算、风险分析等步骤，计算切负荷风险、电压越限风险、线路过载风险等指标，全面评估新能源接入下电力系统所面临的运行风险，为系统运行决策提供重要参考，从而有效增强电力系统运行的安全性与可靠性。

总体而言，电力系统运行风险评估是电力系统分析的重要内容，为电力系统的运行安全提供有力保障。概率预测为电力系统运行风险评估提供重要的不确定性信息，是运行风险准确量化的基础。

2.4.3 新能源电力系统运行控制

1. 电力系统经济调度

经济调度是电力系统运行控制的关键环节，包含机组组合、最优潮流等核心内容。机组组合是在保证系统安全约束的前提下，合理安排机组的启停和出力计划，使系统在一定调度周期内的总运行费用达到最小，其在数学上呈现为一个高维、非凸、非线性的混合整数规划问题。最优潮流是在网络参数确定的前提下，考虑机组运行条件、线路功率限制和节点电压限制等约束条件，达到系统发电费用最小的运行目标。由于交流潮流等式约束的存在，最优潮流问题很难得到全局最优解，运筹学方法和凸松弛技术的发展为其求解提供了理论基础，以内点法为代表的基于导数的优化方法具有计算效率高、发展较成熟等优点，是最优潮流中应用最广泛的优化算法[30]。对于新能源电力系统而言，上述问题的研究需要考虑新能源随机特征与分布特性对系统调度提出的崭新要求，相应的研究方法也由确定性向不确定性方法转变[31]。

为了保证电力系统运行的安全性和可靠性，电力系统经济调度制定的短期发电计划应该满足实际调度周期内可能出现的系统功率波动和预测误差[32]，常用的建模方法为随机经济调度和鲁棒经济调度。在基于场景的随机经济调度模型中，通常基于已有的概率预测结果，假设预测误差服从某一特定形式的概率分布，将其抽样为大量带有概率权重的离散场景，从而将该随机问题转化为规模更大的确定性问题，然后利用分解和迭代的思想进行求解。在鲁棒经济调度中，鲁棒优化结果的经济性很大程度上取决于不确定集的选取，而不确定集的选取则依赖于高精度的概率预测信息。盒式不确定集是最简单常用的建模方法，基于区间预测的不确定集可以更好地体现随机变量的概率信息；而多面体式不确定集和基于数据驱动的高维椭球式不确定集在构建具有强相关性的多维随机变量不确定性模型中得到广泛应用。

2. 系统备用优化

电力系统备用优化是不确定性环境下系统实现能量平衡的重要手段。充足的备用可以有效应对系统的各种潜在风险，冗余的备用则与系统运行的经济性原则相违背，而高质量的概率预测结果可以指导决策者实行合理的备用安排[33]。备用优化的主要内容包括备用需求量化和备用容量分配。由于系统备用的主要作用是应对系统中可能存在的风险，从而保障系统的可靠运行，故而考虑不确定因素的备用需求量化过程经常根据随机变量的概率特征，采用概率分析的方法，并结合风险分析或可靠性准则进行。在一系列风险度量指标中，条件风险价值由于具有良好的数学性质和短期风险量化能力，常被用于量化一定风险水平下的备用需求。为了满足电力系统不同运行场景对备用响应速率的要求，需要不同备用资源之间的协调配合，以应对复杂的扰动因素。备用容量分配即在基于概率预测结果计算的系统备用需求下，优化各备用资源提供的备用比例，达到系统安全稳定约束下的最优经济运行目标。

新能源概率预测与电力系统备用优化均为不确定性环境下电力系统维持安全稳定运行的必要手段，两者互为保障与支撑。一方面，预测结果的准确程度一定程度上决定了电力系统备用决策的合理程度，可靠的预测方法可以减少系统的备用容量需求；另一方面，合理的备用决策也能够在一定程度上解决客观存在的不确定因素所带来的电力系统运行风险问题[34-36]。

3. 电力系统安全域

电力系统传统上采用逐点计算的方法进行安全性和稳定性校验，即给定运行方式，用时域暂态仿真计算确定电力系统在指定故障类型下的稳定性，但是这种逐点的方法难以对电力系统的安全范围和运行方式做出整体性的评估。随着新能源的大量接入，传统的电力系统离线安全评估方式日渐无法满足要求。

安全域方法给出了电力系统整体安全稳定运行区域的刻画，可以给出系统运行状态安全性的整体性评估[37]。在注入功率空间中的安全域通常包括静态安全域、小干扰稳定安全域，以及指定故障类型的暂态稳定安全域。电力系统在注入功率空间中的安全域只与电网结构和指定故障类型有关，而与具体的运行方式无关，故可以离线计算。在得到安全域的边界后，即可通过判断系统运行状态是否位于安全域内进行在线安全性评估，与传统的逐点法相比，这种方法可以显著降低计算量。在利用概率预测的方法有效量化新能源节点注入功率不确定性后，通过计算系统运行状态位于安全域内的概率，可以直接给出系统安全水平的概率指标。使用安全域与概率预测方法在线给出的系统安全性指标，可以有效反应系统当前运行状态的风险性变化趋势，有助于快速找到电力系统运行中的薄弱环节，并及时采取措施提高系统运行安全水平。

4. 电力系统稳定性概率评估

电力系统稳定性是电力系统运行与控制中一个基本且关键的问题。电力系统中的故障或者扰动类型数不胜数，不可能对每一种扰动进行暂态稳定分析，也不可能要求电力系统在每种扰动下都保持稳定。为了全面地反映电力系统的稳定性信息，1980 年，加拿大学者 Billinton 首次在论文中提出电力系统概率稳定的概念[38]。从数学本质上说，概率稳定分析的数学模型仍然是常微分方程，但初始条件是随机变量，概率稳定分析就是根据常微分方程初值的概率分布来计算系统稳定的概率。电力系统扰动因素的概率分布有的靠合理的假设得到，有的靠历史数据积累和经验得到，有的则必须依靠概率预测来得到。随着光伏、风电等含有高度不确定性的新能源在电力系统中的渗透率不断提高，新能源出力概率分布预测的准确性会极大地影响概率稳定性计算的准确性[39]。

新能源占比的不断提高使得电力系统所受到的不确定的持续性扰动也越来越大，电力系统在随机激励作用下的稳定性问题必须被纳入考虑范围。从数学本质上来说，电力系统在随机激励下的暂态稳定问题不再是普通的常微分方程模型，而是随机微分方程模型[40,41]。更加符合实际情况的持续性随机激励由概率预测得到，当随机微分方程分析理论上的困难被排除掉时，概率预测在此问题中的重要性将会更加凸显。

2.4.4 新能源电力系统优化规划

1. 储能容量配置

储能系统具有响应速度快、调节精度高、能量密度大等特点，可在秒级、分钟级到天级内的多时间尺度下对不平衡功率进行调节。在新能源电站配置储能系统，可平抑高比例新能源接入下的功率波动不确定性，保证大规模新能源电站并网的稳定运行。

储能容量配置与新能源发电预测误差具有极强的相关性。因此，通常需利用概率预测方法，有效量化新能源发电预测的不确定性，并用于经济、合理地选取储能系统容量大小，提高电力系统对不可控新能源发电的消纳能力，减少由预测误差导致的新能源电力系统安全可靠运行问题。例如，当新能源发电存在较大的不确定性时，可设计较大的储能容量，从而大大增加对新能源不确定性的平抑效果，避免产生额外的电力系统安全问题与经济损失；反之，当新能源发电的不确定性较小时，设计相对较小的储能容量，能在减缓不平衡功率波动的同时，进一步降低储能装置成本，促进储能容量配置的经济性[42]。

2. 新能源接入容量规划

随着全球对高效、清洁、可持续能源系统的迫切需要，风电、光伏等新能源在电力系统的渗透率逐年升高。然而由于新能源的出力具有显著的不确定性，高比例新能源接入下的电力系统可能面临电压质量差、频率不稳定、新能源消纳低等问题。因此，需制定合理的新能源接入容量规划方案。

由于风电、光伏等新能源的发电功率与自然天气条件具有强相关性，故需要构建新能源出力中长期概率预测模型，通过有效量化新能源出力的波动性，进一步提升新能源接入容量规划方案的合理性。具体而言，对新能源容量进行规划时，需要以系统经济性、安全性为目标函数，以系统网架和设备运行边界为约束条件，利用概率预测方法分析新能源出力概率特性，通过鲁棒优化、随机优化等方法构建电力系统新能源接入容量规划模型，保证电力系统在考虑高比例新能源不确定性时的安全、可靠、经济运行。

2.4.5 电力市场交易与需求响应

1. 电力市场交易

以风电和光伏为代表的新能源的大规模接入，给传统以计划为主的发电侧资源带来了更大的不确定性。与传统的点预测相比，概率预测提供了不确定信息，使新能源可以对自身不确定性进行量化，对其有效参与电力市场竞争提高自身收益具有重要意义[43]。一方面，发电商在电力市场中会面临偏差考核，即承担实时发电量与所报预测发电量的偏差带来的惩罚成本；另一方面，根据概率预测的不确定性量化结果，发电商可以制定相应的报价策略有效参与竞争：在不确定性大时采取相对激进的报价策略，而在不确定性小时采取相对保守的报价策略。此外，区域功率预测可以反映市场中电力商品的供应情况，也是电价预测的重要输入，而电价信号可以引导发电侧资源参与现货市场的决策行为，使区域内资源实现更有效的配置。随着售电侧市场的逐步开放，售电公司通过参与双边交易或集中市场购电，向用户出售电能。在电力现货市场中，实时的供需平衡决定了市场交易的价格，而电力市场的整体供需情况是根据区域功率预测和负荷预测结果进行估计的。这使得负荷预测能力对于售电公司在市场中的决策行为显得尤为重要，短期负荷预测可以为售电公司参与现货市场提供有力支持。对于售电公司而言，通过负荷预测模型筛选用电稳定预测精度较高的用户签订售电合同，有助于其提高自身收益。

2. 需求响应

随着大规模风、光等新能源的接入，电力系统的供需平衡问题越发凸显，电力系统安全运行面临严峻挑战。需求响应通过需求侧灵活资源的响应与互动，在促进能源供需平衡、电网削峰填谷和新能源消纳方面潜力巨大。用户需求响应对新能源发电预测、负荷预测、价格预测等信息的依赖性高，准确的预测结果是需求响应有效性与经济性的保证。面对当前高度不确定性的新能源发电、负荷及能源价格，确定性的点预测结果难以保证需求响应的有效性，精确度较低的点预测结果甚至会对需求响应的策略进行错误的引导。由此，概率预测方法能有效量化各预测量的不确定性，为用户的需求响应提供有力的信息支撑和指导作用，有助于分析量化需求响应潜力、有效评估需求响应引发的电网运行的风险和制定面对多种不确定性的需求响应策略[44]。

需求响应的多样性、随机性和灵活性，使得需求响应的成效在具体实践前是模糊和不确定的。通过概率预测结果，可获得重要的新能源出力、价格等不确定因素的量化信息，由此建立的需求响应潜力的概率分析模型，能有效量化需求响应潜力，提高需求响应潜力分析的准确性。随着需求响应的规模的持续扩大，需求响应本身的不确定性也可能引发电力系统运行风险。通过概率预测方法的支撑，不仅可以获得电网的潮流、负荷预测、新能源发电出力等不确定性量的预测信息，还能考虑这些不确定性因素建立需求响应对电网运行影响的量化模型，有效评估需求响应对于电力系统运行可靠性方面的潜在风险。基于概率预测方法对多重不确定性因素的量化分析，建立考虑不确定性的需求响应策略，可减少需求响应在实施过程中的偏差，能有效提高需求响应策略的有效性、精确性与经济性。

参考文献

[1] 万灿, 崔文康, 宋永华. 新能源电力系统概率预测: 基本概念与数学原理[J]. 中国电机工程学报, 2021, 41(19): 6493-6509.

[2] 万灿, 宋永华. 新能源电力系统概率预测理论与方法及其应用[J]. 电力系统自动化, 2021, 45(1): 2-16.

[3] Liu B. Uncertainty Theory[M]. Berlin, Heidelberg: Springer, 2010.

[4] Spiegelhalter D, Pearson M, Short I. Visualizing uncertainty about the future[J]. Science, 2011, 333(6048): 1393-1400.

[5] Haykin S. Neural Networks and Learning Machines[M]. 3rd ed. New York: Pearson Education India, 2009.

[6] Jurado K, Ludvigson S C, Ng S. Measuring uncertainty[J]. American Economic Review, 2015, 105(3): 1177-1216.

[7] Wan C, Xu Z, Pinson P, et al. Probabilistic forecasting of wind power generation using extreme learning machine[J]. IEEE Transactions on Power Systems, 2014, 29(3): 1033-1044.

[8] Yang M, Fan S, Lee W J. Probabilistic short-term wind power forecast using componential sparse Bayesian learning[J]. IEEE Transactions on Industry Applications, 2013, 49(6): 2783-2792.

[9] Wan C, Lin J, Wang J, et al. Direct quantile regression for nonparametric probabilistic forecasting of wind power generation[J]. IEEE Transactions on Power Systems, 2016, 32(4): 2767-2778.

[10] Nielsen H A, Madsen H, Nielsen T S. Using quantile regression to extend an existing wind power forecasting system with probabilistic forecasts [J]. Wind Energy, 2006, 9(1-2): 95-108.

[11] Agoua X G, Girard R, Kariniotakis G. Probabilistic models for spatio-temporal photovoltaic power forecasting[J]. IEEE Transactions on Sustainable Energy, 2018, 10(2): 780-789.

[12] Zhao C, Wan C, Song Y. An adaptive bilevel programming model for nonparametric prediction intervals of wind power generation[J]. IEEE Transactions on Power Systems, 2020, 35(1): 424-439.

[13] Wan C, Xu Z, Pinson P, et al. Optimal prediction intervals of wind power generation[J]. IEEE Transactions on Power Systems, 2014, 29(3): 1166-1174.

[14] Wan C, Zhao C, Song Y. Chance constrained extreme learning machine for nonparametric prediction intervals of wind power generation[J]. IEEE Transactions on Power Systems, 2020, 35(5): 3869-3884.

[15] Zhao C, Wan C, Song Y. Cost-oriented prediction intervals: On bridging the gap between forecasting and decision [J]. IEEE Transactions on Power Systems, 2021, to be published, doi: 10.1109/TPWRS.2021.3128567.

[16] Askanazi R, Diebold F X, Schorfheide F, et al. On the comparison of interval forecasts[J]. Journal of Time Series Analysis, 2018, 39(6): 953-965.

[17] Gneiting T, Balabdaoui F, Raftery A E. Probabilistic forecasts, calibration and sharpness [J]. Journal of the Royal Statistical Society: Series B (Statistical Methodology), 2007, 69(2): 243-268.

[18] Gneiting T, Raftery A E, Westveld III A H, et al. Calibrated probabilistic forecasting using ensemble model output statistics and minimum CRPS estimation [J]. Monthly Weather Review, 2005, 133(5): 1098-1118.

[19] Bludszuweit H, Domínguez-Navarro J A, Llombart A. Statistical analysis of wind power forecast error [J]. IEEE Transactions on Power Systems, 2008, 23(3): 983-991.

[20] Hamilton J D. Time Series Analysis[M]. Princeton: Princeton University Press, 2020.

[21] Hao L, Naiman D Q. Quantile Regression[M]. Thousand Oaks: Sage, 2007.

[22] Cao Z, Wan C, Zhang Z, et al. Hybrid ensemble deep learning for deterministic and probabilistic low-voltage load Forecasting[J]. IEEE Transactions on Power Systems, 2020, 35(3): 1881-1897.

[23] Jordan M I, Mitchell T M. Machine learning: Trends, perspectives, and prospects[J]. Science, 2015, 349(6245): 255-260.

[24] 韩祯祥. 电力系统分析[M]. 3 版. 杭州: 浙江大学出版社, 2005.

[25] Aien M, Hajebrahimi A, Fotuhi-Firuzabad M. A comprehensive review on uncertainty modeling techniques in power system studies[J]. Renewable and Sustainable Energy Reviews, 2016, 57: 1077-1089.

[26] Heyman D P, Sobel M J. Stochastic Models in Operations Research: Stochastic Optimization[M]. Mineola: Courier Corporation, 2004.

[27] Ben-Tal A, El Ghaoui L, Nemirovski A. Robust Optimization[M]. Princeton: Princeton University Press, 2009.

[28] Mohandes B, Moursi M S E, Hatziargyriou N, et al. A review of power system flexibility with high penetration of renewables[J]. IEEE Transactions on Power Systems, 2019, 34(4): 3140-3155.

[29] Wan C, Lin J, Guo W, et al. Maximum uncertainty boundary of volatile distributed generation in active distribution network[J]. IEEE Transactions on Smart Grid, 2016, 9(4): 2930-2942.

[30] Wei H, Sasaki H, Kubokawa J, et al. An interior point nonlinear programming for optimal power flow problems with a novel data structure[J]. IEEE Transactions on Power Systems, 1998, 13(3): 870-877.

[31] Jabr R A. Adjustable robust OPF with renewable energy sources[J]. IEEE Transactions on Power Systems, 2013, 28(4): 4742-4751.

[32] Wang J, Shahidehpour M, Li Z. Security-constrained unit commitment with volatile wind power generation[J]. IEEE Transactions on Power Systems, 2008, 23(3): 1319-1327.

[33] Galiana F D, Bouffard F, Arroyo J M, et al. Scheduling and pricing of coupled energy and primary, secondary, and tertiary reserves [J]. Proceedings of the IEEE, 2005, 93(11): 1970-1983.

[34] Matos M A, Bessa R J. Setting the operating reserve using probabilistic wind power forecasts[J]. IEEE Transactions on Power Systems, 2010, 26(2): 594-603.

[35] Li Y, Wan C, Chen D, et al. Nonparametric probabilistic optimal power flow[J]. IEEE Transactions on Power Systems, 2021.

[36] Zhao C, Wan C, Song Y. Operating reserve quantification using prediction intervals of wind power: An integrated probabilistic forecasting and decision methodology[J]. IEEE Transactions on Power Systems, 2021, 36(4): 3701-3714.

[37] 王菲, 余贻鑫, 刘艳丽. 基于安全域的电网最小切负荷计算方法[J]. 中国电机工程学报, 2010, 30(13): 28-33.

[38] Billinton R, Kuruganty P R S. A probabilistic index for transient stability [J]. IEEE Transactions on Power Apparatus and Systems, 1980, PAS-99(1): 195-206.

[39] Zhou J, Shi P, Gan D, et al. Large-scale power system robust stability analysis based on value set approach[J]. IEEE Transactions on Power Systems, 2017, 32(5): 4012-4023.

[40] Ju P, Li H, Gan C, et al. Analytical assessment for transient stability under stochastic continuous disturbances[J]. IEEE Transactions on Power Systems, 2017, 33(2): 2004-2014.

[41] Dong Z Y, Zhao J H, Hill D J. Numerical simulation for stochastic transient stability assessment[J]. IEEE Transactions on Power Systems, 2012, 27(4): 1741-1749.

[42] Wan C, Qian W, Zhao C, et al. Probabilistic forecasting based sizing and control of hybrid energy storage for wind power smoothing[J]. IEEE Transactions on Sustainable Energy, 2021, 12(4): 1841-1852.

[43] Pinson P, Chevallier C, Kariniotakis G N. Trading wind generation from short-term probabilistic forecasts of wind power[J]. IEEE Transactions on Power Systems, 2007, 22(3): 1148-1156.

[44] Harsha P, Sharma M. Natarajan and S. Ghosh. A framework for the analysis of probabilistic demand response schemes[J]. IEEE Transactions on Smart Grid, 2013, 4(4): 2274-2284.

第 3 章　自举极限学习机概率预测方法

3.1 概　　述

从不确定性来源来看，预测不确定性通常可以分为模型不确定性与数据不确定性两类。模型不确定性是由于模型参数与结构选择、有限样本难以反映总体统计特性等因素导致的不确定性。数据不确定性则是由数据噪声、数据量测等过程引入的不确定性。预测总体不确定性的量化是根据两类不确定性在统计意义上的叠加得到的。神经网络预测模型具有很好的非线性映射能力和多维特征提取能力，能够有效挖掘预测输入输出间的映射关系。但经典的神经网络结构需要进行逐层迭代计算，模型训练效率低，难以适应新能源电力系统中对实时性要求高的应用场景。同时，如何利用有限样本模拟生成预测不确定性数据集是预测不确定性量化的一大难题。

本章提出了高效的自举极限学习机(bootstrap extreme learning machine, BELM)概率预测方法[1]。极限学习机(extreme learning machine, ELM)是一种训练单隐层前馈神经网络的新型机器学习算法[2,3]，具有极快的学习速度和良好的泛化能力，优于传统的神经网络。统计学中利用样本可以反映总体的统计特性[4]，自举法(bootstrap)采用有放回的重采样的方式，利用样本抽样得到子样本，然后通过子样本反映原始样本的统计特性，进而模拟总体的统计特性，实现预测不确定性模拟。自举法可以灵活地逼近异方差和异质性噪声，被广泛应用于概率预测。本章利用极限学习机生成点预测结果，在此基础上将预测不确定性分为模型不确定性和数据不确定性，建立量化总体不确定性的预测区间。实际算例表明 BELM 在可靠性、锐度和综合性能分数方面均优于常用概率预测方法，并且具有极高的计算性能，可以实现模型在线更新和动态学习。本章所提出的自举极限学习机概率预测算法是一种通用的预测不确定性量化方法，其简洁清晰的模型结构和高效可靠的预测性能使其不仅在新能源电力系统概率预测中得到应用，同时也在气象预测、水文预测、金融及股市预测、地理环境预测、城市用水量预测等多种场景中得到应用。

3.2 极限学习机

3.2.1 单隐藏层前馈神经网络

对于 N 个任意的样本 $\{(\boldsymbol{x}_i,\boldsymbol{t}_i)\}_{i=1}^{N}$，其中 $\boldsymbol{x}_i=[x_{i1},x_{i2},\cdots,x_{in}]^{\mathrm{T}}\in\mathbb{R}^n$，$\boldsymbol{t}_i=[t_{i1},t_{i2},\cdots,$

$t_{im}]^{\mathrm{T}} \in \mathbb{R}^m$，具有 $\tilde{N}$ 个隐藏节点和激活函数 $g(x)$ 的标准单隐藏层前馈神经网络[5,6]（single-hidden layer feedforward neural network, SLFN）模型为

$$\boldsymbol{o}_j = \sum_{i=1}^{\tilde{N}} \boldsymbol{\beta}_i g(\boldsymbol{w}_i \cdot \boldsymbol{x}_j + b_i), \qquad j = 1, \cdots, N \tag{3-1}$$

式中，$\boldsymbol{w}_i = [w_{i1}, w_{i2}, \cdots, w_{in}]^{\mathrm{T}}$ 为连接第 i 个隐藏节点和输入节点的权重向量；$\boldsymbol{\beta}_i = [\beta_{i1}, \beta_{i2}, \cdots, \beta_{im}]^{\mathrm{T}}$ 为连接第 i 个隐藏节点和输出节点的权重向量；b_i 为第 i 个隐藏节点的偏置；$\boldsymbol{w}_i \cdot \boldsymbol{x}_j$ 为 $\boldsymbol{w}_i$ 和 $\boldsymbol{x}_j$ 的内积。标准 SLFN 模型示意图如图 3.1 所示。

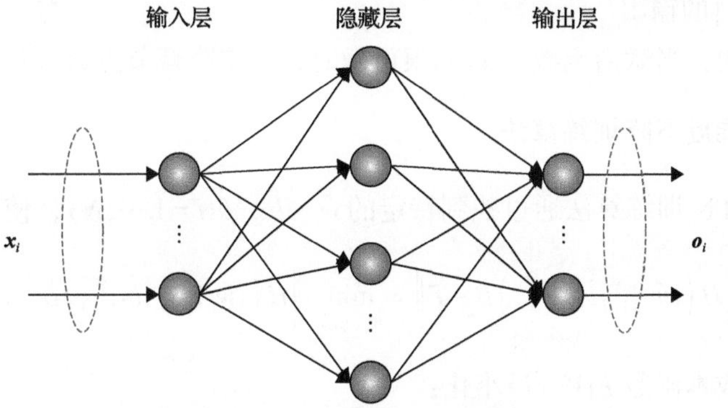

图 3.1　标准 SLFN 模型示意图

该标准 SLFN 模型激活函数为 $g(x)$，激活函数可选为 Sigmoid 函数、tanh 函数、softplus 函数等，隐藏层神经元个数为 $\tilde{N}$，该标准 SLFN 模型理论上可以实现对这 N 个样本的零误差近似估计，即

$$\sum_{j=1}^{\tilde{N}} \left\| \boldsymbol{o}_j - \boldsymbol{t}_j \right\| = 0 \tag{3-2}$$

亦即存在 β_i、$\boldsymbol{w}_i$、b_i，使

$$\sum_{i=1}^{\tilde{N}} \boldsymbol{\beta}_i g(\boldsymbol{w}_i \cdot \boldsymbol{x}_j + b_i) = \boldsymbol{t}_j, \qquad j = 1, \cdots, N \tag{3-3}$$

上述 N 个方程可以简写为

$$\boldsymbol{H\beta} = \boldsymbol{T} \tag{3-4}$$

式中

$$
\boldsymbol{H}=\begin{bmatrix} g(\boldsymbol{w}_1\cdot\boldsymbol{x}_1+b_1) & \cdots & g(\boldsymbol{w}_{\tilde{N}}\cdot\boldsymbol{x}_1+b_{\tilde{N}}) \\ \vdots & & \vdots \\ g(\boldsymbol{w}_1\cdot\boldsymbol{x}_N+b_1) & \cdots & g(\boldsymbol{w}_{\tilde{N}}\cdot\boldsymbol{x}_N+b_{\tilde{N}}) \end{bmatrix}_{N\times\tilde{N}} \tag{3-5}
$$

$$
\boldsymbol{\beta}=\begin{bmatrix} \boldsymbol{\beta}_1^{\mathrm{T}} \\ \vdots \\ \boldsymbol{\beta}_{\tilde{N}}^{\mathrm{T}} \end{bmatrix}_{\tilde{N}\times m}, \quad \boldsymbol{T}=\begin{bmatrix} \boldsymbol{t}_1^{\mathrm{T}} \\ \vdots \\ \boldsymbol{t}_N^{\mathrm{T}} \end{bmatrix}_{N\times m} \tag{3-6}
$$

式中，$\boldsymbol{H}$ 为神经网络的隐藏层输出矩阵，$\boldsymbol{H}$ 的第 i 列为第 i 个隐藏节点相对于输入 $[\boldsymbol{x}_1,\boldsymbol{x}_2,\cdots,\boldsymbol{x}_N]$ 的输出。

可以证明，当激活函数 $g(x)$ 无限可微时，所需隐藏节点数 $\tilde{N}\leqslant N$。

3.2.2 经典梯度下降训练算法

经典 SLFN 训练算法通过找到特定的 $\hat{\boldsymbol{w}}_i$、$\hat{b}_i$、$\hat{\beta}(i=1,\cdots,\tilde{N})$，使

$$
\left\|\boldsymbol{H}\left(\{\hat{\boldsymbol{w}}_i\}_{i=1}^{\tilde{N}},\{\hat{b}_i\}_{i=1}^{\tilde{N}}\right)\hat{\beta}-\boldsymbol{T}\right\|=\min_{w_i,b_i,\beta}\left\|\boldsymbol{H}\left(\{\hat{\boldsymbol{w}}_i\}_{i=1}^{\tilde{N}},\{\hat{b}_i\}_{i=1}^{\tilde{N}}\right)\beta-\boldsymbol{T}\right\| \tag{3-7}
$$

这相当于使成本函数 $E(\boldsymbol{W})$ 最小化：

$$
\min E(\boldsymbol{W})=\sum_{j=1}^{N}\left(\sum_{i=1}^{\tilde{N}}\beta_i g(\boldsymbol{w}_i\cdot\boldsymbol{x}_j+b_i)-\boldsymbol{t}_j\right)^2 \tag{3-8}
$$

当 $\boldsymbol{H}$ 未知时，一般采用基于梯度下降的学习算法来寻找 $\|\boldsymbol{H}\beta-\boldsymbol{T}\|$ 的最小值。在使用基于梯度下降的算法进行最小化的过程中，向量 $\boldsymbol{W}$（即权重 $\boldsymbol{w}_i$、β_i 和偏置 b_i 参数的集合）的迭代计算公式为

$$
\boldsymbol{W}_k=\boldsymbol{W}_{k-1}-\eta\frac{\partial E(\boldsymbol{W})}{\partial\boldsymbol{W}} \tag{3-9}
$$

式中，η 为学习率。前馈神经网络中常用的学习算法是反向传播（back propagation，BP）学习算法，通过从输出到输入的传播，可以有效地计算梯度[7]。但 BP 学习算法存在如下几个问题。

(1) 当学习率 η 太小时，学习算法收敛非常慢；而当 η 太大时，该算法将变得不稳定甚至不收敛。

(2) BP 学习算法容易陷入局部最优。如果该局部最优点的成本函数值远高于全局最小值，那么所得到的结果是不可取的。

(3) 使用BP算法可能导致神经网络训练过度，从而使得模型的泛化性能不高。因此在成本函数最小化计算过程中，需要合适的验证方法和训练终止方法。

(4) 在大多数应用场景中，基于梯度下降的训练算法所需要的训练时间相对较长。

为解决上述问题，ELM 提出了一种更为高效的算法用于实现 SLFN 参数的优化。

3.2.3 极限学习机最小二乘训练算法

经典的函数逼近理论需要调整输入权重和隐藏层偏置。理论表明，只要 SLFN 的激活函数无限可微，输入权重和隐藏偏差就可以任意随机取值而不影响模型参数的寻优。因此，与常见的 SLFN 中需要对模型所有参数都进行寻优不同，ELM 不需要对输入权重 $\boldsymbol{w}_i$ 和隐藏层偏差 b_i 进行调整，只要在模型训练开始时对这些参数随机赋值，隐藏层输出矩阵 $\boldsymbol{H}$ 实际上可以保持不变[2,3]。对于固定的输入权重 $\boldsymbol{w}_i$ 和隐藏层偏差 b_i，从式(3-7)中可以看出，要训练 SLFN，就相当于找到线性系统 $\boldsymbol{H}\beta=\boldsymbol{T}$ 的最小二乘解 $\hat{\beta}$，使

$$\left\|\boldsymbol{H}\left(\{\hat{\boldsymbol{w}}_i\}_{i=1}^{\tilde{N}},\{\hat{b}_i\}_{i=1}^{\tilde{N}}\right)\hat{\beta}-\boldsymbol{T}\right\|=\min_{\beta}\left\|\boldsymbol{H}\left(\{\hat{\boldsymbol{w}}_i\}_{i=1}^{\tilde{N}},\{\hat{b}_i\}_{i=1}^{\tilde{N}}\right)\beta-\boldsymbol{T}\right\| \tag{3-10}$$

如果隐藏节点的数量 $\tilde{N}$ 等于训练样本的数量 N，即 $\tilde{N}=N$，当随机选择输入权重向量 $\boldsymbol{w}_i$ 和隐藏偏置 b_i 时，矩阵 $\boldsymbol{H}$ 是可逆方阵，SLFN 可以零误差地逼近这些训练样本[2,3]。

然而在大多数情况下，隐藏节点的数量远小于训练样本的数量，即 $\tilde{N}\leqslant N$，$\boldsymbol{H}$ 不是一个方阵，即可能不存在 $\boldsymbol{w}_i,b_i,\beta_i(i=1,\cdots,\tilde{N})$，使得 $\boldsymbol{H}\beta=\boldsymbol{T}$。通过引入广义逆矩阵的概念，可以得到在 $\tilde{N}\leqslant N$ 时上述线性系统的最小范数最小二乘解为

$$\hat{\beta}=\boldsymbol{H}^{\dagger}\boldsymbol{T} \tag{3-11}$$

式中，$\boldsymbol{H}^{\dagger}$ 为矩阵 $\boldsymbol{H}$ 的 Moore-Penrose 广义逆[8]。计算 Moore-Penrose 广义逆的方法包括正交投影法、正交化法、迭代法和奇异值分解法(singular value decomposition，SVD)等。正交化法和迭代法需要搜索和迭代，而 ELM 中需尽量避免迭代计算，因而通常不采用。当 $\boldsymbol{H}^{\mathrm{T}}\boldsymbol{H}$ 为非奇异时，可以使用正交投影法，然而在某些应用中，$\boldsymbol{H}^{\mathrm{T}}\boldsymbol{H}$ 不可能总是非奇异的，因而正交投影方法也无法在所有应用中都很好地执行。通常 SVD 可用于任意应用场景下的 Moore-Penrose 广义逆计算，在实际应用中一般采用 SVD 计算。

利用广义逆矩阵得到的 $\hat{\beta}$ 具有以下特性。

(1) $\hat{\beta}$ 可使得训练误差最小。特殊解 $\hat{\beta}=\boldsymbol{H}^{\dagger}\boldsymbol{T}$ 是一般线性系统 $\boldsymbol{H}\beta=\boldsymbol{T}$ 的最小

二乘解之一，通过这个特殊解可以实现训练误差最小。

$$\left\|H\hat{\beta}-T\right\|=\left\|HH^{\dagger}T-T\right\|=\min_{\beta}\left\|H\beta-T\right\| \tag{3-12}$$

尽管几乎所有的学习算法都希望达到最小的训练误差，但是由于实际应用中通常会产生局部最优或受到迭代训练次数的限制，大多数学习算法都无法达到。

(2) $\hat{\beta}$ 具有最小权重范数。在 $\boldsymbol{H}\beta=\boldsymbol{T}$ 的所有最小二乘解中，特殊解 $\hat{\beta}=\boldsymbol{H}^{\dagger}\boldsymbol{T}$ 的范数最小。

$$\left\|\hat{\beta}\right\|=\left\|H^{\dagger}T\right\|\leqslant\left\|\beta\right\|,\forall\beta\in\left\{\beta:\left\|H\beta-T\right\|\leqslant\left\|Hz-T\right\|,\forall z\in\mathbb{R}^{\tilde{N}\times N}\right\} \tag{3-13}$$

(3) $\boldsymbol{H}\beta=\boldsymbol{T}$ 的最小范数最小二乘解是唯一的，即 $\hat{\beta}=\boldsymbol{H}^{\dagger}\boldsymbol{T}$ 。

综上所述，极限学习机(ELM)原理可概括如下[9]。

给定一个训练集 $\aleph=\left\{(\boldsymbol{x}_i,\boldsymbol{t}_i)\mid \boldsymbol{x}_i\in\mathbb{R}^n,\boldsymbol{t}_i\in\mathbb{R}^m,\ i=1,\cdots,N\right\}$ ，激活函数 $g(x)$ ，以及隐藏节点数 $\tilde{N}$ 。第一步随机分配输入权重 $\boldsymbol{w}_i$ 以及偏置 b_i, $i=1,\cdots,\tilde{N}$ ；第二步计算隐藏层输出矩阵 $\boldsymbol{H}$ ；第三步计算输出权重 β

$$\beta=H^{\dagger}T \tag{3-14}$$

式中，$\boldsymbol{T}=[\boldsymbol{t}_1,\cdots,\boldsymbol{t}_N]^{\mathrm{T}}$ 。

3.2.4 极限学习机的应用优势

与经典的基于梯度下降训练算法的前馈神经网络模型相比，ELM 具有以下优势。

(1) ELM 具有极快的学习速度。ELM 中所提出的最小二乘训练算法利用广义逆训练模型参数，且仅需要训练隐藏层到输出层神经元间的连接权重，因而训练速度极快。在模拟仿真中，ELM 的学习训练过程可以在数秒内完成。而基于梯度下降的训练算法往往需要很长时间的训练。ELM 的学习速度在新能源电力系统的在线预测中具有很高的应用价值。

(2) ELM 具有更高的泛化性能。在模拟仿真中，ELM 的泛化性能相较于 BP 神经网络更高。

(3) ELM 可以更好地应对经典的梯度学习算法可能面临的局部最优、学习速率不合理、模型过拟合等问题。为了避免这些问题，经典的学习算法中需要使用更加复杂的方法，如权重衰减和训练早停等方法，而 ELM 往往不会受到这些问题的影响。

(4) ELM 没有经典神经网络中过多的超参数，因而不需要过多的人为干涉，更接近机器智能的本质。针对复杂的非线性映射问题，人们缺乏对于问题本身的先验知识。ELM 可以避免过多参数设定，具备更强大的自主非线性映射能力。

基于以上优势，ELM 在新能源电力系统概率预测中的应用越来越广泛，其有效性和实用性也得到广泛验证。

3.3　预测不确定性

3.3.1　预测区间与置信区间

本书第 2 章分析了预测不确定性的两种来源，即输入数据不确定性和预测模型不确定性。在本章提出的自举极限学习机概率预测方法中，将实现对这两类不确定性的定量量化。数据不确定性是由于预测对象本身固有的随机性而产生的，如数据的测量噪声导致的预测不确定性。在神经网络模型中，网络模型结构和神经元间连接参数是影响神经网络预测模型不确定性的主要原因。此外，即使模型参数能保证解全局最优，错误给定的模型结构仍可能对预测结果造成不可忽略的预测不确定性误差，且基于有限样本的训练不能保证神经网络对于未知的预测对象具有一致的泛化能力。由这些因素导致的预测不确定性统称为预测模型不确定性。

有两种区间可以实现对预测不确定性的量化，即置信区间(confidence intervals，CI)和预测区间(prediction intervals，PI)。给定一定个数的预测对象的采样样本，可以构建置信区间，用于覆盖预测对象的期望。如果增加采样样本个数，所得到的置信区间的宽度将会明显减小。理论上，当样本个数接近于无穷大时，置信区间将退化为一个单点值，即真正的预测对象总体期望。而预测区间还包括了对随机不确定性的量化，随着样本个数的增加，预测区间不会收敛到单点值，因而预测区间总是宽于置信区间。在实际应用中，预测区间能够实现对总体不确定性的有效量化，因而更具应用价值。

3.3.2　总体不确定性

模型的结构与参数的不合理设定导致的模型不确定性，以及数据噪声等引起的数据不确定性是影响预测结果不确定性的主要来源。因此，概率预测的主要任务是考虑到这两种不确定性并实现其有效量化。

根据所讨论的两类不确定性，可以将预测误差分为两个分量，一个是预测结果对真回归值的估计误差，另一个是实际测量值对真回归值的误差。那么，预测误差可以表示为

$$y_i - \hat{y}(\boldsymbol{x}_i) = \left[y(\boldsymbol{x}_i) - \hat{y}(\boldsymbol{x}_i)\right] + \varepsilon(\boldsymbol{x}_i) \tag{3-15}$$

式中，y_i 为第 i 时刻的实际测量值；$\boldsymbol{x}_i$ 为风电预测的相关输入变量，包括历史风电、风速和含有风速风向的数值天气预报(numerical weather prediction，NWP)等[10-12]；$y(\boldsymbol{x}_i)$ 为预测对象的真回归值；$\hat{y}(\boldsymbol{x}_i)$ 为预测对象的真回归估计值(预测值)；$\varepsilon(\boldsymbol{x}_i)$ 为均值为零的噪声。$y_i-\hat{y}(\boldsymbol{x}_i)$ 表示总预测误差，$y(\boldsymbol{x}_i)-\hat{y}(\boldsymbol{x}_i)$ 表示预测值对真回归值的估计误差，反映了模型不确定性 $P(y(\boldsymbol{x}_i)\,|\,\hat{y}(\boldsymbol{x}_i))$，用模型不确定性区间(model uncertainty interval，MUI)来量化。与 MUI 不同，预测区间的作用是衡量实际测量值 y_i 和预测值 $\hat{y}(\boldsymbol{x}_i)$ 之间的不确定性，即 $P(y_i\,|\,\hat{y}(\boldsymbol{x}_i))$。因此，预测区间将比模型不确定性区间范围更大，且 $\text{MUI}\subseteq\text{PI}$。

假设式(3-15)中的两个误差分量在统计上是独立的，则基于模型不确定性的方差 $\sigma_{\hat{y}}^2(\boldsymbol{x}_i)$ 和数据噪声的方差 $\sigma_{\varepsilon}^2(\boldsymbol{x}_i)$ 可以得到总预测误差的方差 $\sigma_t^2(\boldsymbol{x}_i)$：

$$\sigma_t^2(\boldsymbol{x}_i)=\sigma_{\hat{y}}^2(\boldsymbol{x}_i)+\sigma_{\varepsilon}^2(\boldsymbol{x}_i) \tag{3-16}$$

设 y_i 的置信度为 $100(1-\alpha)\%$ 的预测区间 $I_t^{\alpha}(\boldsymbol{x}_i)$ 可以表示为

$$I_t^{\alpha}(\boldsymbol{x}_i)=\left[L_t^{\alpha}(\boldsymbol{x}_i),U_t^{\alpha}(\boldsymbol{x}_i)\right] \tag{3-17}$$

即 t_i 落在预测区间内的概率为 $P(y_i\in I_t^{\alpha})=100(1-\alpha)\%$，其中区间下界 $L_t^{\alpha}(\boldsymbol{x}_i)$ 和上界 $U_t^{\alpha}(\boldsymbol{x}_i)$ 表示为

$$L_t^{\alpha}(\boldsymbol{x}_i)=\hat{y}(\boldsymbol{x}_i)-z_{1-\alpha/2}\sqrt{\sigma_t^2(\boldsymbol{x}_i)} \tag{3-18}$$

$$U_t^{\alpha}(\boldsymbol{x}_i)=\hat{y}(\boldsymbol{x}_i)+z_{1-\alpha/2}\sqrt{\sigma_t^2(\boldsymbol{x}_i)} \tag{3-19}$$

$z_{1-\alpha/2}$ 为标准高斯分布下置信度为 $100(1-\alpha)\%$ 的分位数。当边界 $I_t^{\alpha}(\boldsymbol{x}_i)$ 超出单位区间[0,1]时，应将其调整到相应的上下约束边界，以保证所建风电功率概率区间在容量范围内，并在截尾的边界上加上相应的概率密度。

3.4　自举极限学习机

3.4.1　自举法

自举法(Bootstrap)又称为自助法，是 Bradley Efron 提出的一种基于重抽样方法的适用于具有限样本的统计推断方法[13,14]。自举法的核心思路是子样本与已知样本的关系可以类比已知样本与总体的关系(如图 3.2 所示)。这种方法的特点在于：它不需要对总体分布做出假设，而是通过对总体中的样本进行有放回的等概率随机重采样，利用子样本估计样本的分布特性，从而反映样本对总体

的分布特性[15]。

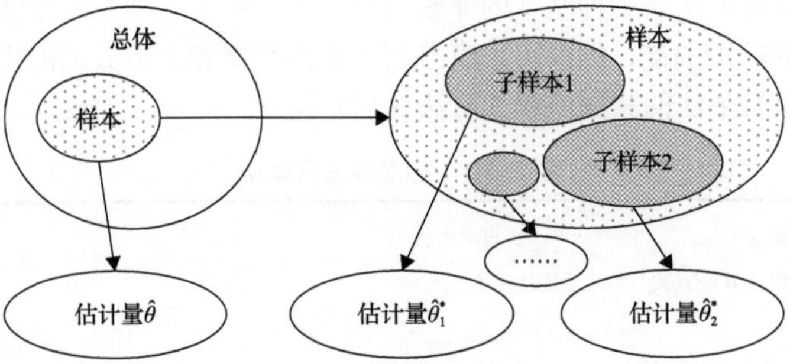

图 3.2　自举法核心思路

在方法实现上，目前已有 SAS、STAT、MATLAB、Gauss 和 R 等多种软件平台能够实现 Bootstrap 重抽样方法的应用，其中 SAS、STAT 软件中的程序已经较为完善，其他软件中的程序仍待相关研究人员进一步开发。

以下是三种常用的自举法。

1. 标准残差自举法

标准残差自举法(standard residuals bootstrap)，是指对模型的标准残差进行有放回的随机抽样的方法，生成用于假设检验或置信区间求解的标准残差 Bootstrap 样本，其适用条件是误差项与回归元相互独立，且误差项服从独立同分布。

对于回归模型：

$$Y = X\beta + \varepsilon \tag{3-20}$$

式中，$X = \{x_i\}_{i=1}^T$、$Y = \{y_i\}_{i=1}^T$ 分别为自变量和因变量集，T 为数据集长度；ε 为回归残差集。标准残差自举法的执行步骤如下。

(1) 基于最小二乘法(或极大似然估计法、广义矩法等)得到参数 β 的估计量 $\hat{\beta}$ 并计算估计误差：

$$\hat{\varepsilon} = Y - X\hat{\beta} \tag{3-21}$$

(2) 对式(3-21)的估计误差集合 $\hat{\varepsilon}$ 进行 T 次有放回地随机抽样，得到由 T 个误差样本构成的自举误差样本集 $\hat{\varepsilon}^*$。

(3) 计算对应的回归值：

$$Y^* = X\hat{\beta} + \hat{\varepsilon}^* \tag{3-22}$$

即可得到自举样本集 (X, Y^*)。

(4) 重复(2)、(3)共 B 次得到 B 组自举样本集，进而得到参数估计量 $\hat{\boldsymbol{\beta}} =$

$\{\hat{\beta}_l\}_{l=1}^{B}$ 及其他所需的检验统计量 $\hat{\gamma}$ 。

标准残差自举法是一种基本的非参数自举法。由于这种方法是针对模型残差进行有放回的随机抽样，因而可以直接用于截面数据和面板数据的模型抽样与分析。标准残差自举法的算法流程如算法 3.1 所示。

算法 3.1　标准残差自举法

输入： 训练样本集 $X=\{x_i\}_{i=1}^{T}, Y=\{y_i\}_{i=1}^{T}$ ，自举次数 B

输出： 参数估计集合 $\hat{\beta}=\{\hat{\beta}_l\}_{l=1}^{B}$ 和其他统计量 $\hat{\gamma}$

// 初始化：

$l \leftarrow 1$;

// 构建标准残差自举样本集

while $l < B$ do

通过 X, Y 估计模型参数 $\hat{\beta}_l$ ；

计算估计误差集 $\hat{\varepsilon}_l = Y - X\hat{\beta}_l$ ；

从 $\hat{\varepsilon}_l$ 中进行 T 次有放回的随机抽样，得到自举误差样本集 $\hat{\varepsilon}_l^*$

计算回归值 $Y_l^* = X\hat{\beta}_l + \hat{\varepsilon}_l^*$ ，得到自举样本本集 (X, Y_l^*) ；

$l \leftarrow l+1$;

end while

// 得到输出

得到 $\hat{\beta}=\{\hat{\beta}_l\}_{l=1}^{B}$ ，利用 B 个自举样本集估计统计量 $\hat{\gamma}$ 。

2. Wild 自举法

Wild 自举法(wild bootstrap)适用于存在异方差情况下的自举抽样，最初由 Wu 提出，之后 Y Liu、Mammen 等学者对 Wild Bootstrap 方法做了进一步拓展[16]。这种方法的抽样思想与标准残差自举法类似，对误差进行线性变换后再抽样，以适用于存在异方差扰动情况。根据式(3-21)计算得到误差集后，对每项误差以随机变量 v_t (均值为 0，方差为 1)进行线性变换，得到新的误差集 $\hat{\varepsilon}'=\{\hat{\varepsilon}_i'\}_{i=1}^{T}$ ，其中

$$\hat{\varepsilon}_i' = \hat{\varepsilon}_i \cdot v_i, \qquad i = 1, 2, \cdots, T \tag{3-23}$$

式(3-23)中，随机变量 v_i 有两种常见的形式，表示为

$$v_i = \begin{cases} -1, & p = 1/2 \\ +1, & p = 1/2 \end{cases} \tag{3-24}$$

或

$$v_i = \begin{cases} -(\sqrt{5}-1)/2, & p = (\sqrt{5}+1)/(2\sqrt{5}) \\ (\sqrt{5}+1)/2, & p = (\sqrt{5}-1)/(2\sqrt{5}) \end{cases} \tag{3-25}$$

式中，p 表示对应取值的出现概率。然后再对误差集 $\hat{\varepsilon}'$ 进行标准残差自举法抽样操作，得到自举样本集 (X,Y^*) 。式(3-24)和式(3-25)分别称为随机变量 v_i 的 Rademacher 分布形式与 Mammen 分布形式；所对应的自举法分别称为对称 Wild 自举法和非对称 Wild 自举法。

在随机变量 v_i 两种形式的有效性上，当模型误差项的条件分布为渐近对称时，基于式(3-24)的对称 Wild 自举重抽样方法比其他形式更有效；而当模型误差项的条件分布不是渐近对称时，基于式(3-25)的非对称 Wild 自举重抽样方法更有效。

Wild 自举法的算法流程如算法 3.2 所示。

算法 3.2　Wild 自举法

输入：训练样本集 $X=\{x_i\}_{i=1}^{T}, Y=\{y_i\}_{i=1}^{T}$ ，自举次数 B，扰动随机变量 v_i

输出：参数估计集合 $\hat{\beta}=\{\hat{\beta}_l\}_{l=1}^{B}$ 和其他统计量 $\hat{\gamma}$

//初始化：

$l \leftarrow 1$;

//构建 Wild 残差自举样本集

while $l<B$ do

通过 X,Y 估计模型参数 $\hat{\beta}_l$;

计算估计误差 $\hat{\varepsilon}_l=Y-X\hat{\beta}_l$;

添加扰动构建新的误差 $\hat{\varepsilon}_l'=\hat{\varepsilon}_l \cdot v_i$, $(i=1,2,\cdots,T)$;

从新误差集 $\hat{\varepsilon}_l'$ 中进行 T 次有放回的随机抽样，得到自举误差样本集 $\hat{\varepsilon}_l^*$

计算回归值 $Y_l^*=X\hat{\beta}_l+\hat{\varepsilon}_l^*$ ，得到自举样本集 (X,Y_l^*) ;

$l \leftarrow l+1$;

end while

//得到输出

得到 $\hat{\beta}=\{\hat{\beta}_l\}_{l=1}^{B}$ ，利用 B 个自举样本集估计统计量 $\hat{\gamma}$ 。

3. 配对自举法

配对自举法(pairs bootstrap)与标准残差自举法、Wild 自举法不同，这种方法将原始数据中的自变量与因变量随机成对抽样，而不是对残差进行抽样，从而生成用于假设检验或置信区间求解的配对自举抽样样本[1]。这种方法适用于动态模型(如回归元包含因变量滞后项的模型)和误差项存在异方差的模型。配对自举法的算法流程如算法 3.3 所示。

上述三种常用自举法的应用场景各有不同，需要根据研究场景斟酌选择。除了这三种基本自举重采样方法之外，近年来国内外学者还提出了一些衍生的自举重采样方法，例如双重自举法(double bootstrap)、快速双重自举法(fast double bootstrap)等，这些衍生方法可以在解决问题的同时，提升处理稳定性与精确性。

算法 3.3　配对自举法

输入：训练样本集 $X = \{x_i\}_{i=1}^T, Y = \{y_i\}_{i=1}^T$，自举次数 B

输出：参数估计集合 $\hat{\boldsymbol{\beta}} = \{\hat{\beta}_l\}_{l=1}^B$ 和其他统计量 $\hat{\gamma}$

1: // 初始化:

2: $l \leftarrow 1$;

3: // 构建配对自举样本集

4: while $l < B$ do

5: 从 $(X,Y) = \{x_i, y_i\}_{i=1}^T$ 中进行 T 次有放回的配对随机抽样，得到自举样本集 $(X_l^*, Y_l^*) = \{x_{l,i}^*, y_{l,i}^*\}_{i=1}^T$；

6: 通过 X_l^*, Y_l^* 估计模型参数 $\hat{\beta}_l^*$；

7: $l \leftarrow l+1$；

8: end while

9: // 得到输出

10: 得到 $\hat{\boldsymbol{\beta}} = \{\hat{\beta}_l\}_{l=1}^B$，利用 B 个自举样本集估计统计量 $\hat{\gamma}$。

3.4.2　真回归估计

给定一组数据 $\{(\boldsymbol{x}_i, y_i)\}_{i=1}^N$，可以对测量数据建模为

$$y_i = f(\boldsymbol{x}_i; \boldsymbol{w}, b, \beta) + \varepsilon(\boldsymbol{x}_i) = y(\boldsymbol{x}_i) + \varepsilon(\boldsymbol{x}_i) \tag{3-26}$$

$y(\boldsymbol{x}_i) = f(\boldsymbol{x}_i; \boldsymbol{w}, b, \beta)$ 为真回归值。误差项使得实际测量值与真回归值之间产生偏离。假设噪声的分布近似于高斯正态分布，同时方差 σ_ε^2 为输入向量 $\boldsymbol{x}_i$ 的函数，即

$$\varepsilon(\boldsymbol{x}_i) \sim N_G\left[0, \sigma_\varepsilon^2(\boldsymbol{x}_i)\right] \tag{3-27}$$

研究中多采用截尾高斯分布来建模风电功率预测的不确定性，将点预测值限制在区间[0, 1]之内，使概率区间保持在风电容量范围内。在一定程度上，截尾高斯分布可以拟合不同的偏态，即不同形状的概率分布。此外，即使实际误差分布是非高斯分布，基于高斯分布假设的时间序列模型仍然可以应用，并具有良好的性能。根据实际风电数据生成的预测区间也表明截尾高斯假设是合理并可以接受的。

从理论上讲，多层前馈神经网络是通用的逼近器，严格来说，其具有出色的能力来逼近任何非线性映射。本章将极限学习机应用于回归任务，基于有限组可能被噪声影响的训练数据集，估计输入和输出变量之间的潜在数学映射关系。经过训练后，ELM 的输出值 $\hat{y}(\boldsymbol{x}_i)$ 可以看作是对真回归值 $y(\boldsymbol{x}_i)$ 的一种估计，输出给定输入向量 $\boldsymbol{x}_i$ 条件下预测对象的期望值 $E(y_i \mid \boldsymbol{x}_i)$：

$$\hat{y}(\boldsymbol{x}_i) = f(\boldsymbol{x}_i; \hat{w}, \hat{b}, \hat{\beta}) = E(y_i \mid \boldsymbol{x}_i) \tag{3-28}$$

3.4.3 模型不确定性方差

模型不确定性区间可以量化神经网络的预测值 $\hat{y}(\boldsymbol{x}_i)$ 对真回归值 $y(\boldsymbol{x}_i)$ 的可信度。基于自举重采样训练得到的神经网络模型集合可以实现更小的真回归估计偏差。

以配对自举法为例，Bootstrap 算法可以按照以下步骤实现。

(1) 获取训练样本集 $D_t=\{(\boldsymbol{x}_i,y_i)\}_{i=1}^{N}$。

(2) 对原始样本集 $D_t=\{(\boldsymbol{x}_i,y_i)\}_{i=1}^{N}$ 进行有放回地随机抽样，生成自举样本集 $\{(\boldsymbol{x}_i^*,y_i^*)\}_{i=1}^{N}$。

(3) 根据第 l 次生成的自举样本集 $\{(\boldsymbol{x}_i^*,y_i^*)\}_{i=1}^{N}$，估计 ELM $\hat{y}_l(\boldsymbol{x}_i^*)$。

(4) 重复 (2)、(3) 直到得到 B 个估计。

标准残差自举法和 Wild 自举法的实现类似。

给定训练数据集 $D=\{(\boldsymbol{x}_i,y_i)\}_{i=1}^{N}$，$B_M$ 个训练数据集由原始训练数据进行有放回的重采样得到。将 B_M 个 ELMs 集合输出的平均值作为真回归值的估计，表示为

$$\hat{y}(\boldsymbol{x}_i)=\frac{1}{B_M}\sum_{l=1}^{B_M}\hat{y}_l(\boldsymbol{x}_i) \tag{3-29}$$

式中，$\hat{y}_l(\boldsymbol{x}_i)$ 为输入样本经第 l 个极限学习机生成的预测值。

衡量模型不确定性的方差 $P\left[y(\boldsymbol{x}_i)\mid\hat{y}(\boldsymbol{x}_i)\right]$ 可以使用训练得到的 B_M 个 ELM 对输出值进行估计：

$$\sigma_{\hat{y}}^2(\boldsymbol{x}_i)=\frac{1}{B_M-1}\sum_{l=1}^{B_M}\left[\hat{y}_l(\boldsymbol{x}_i)-\hat{y}(\boldsymbol{x}_i)\right]^2 \tag{3-30}$$

则基于自举极限学习机模型的 MUI 可以表示为 $I_t^{\alpha}(\boldsymbol{x}_i)=\left[L_t^{\alpha}(\boldsymbol{x}_i),U_t^{\alpha}(\boldsymbol{x}_i)\right]$，其中

$$L_t^{\alpha}(\boldsymbol{x}_i)=\hat{y}(\boldsymbol{x}_i)-z_{1-\alpha/2}\sqrt{\sigma_{\hat{y}}^2(\boldsymbol{x}_i)} \tag{3-31}$$

$$U_t^{\alpha}(\boldsymbol{x}_i)=\hat{y}(\boldsymbol{x}_i)+z_{1-\alpha/2}\sqrt{\sigma_{\hat{y}}^2(\boldsymbol{x}_i)} \tag{3-32}$$

3.4.4 梯度下降神经网络残差估计

在构建了衡量模型不确定性的 MUI 后，需要量化预测结果的数据不确定性，通过估计噪声的方差 $\sigma_{\varepsilon}^2(\boldsymbol{x}_i)$ 建立预测区间 PI[17]。根据式 (3-16)，$\sigma_{\varepsilon}^2(\boldsymbol{x}_i)$ 表示为

$$\sigma_{\varepsilon}^{2} \sim E\left[(y-\hat{y})^{2}\right]-\sigma_{\hat{y}}^{2} \tag{3-33}$$

可以通过计算一组残差的平方 $r^2(\boldsymbol{x}_i)$ 来拟合一个模型，以估计剩余残差：

$$r^{2}(\boldsymbol{x}_{i})=\max\left\{\left[y_{i}-\hat{y}(\boldsymbol{x}_{i})\right]^{2}-\sigma_{\hat{y}}^{2}(\boldsymbol{x}_{i}),0\right\} \tag{3-34}$$

其中 $\hat{y}(\boldsymbol{x}_i)$ 和 $\hat{\sigma}_{\hat{y}}^2(\boldsymbol{x}_i)$ 由式(3-29)、式(3-30)得到。残差和相应的输入构成一个独立的数据集：

$$D_{r^{2}}=\left\{\left[\boldsymbol{x}_{i},r^{2}(\boldsymbol{x}_{i})\right]\right\}_{i=1}^{N} \tag{3-35}$$

根据式(3-26)的正态假设，噪声是均值为零的正态分布：

$$P\left[r^{2}(\boldsymbol{x}_{i});\sigma_{\varepsilon}^{2}(\boldsymbol{x}_{i})\right]=\frac{1}{\sqrt{2\pi\sigma_{\varepsilon}^{2}(\boldsymbol{x}_{i})}}\exp\left[-\frac{r^{2}(\boldsymbol{x}_{i})}{2\sigma_{\varepsilon}^{2}(\boldsymbol{x}_{i})}\right] \tag{3-36}$$

实际数据验证显示，噪声方差公式可以有效描述数据不确定性。最大似然估计(maximum likelihood estimation，MLE)方法可用于神经网络训练，拟合残差噪声方差。似然函数的对数表示为

$$L=\sum_{i=1}^{N}\ln\left\{\frac{1}{\sqrt{2\pi\sigma_{\varepsilon}^{2}(\boldsymbol{x}_{i})}}\exp\left[-\frac{r^{2}(\boldsymbol{x}_{i})}{2\sigma_{\varepsilon}^{2}(\boldsymbol{x}_{i})}\right]\right\} \tag{3-37}$$

通过训练一个独立的神经网络模型，可以间接估计观测样本的未知噪声方差 σ_{ε}^2。忽略式(3-37)中的常数部分后，可以得到训练该神经网络模型的代价函数，并表示为

$$C_{N}=\frac{1}{2}\sum_{i=1}^{N}\left\{\frac{r^{2}(\boldsymbol{x}_{i})}{\sigma_{\varepsilon}^{2}(\boldsymbol{x}_{i})}+\ln\left[\sigma_{\varepsilon}^{2}(\boldsymbol{x}_{i})\right]\right\} \tag{3-38}$$

新神经网络的输出激活函数设置为指数函数，以确保估计的方差始终为正。代价函数的最小化可以通过传统的梯度法下降法来实现，从而实现神经网络参数的迭代更新。

根据式(3-16)，已知模型不确定性方差和数据噪声方差，可以得到预测区间的总方差。

使用该算法构建预测区间时，需要建立总计 B_M+1 个神经网络模型。该预测方法的总体框架如图 3.3 所示。基于梯度下降神经网络建立残差估计模型建模简便，但训练时间较长[18]。

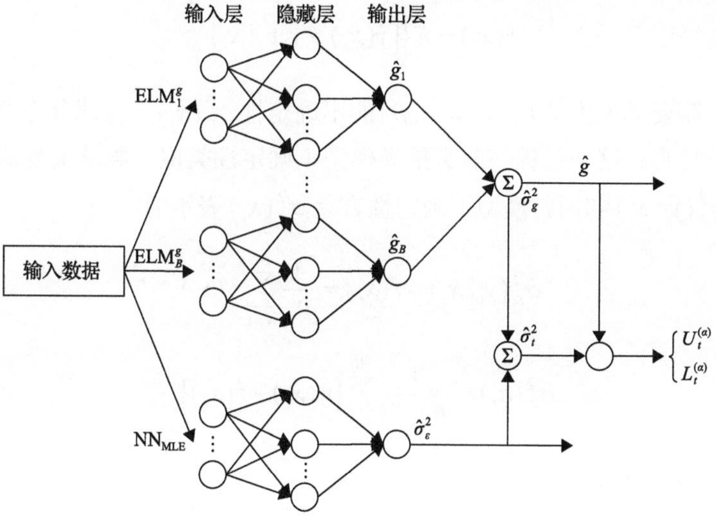

图 3.3　基于梯度下降神经网络的概率区间预测框架

3.4.5　自举极限学习机残差估计

与 3.4.4 节建立神经网络不同，本节直接应用自举极限学习机模型进行残差估计。

预测误差具有显著的异方差特性，但每个时间点的观测值只有一个，难以形成对预测误差分布的描述，因而对数据不确定性的估计具有挑战性[19,20]。根据方差定义，给定输入变量条件下噪声方差可表示为

$$\sigma_\varepsilon^2(y_i|\ \boldsymbol{x}_i)=E\left[\left(y_i-E\left[y_i\mid \boldsymbol{x}_i\right]\right)^2\mid \boldsymbol{x}_i\right] \tag{3-39}$$

给定训练集 $D_t=\left\{\left(\boldsymbol{x}_i,y_i\right)\right\}_{i=1}^N$，如式(3-26)所示，极限学习机输出的是给定输入变量 $\boldsymbol{x}_i$ 条件下目标的均值，即 $\hat{y}(\boldsymbol{x}_i)=E(y_i\mid \boldsymbol{x}_i)$。因此，式(3-39)可以由极限学习机模型得到。

保持输入变量 $\boldsymbol{x}_i$ 不变，将输出值 y_i 更新为 $\left[\hat{y}(\boldsymbol{x}_i)-y_i\right]^2$，可以得到变换后的误差训练集：

$$D_\varepsilon=\left(\left\{\boldsymbol{x}_i,\left[\hat{y}(\boldsymbol{x}_i)-y_i\right]^2\right\}\right)_{i=1}^N \tag{3-40}$$

目标方差可以通过建立一个独立的极限学习机模型进行估计，表示为

$$h_\varepsilon\left(\boldsymbol{x}_i;\boldsymbol{w},b,\beta\right)=\left[\hat{y}(\boldsymbol{x}_i)-y_i\right]^2,\qquad i=1,\cdots,N \tag{3-41}$$

则训练后的 ELM 输出 $\hat{r}(\boldsymbol{x}_i)$ 可以表示为

$$\hat{r}(\boldsymbol{x}_i)=E\left\{\left[\hat{y}(\boldsymbol{x}_i)-y_i\right]^2 \mid \boldsymbol{x}_i\right\} \tag{3-42}$$

另外也需要考虑模型$h_{\varepsilon}\left(\boldsymbol{x}_i;\boldsymbol{w},b,\beta\right)$的不确定性$\sigma_{\hat{r}}^2(\boldsymbol{x}_i)$。这部分方差也将通过自举法进行计算，这一过程与前文推导模型不确定性类似。假设重复抽取B_N次，噪声方差$\hat{\sigma}_{\varepsilon}^2(y_i|\ \boldsymbol{x}_i)$和回归模型不确定性方差$\sigma_{\hat{r}}^2(\boldsymbol{x}_i)$表示为

$$\hat{\sigma}_{\varepsilon}^2(y_i \mid \boldsymbol{x}_i)=\hat{r}(\boldsymbol{x}_i)=\frac{1}{B_N}\sum_{l=1}^{B_N}\hat{r}_l(\boldsymbol{x}_i) \tag{3-43}$$

$$\sigma_{\hat{r}}^2(\boldsymbol{x}_i)=\frac{1}{B_N-1}\sum_{l=1}^{B_N}\left[\hat{r}_l(\boldsymbol{x}_i)-\hat{r}(\boldsymbol{x}_i)\right]^2 \tag{3-44}$$

则数据噪声的方差为

$$\sigma_{\varepsilon}^2(\boldsymbol{x}_i)=\hat{\sigma}_{\varepsilon}^2(y_i \mid \boldsymbol{x}_i)+\sigma_{\hat{r}}^2(\boldsymbol{x}_i) \tag{3-45}$$

根据式(3-16)，已知模型不确定性方差和数据噪声方差，可以得到预测区间的总方差$\sigma_t^2(\boldsymbol{x}_i)$。根据式(3-18)和式(3-19)即可得到预测区间，实现对预测不确定性的量化。

使用该算法构建ELM预测的概率区间时，需要建立总计B_M+B_N个ELM模型。这里所提出的基于自举法的ELM概率预测方法的总体框架如图3.4所示。相对于传统的神经网络，BELM方法具有极高的计算效率，可实现模型的动态更新。

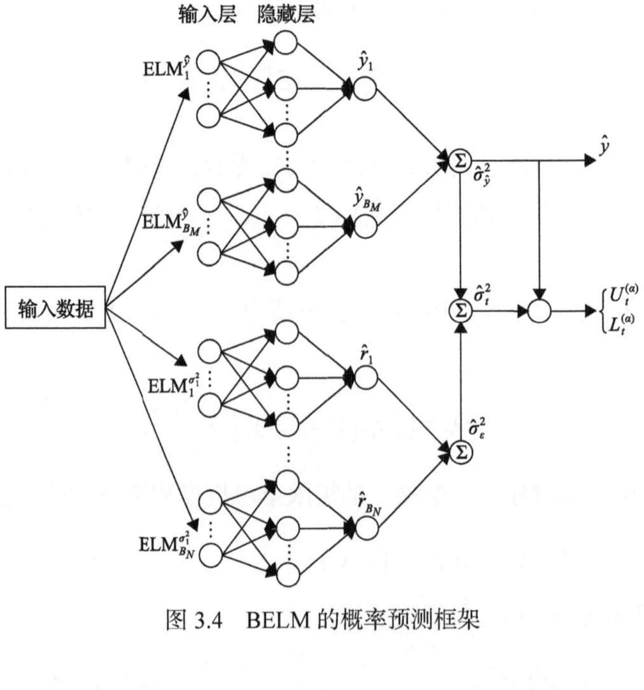

图3.4　BELM的概率预测框架

3.5 算例分析

3.5.1 市场出清电价概率预测算例分析

1. 算例描述

本节采用澳大利亚国家电力市场(Australian national electricity market，ANEM)的实际市场出清电价(market clearing price，MCP)数据，验证基于梯度下降神经网络残差估计预测模型的有效性和计算效率。ANEM 由昆士兰、新南威尔士州、维多利亚州、南澳大利亚州和塔斯马尼亚州五个市场管辖区组成。澳大利亚能源市场运营商(Australian energy market operator，AEMO)运营着整个电力系统。在 ANEM 中，电力交易是以半小时的间隔进行结算的。发电商提交它们的报价，然后每 5min 发送一次相应的调度价格。市场出清价格是根据发电商和消费者的出价和报价，对半小时的间隔内连续 6 个 5min 的调度价格计算平均值得出的。ANEM 的五个区域中的每一个都用这种方法确定单独的现货价格。为协助电力生产商及消费者做出决策，本节关注未来交易日内的 48 个市场出清电价的预测结果。本节采用澳大利亚电力市场中的新南威尔士州区域市场作为研究对象，电力能源价格和需求数据取自 2007 年 1 月～2009 年 12 月。由于每个交易时段的市场出清价格表现出相似的性质，因而对每个交易时段分别建立预测模型。

2. 对比分析

为了评估该方法的预测性能，将结果与其他两种对比方法，即持续法(Persistence)、基于 bootstrap 的传统神经网络(bootstrap neural network，BNN)方法进行比较。持续法是简单地将 d 日的预测电价与 d–1 日的电价完全等同，预测误差的方差可以根据最新观测值的方差得到。BNN 方法是一种可靠且有效的预测区间构建方法，与所提出的基于梯度下降神经网络的残差估计方法不同，BNN 方法采用传统的神经网络来实现预测区间的构建。由于神经网络强大的非线性回归能力，BNN 方法在预测电价方面有较好的性能，但计算成本较高[21]。

对于电力系统和电力市场的运行而言，拥有高置信水平的预测信息更有利于降低决策风险。因此，本节构建了 90%、95%、99%高置信水平下的电价预测区间，并进行了分析。选取交易时段 04:00～04:30 (MCP1)、交易时段 12:00～12:30(MCP2)、交易时段 17:00～17:30(MCP3)、交易时段 23:00～23:30(MCP4)等几个典型交易时段的市场出清电价对预测模型进行检验。所选择的交易时段包含了新南威尔士州市场每日运行期间的峰值负荷和谷值负荷的情况。采用 2009

年的电价时间序列对模型进行测试，其余数据用于模型训练。四种典型 MCP(1-4)采用所提方法和其他两种对比模型得到的 ECP、ACD 和区间分数等性能指标结果如表 3.1～表 3.4 所示[22]。

表 3.1　MCP1 预测区间性能对比

NCP/%	方法	ECP/%	ACD/%	区间分数
90	BNN	94.41	4.41	–3.06
	Persistence	87.11	–2.89	–4.33
	所提混合模型	89.11	–0.89	–2.75
95	BNN	97.21	2.21	–1.79
	Persistence	91.41	–3.59	–2.64
	所提混合模型	94.13	–0.87	–1.63
99	BNN	99.32	0.32	–0.49
	Persistence	95.70	–3.30	–0.85
	所提混合模型	97.77	–1.23	–0.48

表 3.2　MCP2 预测区间性能对比

NCP/%	方法	ECP/%	ACD/%	区间分数
90	BNN	89.63	–0.37	–8.39
	Persistence	82.91	–7.09	–125.52
	所提混合模型	91.29	1.29	–7.56
95	BNN	91.70	–3.30	–5.34
	Persistence	84.87	–10.13	–118.01
	所提混合模型	93.36	–1.64	–4.74
99	BNN	95.85	–3.15	–1.99
	Persistence	86.83	–12.17	–105.83
	所提混合模型	96.27	–2.73	–1.75

表 3.3　MCP3 预测区间性能对比

NCP/%	方法	ECP/%	ACD/%	区间分数
90	BNN	93.75	3.75	–7.37
	Persistence	79.55	–10.45	–90.98
	所提混合模型	91.80	1.80	–7.08

续表

NCP/%	方法	ECP/%	ACD/%	区间分数
95	BNN	97.66	2.66	–4.44
	Persistence	82.35	–12.65	–84.83
	所提混合模型	95.70	0.70	–4.44
99	BNN	98.83	–0.17	–1.56
	Persistence	84.87	–14.13	–76.85
	所提混合模型	98.05	–0.95	–1.66

表 3.4　MCP4 预测区间性能对比

NCP/%	方法	ECP/%	ACD/%	区间分数
90	BNN	96.43	6.43	–4.55
	Persistence	82.82	–7.18	–18.86
	所提混合模型	89.29	–0.71	–3.81
95	BNN	97.73	2.73	–2.79
	Persistence	85.90	–9.10	–15.85
	所提混合模型	96.43	1.43	–2.43
99	BNN	99.03	0.03	–0.89
	Persistence	89.45	–9.55	–12.55
	所提混合模型	97.73	–1.27	–0.89

如表 3.1～表 3.4 所示，本章提出的混合模型性能始终优于持续法和 BNN 方法。所提混合模型的 ECP 与名义置信度 NCP 显著接近。该混合模型的 ACD 指标绝对值均小于 3%，与其他两种对比方法相比具有较高的可靠性。例如，在 MCP3 的置信水平为 95%时，所提混合模型生成的 ACD 为 0.70%，性能明显优于其他两种方法，尤其是持续法。从表 3.1～表 3.4 所示的区间分数来看，所提出的混合模型的总体区间得分最高，这表明所得到的预测区间的锐度和整体性能最好。例如，对于 90%置信水平的 MCP2 预测，混合方法产生的区间分数为–7.56，大于其他两种对比方法。综合考虑可靠性和整体性能，该模型在综合性能上优于其他两种对比方法。

持续法是一种简单的短期时间序列预测方法，但从可靠性和锐度两方面来看，它的性能都低于本章所提出的混合模型。这可以解释为它不能对电价序列的非平稳性和异方差特性进行建模。算例结果也证实了锐度的重要性，锐度是评价预测区间质量和性能的不可或缺的一个方面，呼应了前文中介绍的预测区间评价指标。

总体来说，与所提出的混合预测模型相比，BNN 方法的总体性能相对较低，特别是在预测区间的锐度方面。可以发现，BNN 方法与持续法相比获得了更好的预测结果。由于神经网络具有强大非线性映射能力，因而 BNN 方法在某些情况下可以与所提出的混合预测模型具有相当的性能。然而传统的神经网络存在计算量大的缺点。在算例分析中，混合模型和 BNN 方法的自举次数均设置为 100，并使用 CPU 型号为 Intel Core Duo i5-3470T@2.9GHz 和 8GB RAM 的计算机进行训练时间的验证。表 3.5 比较了在特定的交易时段内，BNN 方法和所提出的混合预测模型在 MCP 上测试的平均训练时间。

表 3.5　MCP4 模型训练时间对比

方法	时间/s
所提混合预测模型	36.70
BNN	4725.03

从表 3.5 可以看出，本章提出的混合预测模型比 BNN 方法的训练速度快 100 倍以上，效率得到显著提高。考虑到所有 48 个市场出清电价，BNN 方法平均需要的计算时间是表 3.5 所示时间的 48 倍，这表明 BNN 的训练时间复杂度很高，在实际应用中可行性较低。而所提出的混合预测模型计算速度快，在实际应用中具有很大的潜力。

图 3.5～图 3.8 展示了 30 个交易日的四个测试交易时段内，混合预测模型得到的标称覆盖概率为 90%的预测区间和实际市场出清电价。从图中可以看出，对于所有测试的交易时段，所构造的预测区间可以很大程度上覆盖实际的市场出清电价。同时也可以观察到，在不同的交易时段内，市场出清电价表现出不同程度的波动特征。

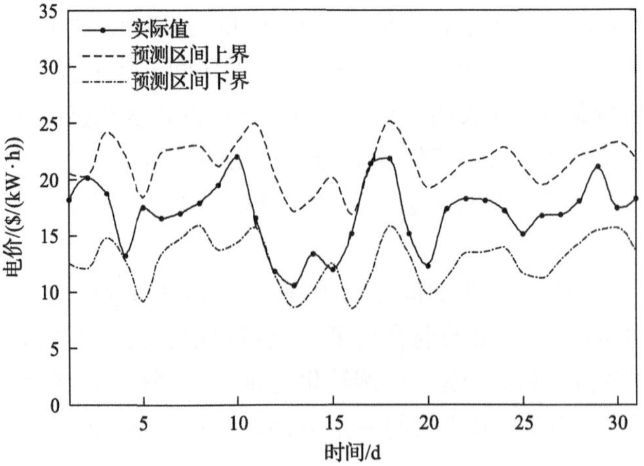

图 3.5　标称覆盖概率为 90%置信区间的 MCP1 预测结果

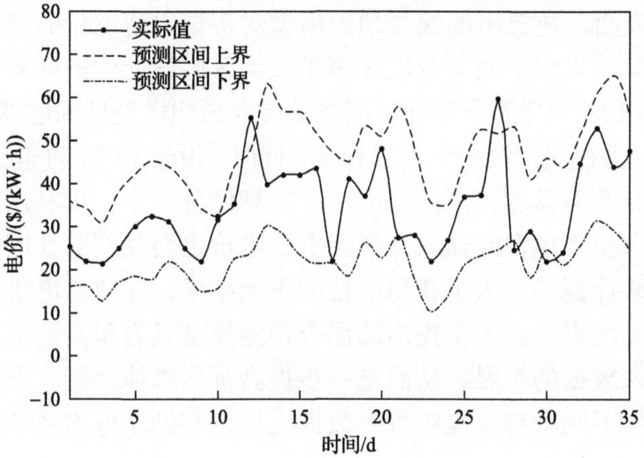

图 3.6　标称覆盖概率为 90%置信区间的 MCP2 预测结果

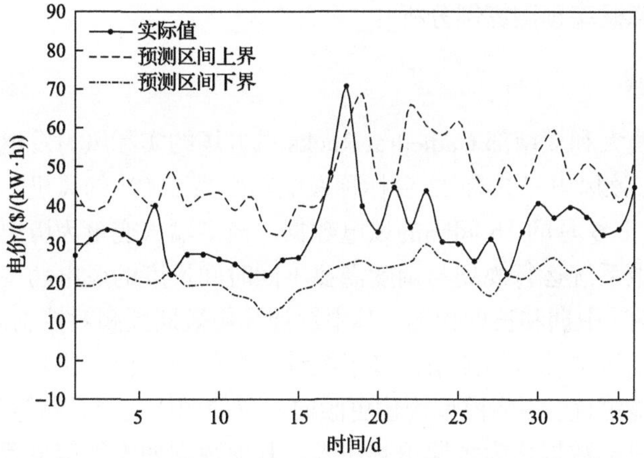

图 3.7　标称覆盖概率为 90%置信区间的 MCP3 预测结果

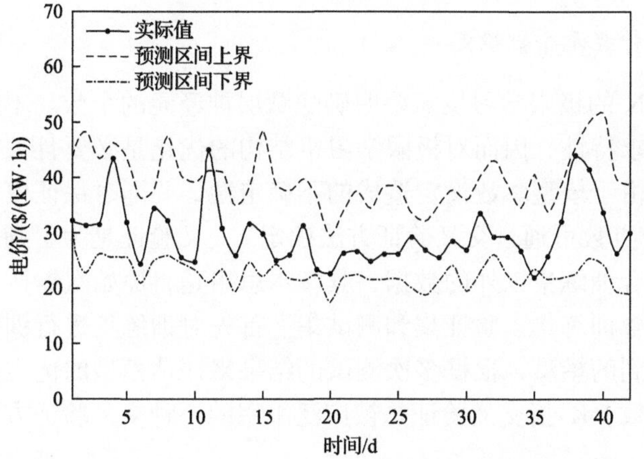

图 3.8　标称覆盖概率为 90%置信区间的 MCP4 预测结果

实例分析表明，所提出的混合预测模型对市场出清电价的概率预测具有良好的性能。实验结果也证明了锐度在衡量预测区间性能中的必要性和重要性。所提出的基于 ELM 和梯度下降神经网络的混合预测模型训练速度快，大大节省了计算量，可以为在线预测提供可靠保证。同时，由于 ELM 的非线性映射能力，该混合概率预测模型具有较高的灵活性。在算例分析中，仅利用历史市场出清电价和负荷需求作为模型的输入。事实上，电价也会受到其他因素的影响，如天气状况、维修计划等。为了获得最佳的预测结果，在建立电价预测模型时，应考虑所有相关因素。由于所提出的混合预测模型具有很高的灵活性，可以很容易地进行输入数据的扩展，从而进一步提高预测总体性能。所提出的方法能够为电力系统中不同参与者提供可靠数据支撑，有助于电力系统多利益主体的决策制定。

3.5.2 风电功率概率预测算例分析

1. 算例描述

本节采用澳大利亚南部 Cathedral Rocks 风电场的实际风力发电数据对 BELM 方法进行测试。该风电场共有 33 台标称发电功率为 2MW 的风机。算例采用 2008 年 6 月～2012 年 6 月的 1h 间隔的风电数据。模型输入变量为历史量测风力发电数据。风力发电系统运行规划与调度需要不同时间尺度的风电功率预测，一般分为超短期、短期、中期和长期预测。其中短期和超短期预测对控制调度尤为重要。在短期及超短期风电功率预测中，基于统计信息的预测模型比基于数值天气预报的预测模型性能更优，预测模型构建更倾向于仅使用历史统计信息。因此，BELM 方法仅将历史风电数据作为短期预测输入，其他数据如天气信息等，很容易纳入到 BELM 框架中。

2. 隐藏层神经元个数确定

基于 SLFN 的极限学习机需要明确隐藏层神经元的个数。不同的预测可能会有不同的需求特性，因而对极限学习机结构的优化是必要且关键的，能够最大限度地减少由于模型参数设定造成的不确定性，并同时保证模型训练效率。ELM 的隐藏节点数可通过交叉验证方法确定。交叉验证是为了判断训练的模型能否较好地拟合训练集以外的数据，其基本思想是将原始数据按一定规则进行多次分组，包含训练集、验证集和测试集。首先对训练集进行训练，再用验证集来测试所得到的模型，根据多次测试的结果来评估模型的优劣并选择模型及其对应的超参数。K 折交叉验证是被广泛采用的一种交叉验证方法，其基本流程如下。

(1) 将训练样本集 $\boldsymbol{D}$ 随机分为 k 个子训练样本集 $\{s_1, s_2, \cdots, s_{k_C}\}$。

(2) 随机挑选一个子训练样本集作为验证集，其余作为训练集训练模型。

(3) 重复步骤 (2) 多次，计算各验证集的指标并求均值。

(4) 改变模型超参数，重复步骤 (2)、(3)，记录指标的均值。

(5) 根据不同超参数下性能指标优劣确定超参数。

ELM 的泛化性能可以通过均方根误差 (RMSE) 和平均绝对误差 (MAE) 评估。

$$\mathrm{MAE} = \frac{1}{N_{\mathrm{test}}} \sum_{i=1}^{N_{\mathrm{test}}} \left| y_i - \hat{y}(\boldsymbol{x}_i) \right| \tag{3-46}$$

$$\mathrm{RMSE} = \sqrt{\frac{1}{N_{\mathrm{test}}} \sum_{i=1}^{N_{\mathrm{test}}} \left[y_i - \hat{y}(\boldsymbol{x}_i) \right]^2} \tag{3-47}$$

基于实际风电场数据，对采用不同隐神经元个数的极限学习机模型进行交叉验证测试，结果如图 3.9 所示。可以看出，当隐藏节点超过一定的阈值时，ELM 具有稳定的泛化性能。具有 63 个隐藏神经元的 ELM 能同时保证最优的 MAE 和 RMSE。

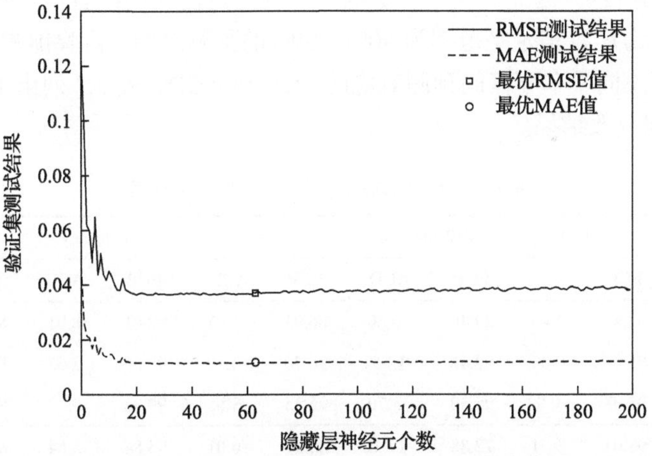

图 3.9　不同隐神经元个数极限学习机验证测试

3. 预测结果分析

气象系统的混沌特性和高度复杂性导致了风力发电的高度不确定性。天气状况及风速等气象要素在不同的季节有很大的差异。为了检验 BELM 方法的有效性和普适性，分别考虑澳大利亚的四个季节：夏季 (12 月～2 月)、秋季 (3 月～5 月)、冬季 (6 月～8 月) 和春季 (9 月～11 月)，针对不同季节分别建立预测模型。

1）季节性检验

考虑季节的差异性和多样性，使用 2012 年夏季、2011 年秋季、2011 年冬季和 2010 年春季的风电功率数据作为测试集对 BELM 方法进行检验。训练集采用测试集之前时段的风电数据。首先根据风电场的容量对数据进行归一化处理，然后应用于所提出的模型中。为了评估该方法，使用气象法（Climatology）预测模型和持续法预测模型作为对比模型。气象法预测模型是根据可用的风力观测数据构建的风电功率预测模型，是一种非条件概率预测，它在短期风力发电概率预测方面的表现相对较好。在风力发电的确定性点预测中，持续法预测模型是最常用的基准模型，并且在超短期预测中有更好的表现。在持续法预测模型中，其平均值为待预测时刻最近一次实际测量功率，方差由待预测时刻最近的若干次实际测量功率计算得出。气象法预测模型和持续法预测模型都相对简单。为了验证所提出的 BELM 方法，在研究中采用指数平滑方法（exponential smoothing method，ESM）[12]作为对比。此外，为了评估预测误差分布模型的影响，采用预测误差为贝塔分布的模型对所提出的方法进行检验。

BELM 的主要目的是获得可靠的预测区间。此外，电力系统运行需要具有高可信度的有用信息。因此，获取满足电力系统运行需要的高置信水平预测区间具有重要意义。考虑置信水平范围为 90%～99%的预测区间，检验预测区间置信度。表 3.6 列出了不同季节下区间预测对应的 ECP 和 ACD，表 3.7 列出了不同季节预测结果的区间分数结果。

表 3.6　不同季节下区间可靠性对比结果　　（单位：%）

季节	NCP	BELM		BELM-Beta		Persistence		Climatology		ESM	
		ECP	ACD	ECP	ACD	ECP	ACD	ECP	ACD	ECP	ACD
夏季	90	92.46	2.46	89.40	−0.60	86.93	−3.07	98.01	8.01	88.55	−1.45
	95	95.09	0.09	82.46	−12.54	90.70	−4.30	98.65	3.65	92.09	−2.91
	99	98.08	−0.92	95.30	−3.70	95.35	−3.65	99.72	0.72	96.64	−2.36
秋季	90	93.01	3.01	72.88	−17.12	83.99	−6.01	95.84	5.84	88.98	−1.02
	95	95.59	0.59	76.46	−18.54	88.36	−6.64	98.59	3.59	92.90	−2.10
	99	97.67	−1.33	79.45	−19.55	92.36	−6.64	100.00	1.00	97.04	−1.96
冬季	90	91.30	1.30	80.22	−9.78	86.83	−3.17	96.34	6.34	88.97	−1.03
	95	94.41	−0.59	83.61	−11.39	90.88	−4.12	99.45	4.45	92.94	−2.06
	99	97.89	−1.11	87.45	−11.55	95.30	−3.70	100.00	1.00	96.99	−2.01
春季	90	93.19	3.19	84.03	−5.97	86.52	−3.48	95.46	5.46	88.36	−1.64
	95	96.12	1.12	86.39	−8.61	90.46	−4.54	97.54	2.54	91.89	−3.11
	99	98.68	−0.32	89.79	−9.21	95.00	−4.00	99.62	0.62	96.24	−2.76

表 3.7　不同季节下区间分数对比结果　（单位：%）

季节	NCP	BELM	BELM-Beta	Persistence	Climatology	ESM
夏季	90	−7.61	−8.39	−8.78	−16.08	−8.54
	95	−4.59	−5.37	−5.49	−8.50	−5.25
	99	−1.14	−2.21	−1.96	−1.81	−1.76
秋季	90	−5.92	−5.97	−6.50	−15.10	−6.36
	95	−3.64	−3.61	−4.03	−7.85	−3.89
	99	−1.19	−1.09	−1.46	−1.71	−1.30
冬季	90	−6.91	−6.85	−7.60	−15.66	−7.36
	95	−4.12	−4.06	−4.76	−8.19	−4.47
	99	−1.28	−1.18	−1.65	−1.78	−1.40
春季	90	−7.10	−7.19	−7.95	−16.31	−7.71
	95	−4.15	−4.16	−4.96	−8.55	−4.72
	99	−1.12	−1.09	−1.75	−1.81	−1.55

表 3.6 表明，在所有四个季节，所提出的方法均优于其他方法，其 ECP 始终更接近相应的置信水平。所提方法的所有 ACD 都接近于零，特别是在置信水平较高如(95%和 99%)的情况下，这表明所构建的概率区间具有高可靠性。例如，在秋季，置信水平为 95%和 99%时，BELM 的 ACD 绝对值均小于其他四个基准模型。特别是在夏天，Beta 分布模型与截尾高斯分布模型有相近的可靠度，同时相对其他季节也表现出更好的性能，这意味着 Beta 分布模型更适合作为夏季风电功率预测误差分布模型。

表3.7 表明，BELM 的区间分数大于气象法预测模型、持续法预测模型和 ESM 方法，BELM 方法在锐度和整体性能指标方面优于这三个基准模型。此外，在某些情况下，所提出的方法和基于Beta误差分布的方法相比具有相近或更好的性能。可以证明，在考虑不同季节的情况下，该方法的平均区间分数仍优于贝塔分布。考虑到可靠性和整体性能，BELM 在综合性能方面比基准模型更优。

贝塔分布尽管可以很好地反映风电预测误差的长期统计分布，但不能反映误差的季节变化。算例结果表明，基于 Beta 分布的方法在 90%置信度以上时没有表现出更好的性能，在秋季时结果甚至更差。

气象法预测模型是一种简单的非条件预测方法，不考虑风电数据的异方差特性。因此，在较高的置信水平下，预测区间的宽度较大，难以应用到实际场合中。持续法的 ECP 随季节变化显著，表明风力发电的季节变化显著。由于映射过程简单，持续法难以获得令人满意的概率预测区间。通过比较，ESM 方法在可靠性和锐度方面都有较好的表现。由表 3.6 可以看出，在夏季，BELM 的预测区间可靠性指标略低于其他季节。这是因为夏天的天气状况相对更加复杂，风电出力不确定性更强。

利用 BELM 方法得到的 90%置信度和四个季节实际测得的风电功率分别如图 3.10～图 3.13 所示。在所有四个季节算例测试中，实测风电数据均被 BELM 方法生成的预测区间完全涵盖，能够满足电力系统运行的需要。图中也清楚地展示了风力发电序列的非平稳特性。值得注意的是，一些概率预测区间可能超出风电场的容量范围。因此，最终的概率预测区间已经被限制在理论范围内。

2) 不同自举法对比分析

ELM 回归模型的模型不确定性区间是利用自举法构建的。常用的自举法包括配对自举法、标准残差自举法和 Wild 自举法，可针对不同的应用表现出不同的性能优势。本节比较了利用不同自举法构建 BELM 风电功率预测概率区间的性能。表 3.8 给出了不同自举法的 ECP 与相对应的 NCP、ACD 和区间分数指标测试结果。

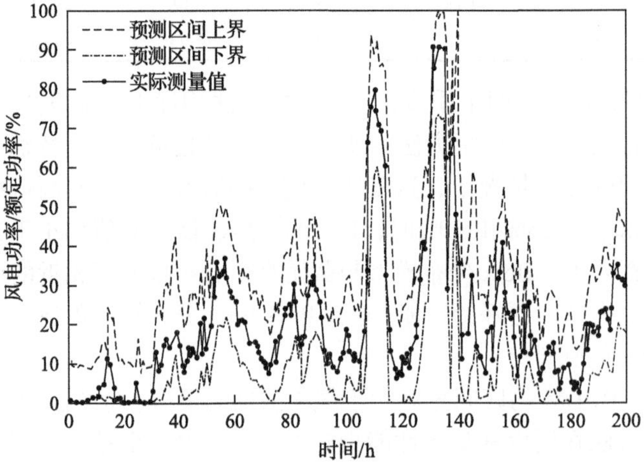

图 3.10　2012 年夏季基于 BELM 的 90%置信度概率预测区间

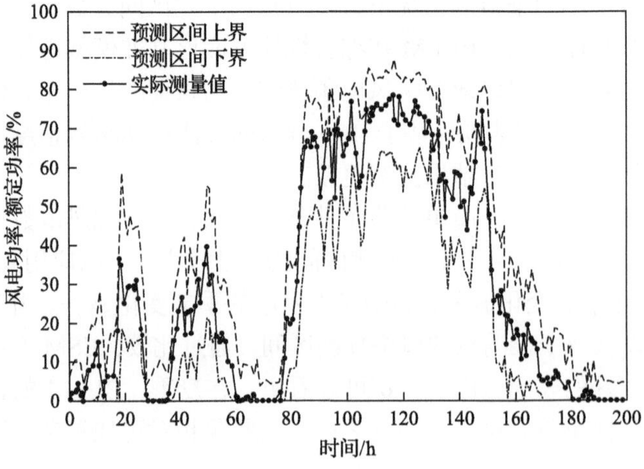

图 3.11　2011 年秋季基于 BELM 的 90%置信度概率预测区间

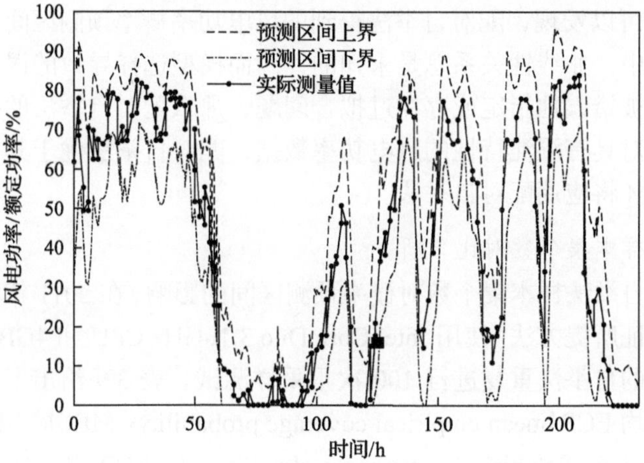

图 3.12　2011 年冬季基于 BELM 的 90%置信度概率预测区间

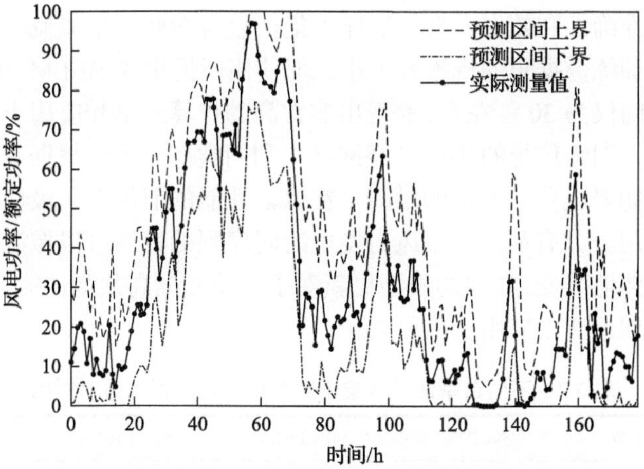

图 3.13　2010 年春季基于 BELM 的 90%置信度概率预测区间

表 3.8　不同 Bootstrap 方法评估分析　(单位：%)

方法	NCP	ECP	ACD	区间分数
配对自举法	90	93.59	3.59	–6.02
	95	96.17	1.17	–3.67
	99	98.25	–0.75	–1.17
标准残差自举法	90	92.85	2.85	–6.11
	95	95.92	0.92	–3.72
	99	98.09	–0.91	–1.21
Wild 自举法	90	93.43	3.43	–6.16
	95	95.92	0.92	–3.78
	99	97.67	–1.33	–1.25

由表 3.8 可以发现，配对自举法得到的风电功率概率预测区间可靠度最高。由于预测问题中，非线性关系总是未知的，因而模型选择导致的误差是不可避免的。如果模型被错误地指定或存在过拟合问题，那么配对自举法的鲁棒性更强。可以看出，针对具有混沌特性的风电功率数据，配对自举法优于其他两种方法。基于此，BELM 将应用配对自举法。

3) 自举法样本集个数对比分析

为了研究自举法样本集个数对概率预测区间的影响，在 2011 年秋季的风电数据上进一步验证所提方法。使用 Intel Core Duo 3.16GHz CPU 和 4GB RAM 的计算机，利用给定的自举法重复进行 100 次重采样测试。表 3.9 给出了不同自举法样本集个数的平均 ECP(mean empirical coverage probability，MECP)、ECP 的标准差(standard deviation of empirical coverage probability，SDECP)和所需的训练时间。当自举法样本集个数在 20～1000 变化时，BELM 方法可以得到可靠的概率区间。综合考虑模型准确性和效率，自举法样本集个数为 200 时生成概率预测区间是最佳选择。虽然训练数据集的规模并不小，但使用所提出的 BELM 方法对 ELM 进行训练的总时间仅为 30 秒左右，表现出非常高的计算效率和应用于在线预测系统的潜力。相反，训练传统的 BP 神经网络，利用类似大小的数据进行逐小时风电功率预测，可能要花费数千倍的时间。在保证性能的前提下，极快的模型构建效率对于实际应用十分有利。由于风力发电时间序列的特性可以像混沌的天气系统一样连续或突然地改变，在线的模型更新对于保持和提高预测性能具有重要意义，尤其是在超短期预测中应用价值更大。

表 3.9 不同自举法样本集个数下可靠性和训练效率对比

自举样本集个数	NCP/%	MECP/%	SDECP/%	训练时间/s
20	90	92.09	0.38	3.26
	95	95.18	0.28	
50	90	92.09	0.28	7.89
	95	95.17	0.21	
100	90	92.04	0.24	15.78
	95	95.17	0.18	
200	90	92.03	0.18	31.43
	95	95.14	0.16	
300	90	92.03	0.18	47.16
	95	95.17	0.14	
500	90	92.02	0.17	78.15
	95	95.17	0.15	
1000	90	92.01	0.17	166.78
	95	95.16	0.14	

4) 使用与不使用自举法对比分析

为了研究自举法的影响，设计采用自举法(200 个自举样本集)和不采用自举法的对比算例进行 100 次测试，得到预测结果的 ECP 和 ACD 均值，以及用于衡量锐度指标的区间分数均值。测试结果如表 3.10 所示。这里所提的不采用自举法的预测方法指的是仅使用 ELM 进行均值与方差回归(mean and variance regression, MVR)，在此称为 MVR-ELM。

表 3.10　自举法对最终概率预测区间的影响　(单位：%)

NCP	方法	ECP	ACD	区间分数
90	BELM	92.03	2.03	–6.20
	MVR-ELM	88.56	–1.44	–6.13
95	BELM	95.14	0.14	–3.97
	MVR-ELM	91.00	–4.00	–3.94
99	BELM	97.75	–1.25	–1.33
	MVR-ELM	93.56	–5.44	–1.38

从表 3.10 中可以发现，模型不确定性对得到的预测区间有明显影响，虽然可以得到相似的锐度，但如果不采用自举法以考虑模型不确定性，ECP 指标将下降 4%以上。在表 3.10 中同样也观察到 ACD 指标由于没有采用自举法而降低。这验证了前文中模型不确定性是预测不确定性的重要来源之一的说法。

5) 多预测时间尺度检验

广泛的算例分析表明了 BELM 方法的有效性。实际上，应用该方法对未来两到三个小时的多步预测也取得了令人满意的预测结果。除了 1h 分辨率的风力发电预测外，1h 内的预测结果也受到输电系统运营商和风电场调度管理方的高度关注。时间分辨率高的风电预测，如 10min 分辨率的风电预测，对风电场运行控制、安全稳定发电和储能备用调度等都非常重要。分辨率越高的预测意味着预测波动性越大。实际上，在丹麦，提前 10min 的预测被输电系统运营商认为是最重要的超短期预测，因为这个时间段的电力波动对电力系统平衡的影响最为严重。对 2009 年秋季该风电场提前时间为 10min、30min 和 1h，时间分辨率为 10min 的风电预测做算例分析，表 3.11 展示了置信水平分别为 90%和 95%的概率预测区间结果。

从表 3.11 可以看出，BELM 方法在 1h 内风电功率预测方面优于 ESM 方法和其他对比模型。对于提前时间在 1h 以内的预测，持续法的可靠性性能更差，说明 10min 分辨率的风电具有更高的波动性。与成熟的风电短期时间序列概率预测模型 ESM 方法相比，由于 ELM 具有强非线性映射能力，因而 BELM 方法灵活性更

高，泛化能力更强。该方法已成功应用于短期风电功率概率预测，并且可通过将

表 3.11 多步预测结果对比 （单位：%）

时间尺度	方法	NCP=90%			NCP=95%		
		ECP	ACD	区间分数	ECP	ACD	区间分数
10min	BELM	91.51	1.51	–3.10	95.72	0.72	–1.99
	BELM-Beta	71.89	–18.11	–3.11	75.14	–19.86	–2.01
	Persistence	83.83	–6.17	–3.38	87.25	–7.75	–2.17
	Climatology	96.94	6.94	–14.83	98.50	3.50	–7.75
	ESM	90.48	0.48	–3.38	93.72	–1.28	–2.12
30min	BELM	91.69	1.69	–5.33	94.72	–0.28	–3.27
	BELM-Beta	70.89	–19.11	–5.38	73.70	–21.30	–3.32
	Persistence	83.06	–6.94	–5.94	86.90	–8.10	–3.73
	Climatology	96.94	6.94	–14.83	98.50	3.50	–7.75
	ESM	90.09	0.09	–5.86	93.47	–1.53	–3.61
1h	BELM	90.54	0.54	–6.81	93.82	–1.18	–4.09
	BELM-Beta	70.21	–19.79	–6.86	73.45	–21.55	–4.11
	Persistence	82.44	–7.56	–7.52	86.45	–8.55	–4.66
	Climatology	96.94	6.94	–14.83	98.50	3.50	–7.75
	ESM	89.47	–0.53	–7.38	93.31	–1.69	–4.45

NWP 信息作为附加输入，实现中长期风电功率概率预测。在实际应用中，大系统的集群风电功率也是输电系统运营商高度关注的问题。由于灵活性强，BELM 方法为风电功率概率预测提供了一个一般意义的框架，区域内数值天气预报和单个风电场风力发电的历史数据可以作为输入，并结合风电场群的信息来预测总体风电功率。总之，该算法作为一个在线工具，具有速度快、灵活性强的特点，可以为输电系统运营商和发电企业的各项决策制定提供可靠数据支撑，如确定储能配置、制定恰当的竞价策略以应对各类风险。

3.6 本章小结

由于天气系统的非线性和随机性，新能源电力系统预测误差是不可避免的。经典的基于神经网络的预测模型在精度和计算时间方面都不能提供令人满意的性能。本章将极限学习机应用于新能源电力系统的概率区间预测，采用一种新型的 BELM 来构造基于 ELM 的回归模型。结合模型不确定性和数据不确定性，得到衡量总体不确定性的预测区间。通过对不同自举法的比较和分析，选择出最优的方法并用于所建立的预测模型，同时研究自举法对构建预测区间的效率和性能的

影响，进一步考察模型不确定性对最终预测区间的影响，验证模型不确定性的必要性。BELM 预测方法的训练速度比传统的基于神经网络的方法快得多，在在线应用方面表现出巨大应用潜力。利用不同季节的实际数据进行综合算例分析，结果表明 BELM 方法可以实现高效、准确的短期新能源电力系统概率预测。因此，速度快、可靠性高和灵活性强的 BELM 方法可以为新能源电力系统提供精准可靠的数据支撑，可广泛应用于储能配置、发电调度、电力系统运行控制优化和电力市场交易等场景；同时作为一种通用的概率预测模型，其简便清晰的模型结构、高效的模型训练速率及高总体预测性能，使其在气象预测、水文预测、金融及股市预测、地理环境预测、城市用水量预测等多种场景中也得到广泛应用。

参考文献

[1] Wan C, Xu Z, PINSON P, et al. Probabilistic forecasting of wind power generation using extreme learning machine[J]. IEEE Transactions on Power Systems, 2013, 29(3): 1033-1044.

[2] Igelnik B, Pao Y H. Stochastic choice of basis functions in adaptive function approximation and the functional-link net[J]. IEEE transactions on Neural Networks, 1995, 6(6): 1320-1329.

[3] Huang G B. Learning capability and storage capacity of two-hidden-layer feedforward networks[J]. IEEE Transactions on Neural Networks, 2003, 14(2): 274-281.

[4] Das S. Time Series analysis[M]. Princeton: Princeton university press, 1994.

[5] Haykin S. Neural Networks and Learning Machines[M]. 3rd ed. New York: Pearson Education India, 2009.

[6] Hornik K, Stinchcombe M, White H. Multilayer feedforward networks are universal approximators[J]. Neural networks, 1989, 2(5): 359-366.

[7] Tamura S, Tateishi M. Capabilities of a four-layered feedforward neural network: Four layers versus three[J]. IEEE Transactions on Neural Networks, 1997, 8(2): 251-255.

[8] Yanai H. Some generalized forms a least squares g-inverse, minimum norm g-inverse, and Moore-Penrose inverse matrices[J]. Computational Statistics & Data Analysis, 1990, 10(3): 251-260.

[9] Huang G B, Zhu Q Y, Siew C K. Extreme learning machine: Theory and applications[J]. Neurocomputing, 2006, 70(1-3): 489-501.

[10] Pinson P, Madsen H. Adaptive modelling and forecasting of offshore wind power fluctuations with Markov switching autoregressive models[J]. Journal of Forecasting, 2012, 31(4): 281-313.

[11] Sideratos G, Hatziargyriou N D. Probabilistic wind power forecasting using radial basis function neural networks[J]. IEEE Transactions on Power Systems, 2012, 27(4): 1788-1796.

[12] Lau A, Mcsharry P. Approaches for multi-step density forecasts with application to aggregated wind power[J]. The Annals of Applied Statistics, 2010:1311-1341.

[13] Efron B, Tibshirani R J. An Introduction to the Bootstrap[M]. Boca Raton: CRC press, 1994.

[14] Efron B. Bootstrap methods: Another look at the jackknife[J]. The Annals of Statistics, 1979, 7(1): 1-26.

[15] Freedman D A. Bootstrapping regression models[J]. The Annols of. Statistics., 1981, 9(6): 1218-1228.

[16] Mammen E. Bootstrap and wild bootstrap for high dimensional linear models[J]. The Annals of Statistics, 1993: 255-285.

[17] Wan C, Xu Z, Wang Y, et al. A hybrid approach for probabilistic forecasting of electricity price[J]. IEEE Transactions on Smart Grid, 2013, 5 (1): 463-470.

[18] Tibshirani R. A comparison of some error estimates for neural network models[J]. Neural Computation, 1996, 8 (1): 152-163.

[19] Pinson P, Kariniotakis G. Conditional prediction intervals of wind power generation[J]. IEEE Transactions on Power Systems, 2010, 25 (4): 1845-1856.

[20] Bludszuweit H, Domínguez-Navarro J A, Llombart A. Statistical analysis of wind power forecast error[J]. IEEE Transactions on Power Systems, 2008, 23 (3): 983-991.

[21] Chen X, Dong Z Y, Meng K, et al. Electricity price forecasting with extreme learning machine and bootstrapping[J]. IEEE Transactions on Power Systems, 2012, 27 (4): 2055-2062.

[22] Winkler R L. A decision-theoretic approach to interval estimation[J]. Journal of the American Statistical Association, 1972, 67 (337): 187-191.

第 4 章　自适应集成深度学习概率预测方法

4.1　概　　述

近些年来，随着大规模新能源发电的并网、电力市场政策的逐步实施及配用电系统智能电表的安装，新能源电力系统预测对象的不确定性日益增加，给新能源电力系统准确预测带来了更大的挑战。凭借处理非线性复杂关系的良好能力，机器学习成为提高新能源电力系统概率预测性能的热门研究方向。传统机器学习实现概率预测的方式是构建回归模型以得到拟合解释变量与预测目标之间的映射关系，常用的回归模型有浅层神经网络、支持向量机等。然而，由于新能源的强随机性、电力系统环境逐渐复杂、智能电网的精细化管理等原因，传统机器学习方法已无法应对新能源电力系统的概率预测难题。

为进一步提高模型在复杂环境下的适应能力，具有多层学习结构的深度学习逐渐代替传统浅层学习模型。与简单的浅层学习模型相比，深度学习具有较深的学习结构和拟合复杂非线性关系的能力，从而能够构造更精细和更准确的回归模型。除此之外，集成学习可通过综合利用多个预测模型的优势，进一步提高单独深度学习预测模型的泛化能力和适应能力。在集成学习模型中，多个基学习器被组合成一个更先进的预测模型。根据基学习器模型是否相同，集成学习可以被分为同质集成学习和异质集成学习。本章首先介绍深度学习和集成学习的基本理论和典型方法，然后结合集成学习和深度学习优点，提出适应预测对象时变特点的自适应混合集成深度学习(hybrid ensemble deep learning，HEDL)[1]概率预测方法，并在新能源电力系统负荷预测的实际数据中加以验证。

4.2　深 度 学 习

4.2.1　深度学习基础

深度学习的概念最初起源于人工神经网络的研究工作。2006 年，机器学习研究专家 Geoffrey Hinton 在文章中对深度学习给出两个结论[2]：首先，具有很多隐层的人工神经网络在特征学习中表现优异，学习得到的特征能够从更本质的层面上对原始数据进行刻画，这表明具有深层结构的人工神经网络在数据分类等实践应用中有巨大潜力；其次，逐层训练的方法能够有效克服深层结构相关的优化难题，这则为实现深度神经网络的模型训练提供了重要的方法支撑。自此，深度学习在学术界和工业界开始受到广泛关注。

深度学习是一类机器学习方法的统称，其特征在于利用深层神经网络对数据进行多层表示学习，即将原始数据逐层转换为更高层更抽象的表示，从而揭示高维数据中的复杂结构。对于神经网络模型而言，增加隐层神经元数量和增加隐层数目都能够有效增加神经网络模型的复杂度，但相较于单纯的增加隐层神经元数量，增加隐层数目不仅增加了神经元的数量，还增加了激活函数的嵌套层数，从而实现对数据特征更精准的刻画，这也是深度学习最核心的特点与优势所在。然而，由于误差在包含多个隐层的反向传播过程中容易发散，深度学习模型难以直接通过传统浅层神经网络的经典算法进行训练，这严重限制了深度学习模型的应用。因此，Hinton 等提出了基于深度信念网络的无监督逐层训练(unsupervised layer-wise training)[3]，有效克服了深度学习模型难以训练的难题。其核心思想是将深度学习模型的训练过程分为两部分：其一是预训练，每次只针对深度学习模型的一层隐节点进行训练，逐层训练直至完成整个模型的参数初始化；其二是微调，在预训练的基础上，对整个深度学习模型进行整体训练，从而实现模型的完整训练。无监督逐层训练的思想可以理解为，首先对待求参数按照隐层进行分组，之后对于每组参数求解局部最优的结果，最后基于各个局部最优求解全局最优。这样的思想充分利用了深层结构中大量参数带来的高自由度，并有效节省了深度学习模型训练的开销。

正是由于深度学习在刻画数据本质特征方面的巨大优势，在当今的大数据时代，“大数据+深度学习”的组合愈发受到工业界和学术界的青睐。相较于传统的浅层模型，深度学习更强调模型结构的深度及特征学习的重要性。传统的浅层模型更倾向于借助对所研究问题有深入理解的专业人士发掘特征，相当于仅依靠模型进行分类或预测；深度学习则直接通过逐层特征变换进行特征学习，利用深度结构实现传统模型中需要由人工完成的特征发掘，进而根据实际问题完成分类或预测，从而将特征学习与应用融为一体并全部交由模型完成，大大降低人工需求，显著提升模型对不同问题的适用性。

如今，深度学习已在不同领域得到应用。图像识别是深度学习最早尝试的应用领域，早在 20 世纪 80 年代，在生物视觉模型启发下诞生的卷积神经网络(convolution neural networks，CNN)就已被应用于图像识别，取得了良好的效果。2012 年，Geoffrey Hinton 构建了更深的卷积神经网络[4]，进一步解决了大规模图像处理的问题，深度结构在挖掘图像数据深层特征方面表现出所具有的突出优势。语音识别是深度学习另一个重要的应用领域。2011 年，微软提出了基于深度神经网络的语音识别框架，利用深度模型更有效地描述了特征之间的相关性，并更好实现了高维特征的抽取。深度学习框架的多层结构与人脑处理语音图像信息的过程具有高度的相似性，因而深度学习在图像识别和语音识别方面均获得优异表现，并已逐步投入实践应用。

4.2.2　深度学习方法

深度学习技术在长期的应用实践中，针对具体的应用问题，逐渐形成众多不同形式的深度学习方法与深度学习模型，其中以深度信念网络（deep belief nets，DBN）[5]、卷积神经网络[4]和长短期记忆网络（long short-term memory，LSTM）[6]最具代表性。

1. 深度信念网络

神经网络自 20 世纪 50 年代发展起来后，凭借良好的非线性能力与泛化能力，受到广泛关注。然而随着隐藏层数增加，参数数量迅速增长，传统的神经网络训练求解过程耗时大大增加，这严重限制了传统神经网络的进一步发展，以至于深度神经网络一度被认为是无法实现的深度学习模型。2006 年 Geoffrey Hinton 基于受限玻尔兹曼机（restricted Boltzmann machines，RBM）提出深度信念网络的概念，有效解决了深度神经网络的训练问题，大大推动了神经网络模型的发展。

深度信念网络的基础受限玻尔兹曼机是基于玻尔兹曼机（Boltzmann machines，BM）发展而来的。玻尔兹曼机同样由 Geoffrey Hinton 提出，是一种对称耦合的随机反馈型二值单元神经网络，网络节点分为可见单元（visible unit）和隐单元（hidden unit），其中可见单元表示数据的输入与输出，隐单元则表示数据的内在表达。玻尔兹曼机中的神经元均为布尔型，通过 0 或 1 的取值表示抑制和激活，并通过权重表达单元之间的相关性。玻尔兹曼机起源于统计物理学，是一种基于能量函数的建模方法，用向量 $\boldsymbol{S} \in \{0,1\}^n$ 表示 n 个神经元的状态，w_{ij} 表示神经元 i 与 j 之间的连接权重，θ_i 表示神经元 i 的阈值，则对应的玻尔兹曼机能量可以定义为

$$E(\boldsymbol{S}) = -\sum_{i=1}^{n-1}\sum_{j=i+1}^{n} w_{ij}s_i s_j - \sum_{i=1}^{n}\theta_i s_i \tag{4-1}$$

若网络中的神经元以任意不依赖于输入值的顺序进行更新，则网络最终将达到玻尔兹曼分布，此时状态向量 $\boldsymbol{S}$ 出现的概率将仅由其能量与所有可能状态向量的能量确定：

$$P(\boldsymbol{S}) = \frac{\mathrm{e}^{-E(\boldsymbol{S})}}{\sum_{\boldsymbol{T}}\mathrm{e}^{-E(\boldsymbol{T})}} \tag{4-2}$$

玻尔兹曼机的训练过程，就是使每个用训练样本表示的状态向量对应的概率尽可能大。虽然玻尔兹曼机学习算法较为复杂，但所建模型和学习算法有比较完备的物理解释和严格的数理统计理论作为基础，因而其可解释性较强，在理论上非常严谨。

标准的玻尔兹曼机结构复杂，在解决实际问题时效率较低，因此，受限玻尔兹曼机得到了更多的关注。如图 4.1 所示，与标准玻尔兹曼机不同，受限玻尔兹曼机是严格的二分图，即模型中的每条边必须连接一个可见单元和一个隐单元。受限玻尔兹曼机通常用对比散度算法进行训练。设模型中的可见单元和隐单元数量分别为 m 和 k ，令 $\boldsymbol{v}$ 和 $\boldsymbol{h}$ 分别表示可见单元与隐单元的状态向量，则不同状态的概率分别表示为

$$P(\boldsymbol{v} \mid \boldsymbol{h}) = \prod_{i=1}^{m} P(v_i \mid \boldsymbol{h}) \tag{4-3}$$

$$P(\boldsymbol{h} \mid \boldsymbol{v}) = \prod_{j=1}^{k} P(h_j \mid \boldsymbol{v}) \tag{4-4}$$

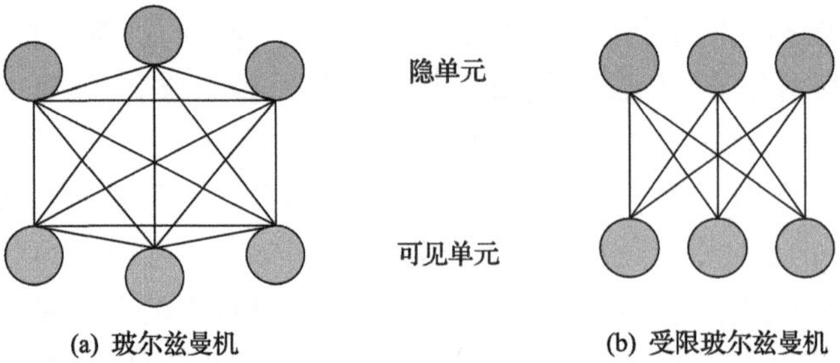

图 4.1 玻尔兹曼机与受限玻尔兹曼机(以 $m=k=3$ 为例)

对比散度算法首先基于训练样本计算每个神经元被激活的概率，然后根据概率分布对连接权重 w_{ij} 进行更新，从而实现对受限玻尔兹曼机的训练。对比散度算法实现了受限玻尔兹曼机的高效训练，进而使解决深度神经网络的训练问题成为可能。

深度信念网络由若干个受限玻尔兹曼机堆叠而成，前一层受限玻尔兹曼机的输出节点即为后一层受限玻尔兹曼机的输入节点，如图 4.2 所示。由于深度信念网络的特殊结构，其训练过程与传统神经网络不同，是由低到高逐层进行训练。逐层训练后，还可以再通过传统的全局学习算法对网络参数进行微调，从而使模型收敛到局部最优。Geoffrey Hinton 提出，这种预训练过程是一种无监督的逐层预训练通用技术，也就是说，不是只有受限玻尔兹曼机可以堆叠成一个深度网络，其他类型的网络也可以使用相同的方法来生成网络。这为深度神经网络的实现提

供了一种可行的路径。

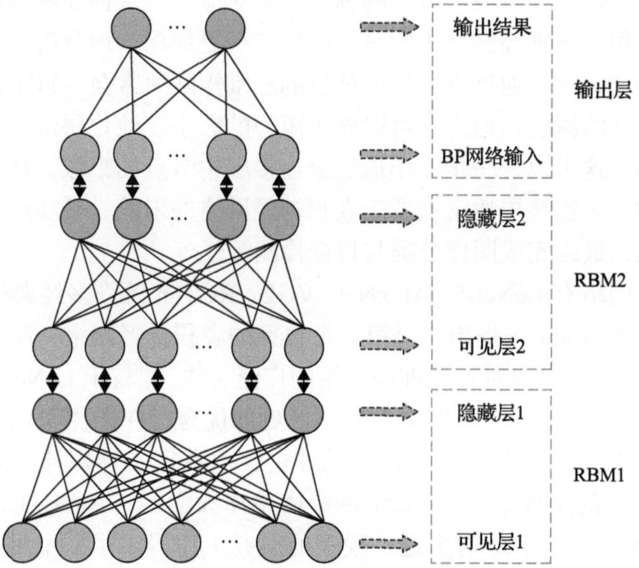

图 4.2　深度信念网络结构图

2. 卷积神经网络

卷积神经网络是一类包含卷积计算且具有深度结构的前馈神经网络，是深度学习的代表算法之一。卷积神经网络具有表征学习能力，能够按其阶层结构对输入信息进行平移不变分类，因而也被称为“平移不变人工神经网络”。

卷积神经网络最早由纽约大学的 Yann 在 1989 年提出[5]，其本质是一个多层感知机，成功的原因在于其所采用的局部连接和权重共享的方式减少了权重的数量，使得网络易于优化，同时降低了模型的复杂度，也就减小了过拟合的风险。该优点在网络输入是二维图像时表现得更为明显：卷积神经网络可以直接接受图像作为网络输入并自行抽取图像的特征，包括颜色、纹理、形状及图像的拓扑结构，避免了传统识别算法中复杂的特征提取和数据重建的过程。在处理二维图像的问题上，特别是识别位移、缩放及其他形式扭曲不变性的应用上，卷积神经网络都具有良好的鲁棒性和运算效率。

卷积神经网络通常由输入层、卷积层(convolution layer)、池化层(pooling layer)、全连接层(fully connected layer) 4 种结构组成，如果是图像的分类问题，则最后通常还包括一层 Softmax 运算。输入层是整个神经网络的输入，在处理图像的卷积神经网络中，通常会使用三维矩阵存储图像信息。三维矩阵的长和宽代表图像尺寸，而三维矩阵的深度则代表图像的色彩通道，比如黑白图像的深度为 1(仅有灰度通道)，而彩色图像的深度为 3(分别为 R、G、B 三种颜色的通道)。

在全连接层之前，图像信息将一直以三维矩阵的形式进行计算。卷积层与传统全连接层不同，卷积层中每一个节点的输出结果对应上一层神经网络中的一小块区域的数据。卷积层将神经网络中的每一小块进行更加深入地分析，从而得到抽象程度更高的特征，因而通过卷积层处理过的三维矩阵通常会变得更深。池化层不会改变三维矩阵的深度，但是它可以缩小矩阵的大小。池化层进行的计算可以视为降低分辨率，这可以进一步缩小最后全连接层中节点的个数，从而达到减少网络参数的目的。全连接层通常被置于卷积神经网络的末端，其功能是基于高度抽象的图像特征，最终完成图像分类与目标检测等任务。

卷积神经网络有 LeNet-5、AlexNet、VGG、ResNet 等许多经典模型。LeNet-5 由计算机科学家 Yann 等提出，是第一个典型的卷积神经网络，结构如图 4.3 所示，其提出引发了学术界对卷积神经网络的广泛关注。相较于 LeNet-5，Krizhevsky 等在 2012 年提出的 AlexNet 网络在性能上更加优秀，在图像识别等领域表现优异，给学术界与工业界都带来了巨大的冲击，也奠定了卷积神经网络在深度学习研究与应用中的重要地位。VGG 网络由牛津大学的 Visual Geometry Group 研究小组在 2014 年提出，有关这一模型的研究工作得出了一个重要的结论，即通过不断增加网络深度，能够在一定程度上提升模型的性能。ResNet 通过引入残差模块(residual block)，在输入与输出间映射关系的学习上取得了更好的效果，同时也有效解决了梯度消失和梯度爆炸的问题，从而使训练更深的网络成为可能。

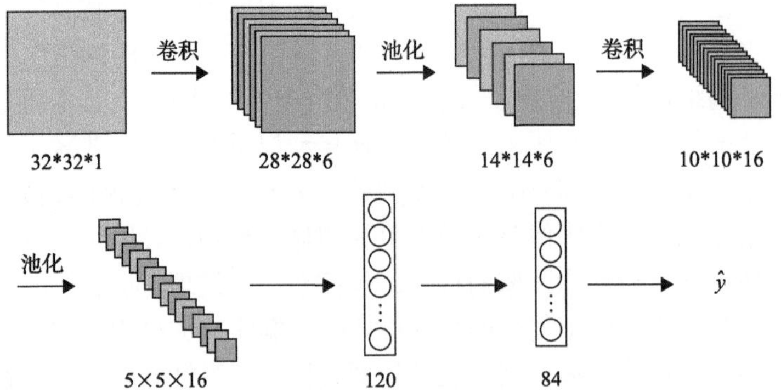

图 4.3　卷积神经网络 LeNet-5 结构图

3. 长短期记忆网络

长短期记忆网络基于循环神经网络(recurrent neural network，RNN)发展而来[7]。与常规的神经网络不同，循环神经网络的输入为序列(sequence)数据，这使其在语音识别、机器翻译等领域获得广泛应用。作为输入的序列数据与常规数据不同，通常需要按照一定顺序依次读取，并在学习的过程中考虑同一训练样本中不同数据所处位置的影响。为有效处理序列数据，循环神经网络采用了有向链式结构，将多个循环单元(RNN cell)按顺序排列，并令每个循环单元的输入不仅与对应的输入信息有关，还与前一个循环单元的信息有关。

如图 4.4 所示，经典的多输入多输出循环神经网络中，前一个循环单元的输出会作为下一个循环单元的另一个输入，从而对下一个循环单元的输出结果造成影响。设第 i 个循环单元的输入数据与输出数据分别为 $x(i)$ 与 $y(i)$，其从上一个循环单元接收的数据和向下一个循环单元传递的数据分别为 $a(i-1)$ 和 $a(i)$，则循环单元的计算过程为

$$a(i)=g\left[w_{aa}a(i-1)+w_{ax}x(i)+b_a\right] \tag{4-5}$$

$$y(i)=g\left[w_{ya}a(i)+b_y\right] \tag{4-6}$$

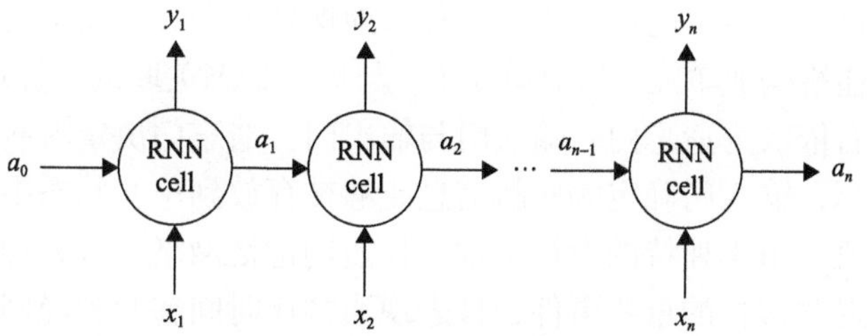

图 4.4　循环神经网络结构图

式中，$g(\cdot)$ 为循环单元的激活函数；w_{aa}、w_{ax}、w_{ya} 分别为循环单元中的系数；b_a 和 b_y 分别为对应输出 $a(i)$ 和 $y(i)$ 的偏置。需要注意的是，在循环神经网络中，所有的循环单元都共用同一套参数，训练循环神经网络的过程就是寻找一组最优的参数值，使全部循环单元使用参数时获得最好的性能。

除多输入多输出结构外，根据具体问题的不同，输入与输出的序列数据长度也有所不同，因而循环神经网络还有单输入单输出、单输入多输出、多输入单输出等多种形式，如图 4.5 所示。

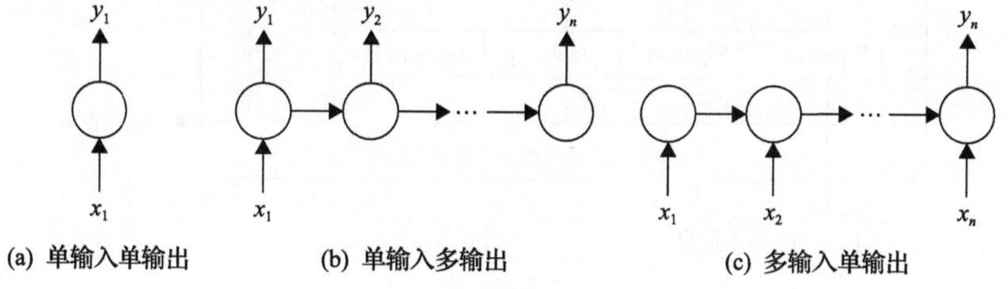

图 4.5　循环神经网络形式

其中，单输入单输出形式是最基础的单层神经网络结构，不具有循环神经网

络在处理序列数据方面的特点与优势；单输入多输出形式通常用于语音文字图像等的生成，例如通过图片生成描述文字；多输入单输出形式则用于处理序列分类问题，如对一段文字进行感情色彩的判断等。

循环神经网络在处理序列数据上具有独特的优势，但其缺陷在于对输出影响最明显的只有最新输入的数据，最早输入的信息在输出中的影响会随着时间推移越来越小。也就是说，循环神经网络的输出结果过度依赖于短期内的输入数据，难以充分考虑长期输入的全部信息，这就是循环神经网络面临的“长期依赖”(long-term dependencies)挑战。为解决这一技术难题，长短期记忆网络应运而生。其核心思想是，通过引入遗忘门、更新门等门结构，对之前输入的信息进行“记忆”或“遗忘”，从而充分考虑长期信息对输出的影响。

如图 4.6 所示，长短期记忆网络构成单元中，最上面自左向右传递的数据被称为单元状态(cell state)。单元状态在构成单元中只进行微小的线性运算，因而信息很容易在通过整个网络的过程中极大程度地保持不变，从而将长期输入的信息更加全面地传递给构成单元。构成单元中，与单元状态关联的计算环节称为“门”结构，从左向右依次为遗忘门、输入门与输出门。遗忘门决定哪些信息需要从单元状态中被遗忘，输入门确定哪些新信息能够被存放到单元状态中，而输出门则确定输出什么值。由于独特的设计结构，长短期记忆网络适合处理和预测时间序列中间隔和延迟非常长的重要事件，且表现通常比时间递归神经网络及隐马尔科夫模型更好。同时，作为非线性模型，长短期记忆网络可作为复杂的非线性单元，用于构造更大型的深度神经网络。

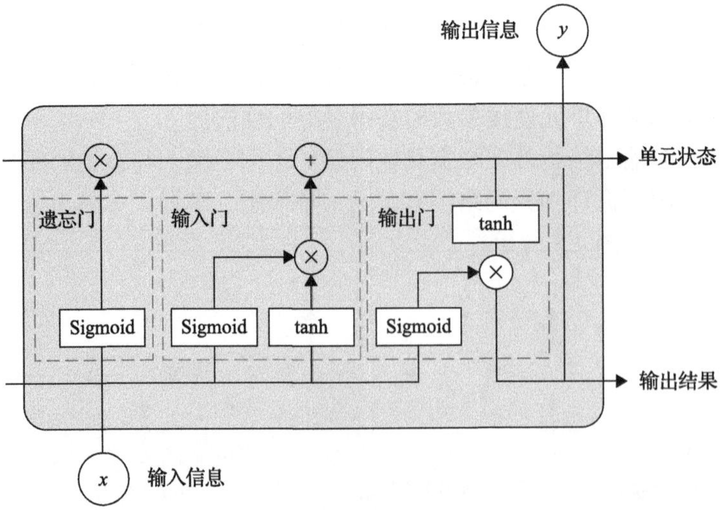

图 4.6　长短期记忆网络构成单元

除长短期记忆网络之外，双向循环神经网络模型也都是在循环神经网络的基础上提出的。双向循环神经网络能够有效利用某个循环单元之前与之后的输入，更加全面地考虑输入序列数据的深层信息，在分析序列数据方面有独特的优势。

4.3 集 成 学 习

4.3.1 集成学习定义

集成学习(ensemble learning)是通过构建并结合多个学习器来完成学习任务的机器学习方法，有时也被称为多分类器系统(multi-classifier system)或基于委员会的学习(committee-based learning)[8]。

如图 4.7 所示，集成学习的一般结构是先产生一组“个体学习器”(individual learner)，再用某种策略将它们结合起来。个体学习器通常由一个现有的学习算法从训练数据中产生，例如 C4.5 决策树算法、BP 神经网络算法等，此时集成中只包含同种类型的个体学习器，例如“决策树集成”中全是决策树，“神经网络集成”中全是神经网络，这样的集成是“同质”的(homogeneous)。同质集成中的个体学习器亦称为“基学习器”(base learner)，相应的学习算法称为“基学习算法”(base learning algorithm)。集成也可包含不同类型的个体学习器，例如，同时包含决策树和神经网络，这样的集成称为“异质”的(heterogeneous)。异质集成中的个体学习器由不同的学习算法生成，这时就不再有基学习算法；相应的，个体学习器一般也不再称为基学习器，而是称为“组件学习器”(component learner)或直接称为个体学习器。

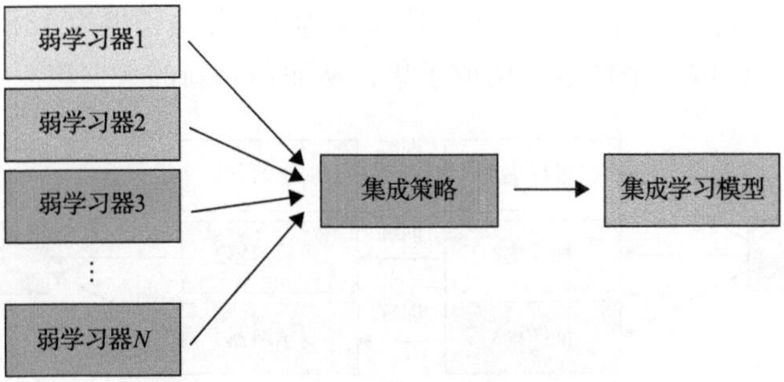

图 4.7　集成学习示意图

集成学习通过将多个学习器结合，常可获得比单一学习器要明显更加优越的泛化性能[8]。这对“弱学习器”(weak learner)尤为明显，因而集成学习的理论研究大多是针对弱学习器进行的，而基学习器有时也被直接称为弱学习器。但是虽然理论上使用弱学习器集成足以获得很好的性能，但在实践中由于所得数据的有限性及模型构建的局限性，人们往往仍然会使用比较强的学习器，以进一步提高组合模型的性能。

为了保证集成学习能够获得比单一学习器更好的性能，个体学习器通常要有一定的准确性，即学习器本身的性能不能太差，同时个体学习器之间要有差异，否则集成后的性能基本与个体学习器无异。此外，根据个体学习器的生成方式，集成学习方法大致可分为两类：其一是个体学习器之间存在强依赖关系，必须串行生成的序列化方法，例如 Boosting 算法；其二是个体学习器之间不存在强依赖关系，可同时生成的并行化方法，例如随机森林(random forest)算法[9]。

4.3.2　集成学习算法基础

深度学习算法可以通过增加模型的层数来提取更多有用的数据信息，但这种方法可能会导致局部最优、过拟合等问题。为了克服这些问题，集成学习方法可以用于提高单个深度学习模型的泛化能力。其中，基于重采样的 Bagging 和 Boosting 是最为经典的两种集成学习算法，它们在分类和回归问题上都有优秀的表现。

1. Bagging 算法

Bagging 算法又称 bootstrap aggregating，是经典集成学习算法之一，其原理如图 4.8 所示[10]。其核心思想是：给定一个大小为 n 的训练集 D，从中均匀且有放回地选出 m 个大小为 n' 的子集 $D_i(i=1,2,\cdots,m)$，并将这些子集作为新的训练集。将针对具体问题选取的算法在这 m 个训练集上分别应用，则可得到 m 个模型，再通过取平均值、取多数票等方法，即可实现 Bagging 算法下的集成学习。除简单 Bagging 方法外，考虑样本关联的滑动分块重采样(moving block bootstrap)也是一种经典 Bagging 方法。如图 4.9 所示，取步长为 1，分块长度为 3，利用滑动分块重采样方法一次抽取三个样本点构成子集，从而得到新的数据集。

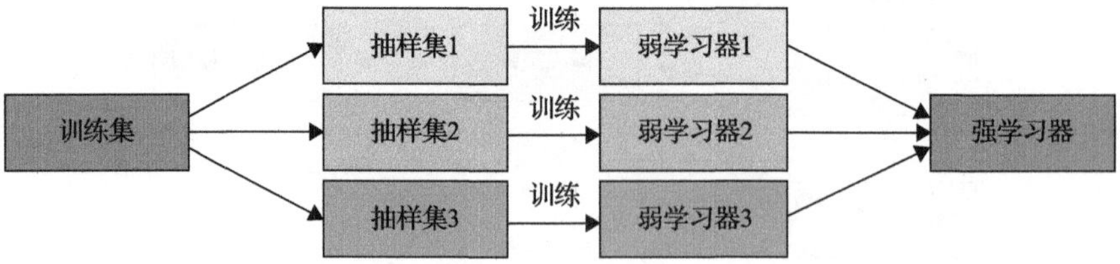

图 4.8　Bagging 算法原理

Bagging 算法的特征在于：在多个训练集之间的关系上，训练集是在原始集中有放回选取的，从原始集中选出的各个训练集之间相互独立；在采样的过程中，Bagging 算法使用均匀取样，即训练集 D 中每个样本的权重相等；在预测结果方面，规定所有模型的重要性相同，即所有预测函数的权重相等；在并行计算方面，Bagging 算法中的各个预测函数可以并行生成。

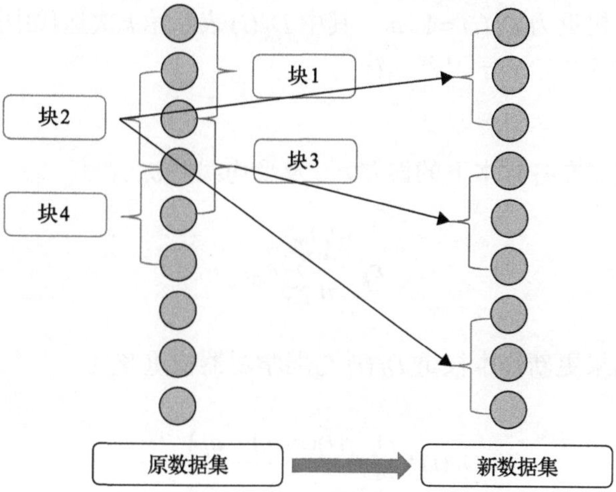

图 4.9　分块长度为 3 的滑动分块重采样示意图

相较于单一的弱学习器，由 Bagging 算法获得的强学习器优势在于具有更小的方差[10]。如前所述，集成学习中的弱学习器本身就具有良好的性能，但可能由于在训练集上具备过于良好的性能而出现过拟合(overfitting)的问题，进而导致高方差的问题。Bagging 算法通过对多个弱学习器求平均的处理，有效降低了最终训练获得的组合模型的方差，也因而改善了组合模型的泛化能力。由于 Bagging 算法原理清晰，实现简单，故得到了广泛应用。但其均匀抽样与平均组合的设定，也限制了该算法的灵活性和适用性。

2. Boosting 算法

Boosting 算法与 Bagging 算法非常相似，差异主要体现在三个方面。首先，在 Boosting 算法的采样过程中，每个样本被选中的概率是不同的，其权重取决于上一个模型的预测性能，因而会在基学习器的生成过程中不断变化。其次，各个模型的预测结果并非按照 Bagging 算法直接取均值，而是采用加权中值等特定的数学方法进行计算，从而得到最终的集成学习结果。最后，各个预测函数只能按顺序生成，因为后一个模型的参数需要前一轮模型的结果。基于这些特性，Boosting 算法发展形成了一系列的变种，其中 AdaBoost 与 Gradient Boosting 是最重要的两种方法[11]。

AdaBoost 算法的核心思想是重视预测误差大的样本和性能好的弱学习器，即提高训练集中训练效果差的样本权重和学习能力强的弱学习器权重，降低训练效果好的样本权重和学习能力弱的弱学习器权重。具体步骤如下。

1) 构建初始弱学习器

首先构建一个弱学习算法，按照均匀分布对 n 个样本的权重进行初始化，即认为每个样本的权重为 $D_k(i)=1/n$，其中 $D_k(i)$ 表示第 k 次迭代中样本 i 的权重。在此权重下，训练初始弱学习器 $g_1(x)$。

2) 更新样本和弱学习器权重

计算弱学习器在各样本下的误差 $\varepsilon_{k,i}$ 及平均误差 ε_k：

$$\varepsilon_k=\frac{1}{n}\sum_{i=1}^{n}\varepsilon_{k,i} \tag{4-7}$$

基于误差结果更新样本权重 $D_k(i)$ 与弱学习器权重 W_k：

$$D_k(i)=\frac{D_{k-1}(i)(\varepsilon_k/1-\varepsilon_k)^{-\varepsilon_{k,i}}}{Z_k} \tag{4-8}$$

$$W_k=\frac{1}{2}\ln\left[(1-\varepsilon_k)/\varepsilon_k\right] \tag{4-9}$$

式中，Z_k 为使 $\sum_{i=1}^{n}D_k(i)=1$ 的归一化因子。在此权重下，训练弱学习器 $g_k(x)$。重复此流程，直至生成全部的 T 个弱学习器。

3) 输出结果

将生成的全部弱学习器依权重进行组合，得到集成学习的输出结果：

$$G(x)=\sum_{k=1}^{T}W_k g_k(x) \tag{4-10}$$

AdaBoost 的优势在于，作为分类器时，分类精度很高，且不容易发生过拟合；在 AdaBoost 的框架下，可以使用各种回归、分类模型来构建弱学习器，应用非常灵活。但与此同时，AdaBoost 对异常样本较为敏感，因为异常样本在迭代中可能会获得较高的权重，最终影响强学习器的预测准确性，因而在训练数据的选择上需要注意。

和 AdaBoost 不同，Gradient Boosting 在迭代时选择梯度下降的方向来保证结果的最优性[11]。损失函数用来描述模型的性能，如果模型能够让损失函数持续下降，则说明集成模型在不停地改进，而最好的方式就是让损失函数在其梯度方向上下降。Gradient Boosting 通常被认为是基于 AdaBoost 之上的更为一般化的算法。设 Gradient Boosting 算法的训练集为 $\left[(x_i,y_i)\right]_{i=1}^{n}$，损失函数为 $L\left[y,F(x)\right]$，常见的损失函数如平方差函数可表示为

$$L[y,F(x)]=\frac{1}{n}\sum_{i=1}^{n}[y_i-F(x_i)]^2 \tag{4-11}$$

式中，$F(x)$ 表示预测模型的预测结果。则在第 m 次迭代计算中，伪残差(pseudo-residual)可以通过下式计算

$$r_{im}=-\left\{\frac{\partial L[y_i,F(x_i)]}{\partial F(x_i)}\right\}_{F(x)=F_{m-1}(x)},\quad i=1,2,\cdots,n \tag{4-12}$$

之后，基于训练集 $[(x_i,r_{im})]_{i=1}^{n}$ 训练一个弱学习器 $h_m(x)$，并通过求解下述优化问题计算对应的系数 γ_m

$$\gamma_m=\arg\min_{\gamma}\sum_{i=1}^{n}L[y_i,F_{m-1}(x_i)+\gamma h_m(x_i)] \tag{4-13}$$

则更新后的模型输出 $F_m(x)$ 即可表示为

$$F_m(x)=F_{m-1}(x)+\gamma_m h_m(x) \tag{4-14}$$

通过 M 次梯度下降后，最后的输出模型 $F_M(x)$ 即为最终的提升模型。需要注意的是，Gradient Boosting 算法是一种启发式算法，并不能保证最终得到的解是精确解，但其在函数空间上的梯度下降思想仍旧促进了许多机器学习和统计领域中 Boosting 算法的发展。

4.3.3 集成学习组合策略

基学习器产生后，如何组合不同的基学习器结果是集成学习的重要问题[12]。按照组合的方式，可以分为平均组合和加权组合。

在平均组合中，所有的基学习器被平均对待，预测结果通过对全部基学习器取平均得到，其公式可表示如下：

$$y_{\mathrm{F}}=\frac{1}{T}\sum_{i=1}^{T}y_i \tag{4-15}$$

式中，y_{F} 为集成学习的预测结果；y_i 为第 i 个基学习器的预测结果。这种方法简单易实施，如上文所述的 Bagging 就是采取这种方法，但是它未考虑不同基学习器预测能力的差异性。对于一个实际的预测场景，不同预测模型的预测能力显然有强有弱。因此有必要在组合预测模型时，使用一些方法来增加预测能力强的模型的贡献，同时削弱弱学习能力的模型对于集成方法的贡献度。并且这种基学习器的预测能力强弱会随着预测场景的变化而变化，因而自适应集成学习是提高集

成模型预测能力的有效手段。

为了考虑不同基学习器的能力差异，很多研究学者探讨如何采用一种自适应的集成方法来获得最终的集成学习模型。加权组合是其中的典型方法。加权组合通过加权平均所有基学习器的子结果得到最后输出结果，其公式表示如下：

$$y_{\mathrm{F}}=\frac{1}{T}\sum_{i=1}^{T}\omega_i y_i \tag{4-16}$$

式中，ω_i 为第 i 个基学习器对应的权重。如何获得这些权重是自适应集成的关键问题，本章提出了一种基于数据挖掘的权重确定方法。

4.4　自适应集成深度学习

4.4.1　初级集成深度学习模型构建

1. 基本架构

集成学习是一种构造一系列基学习器并将其结合作为最终结果的机器学习方法。总体而言，用于集成学习的基础学习器具有准确性和多样性的特点，能够获得良好的集成效果。如果组成集成模型的基学习器具有足够的准确性和多样性，集成模型可以提高预测性能。在单独的深度学习模型的基础上，基于已有集成学习改进的初级集成深度学习模型可以作为具有更高预测精度模型的基学习器。同时由于集成算法的不同，多个初级集成深度学习模型也具有多样性，达到了混合集成深度学习模型中基学习器的差异性要求。因此，考虑到集成学习的核心思想是将多个学习模型相结合以获得更好的性能，本节将 Bagging 及 5 种 Boosting 方法（AdaBoost.R2、modified AdaBoost.R2、AdaBoost.RT、BEM Boosting、AdaBoost^{+}）[10,12-16]与深度学习模型深度信念网络相结合，构造一个新的混合集成算法以提供较为准确的点预测结果。上述六种集成方法与深度信念网络相结合，依次产生的六种初级集成预测模型名称分别为 BaDBN、BDBN1、BDBN2、BDBN3、BDBN4 和 BDBN5，其具体组合算法由表 4.1 所示。

表 4.1　初级集成深度模型编号

初级集成深度模型	BaDBN	BDBN1	BDBN2	BDBN3	BDBN4	BDBN5
集成算法	Bagging	AdaBoost.R2	modified AdaBoost.R2	AdaBoost.RT	BEM Boosting	AdaBoost^{+}

2. Pair Bootstrap

根据采样对象及采样步骤的不同，有多种不同的 Bootstrap 方法，本书选择的是 Pair Bootstrap[17]，基于 Bagging 的集成 DBN 点预测流程如下。

步骤 1：利用历史样本 $(\boldsymbol{x}_i, y_i)$ 构造原始训练样本集 $\boldsymbol{D}_{\mathrm{O}} = \left[(\boldsymbol{x}_i, y_i)\right]_{i=1}^{N}$，其中 $\boldsymbol{x}_i$ 表示解释变量，y_i 表示预测目标变量。

步骤 2：从原始样本集 $\boldsymbol{D}_{\mathrm{O}} = \left[(\boldsymbol{x}_i, y_i)\right]_{i=1}^{N}$ 中根据均匀概率分布有放回地随机抽样，得到具有相同数目的第 m 个新样本集 $\boldsymbol{D}_m = \left[(\boldsymbol{x}_i^*, y_i^*)\right]_{i=1}^{N}$。

步骤 3：构造基于新样本集 $\boldsymbol{D}_m = \left[(\boldsymbol{x}_i^*, y_i^*)\right]_{i=1}^{N}$ 的深度信念网络的点预测模型 $\hat{y}_m(\boldsymbol{x}_i^*) = \hat{f}_{\mathrm{DBN},m}(\boldsymbol{x}_i^*;\boldsymbol{\omega})$，式中 $\boldsymbol{\omega}$ 是深度信念网络中的模型参数。

步骤 4：重复步骤 2 和 3 至 M 次，得到 M 个深度信念网络基预测器。

步骤 5：根据 M 个深度信念网络基预测器得到 M 个子预测结果，取 M 个子预测结果的平均值作为 Pair Bootstrap 集成模型的点预测值。

3. AdaBoost

和较为简单的 Pair Bootstrap 集成方法相比，AdaBoost 方法在样本抽取权重和子预测结果组合规则上对基于采样的集成模型进行了改进。本节以经典的 AdaBoost.R2 和之后发展的 AdaBoost.RT、AdaBoost$^+$为例，介绍具体的 AdaBoost 集成预测流程。

基于 AdaBoost.R2 的集成 DBN 点预测流程如下。

步骤 1：构造原始训练样本集 $\boldsymbol{D}_{\mathrm{O}} = \left[(\boldsymbol{x}_i, y_i)\right]_{i=1}^{N}$。

步骤 2：为每个训练样本设定初始的权重为 $w_i = 1$，从而样本的抽取概率为 $p_i = w_i \big/ \sum w_i$。

步骤 3：根据样本的抽取概率采样得到新的样本集 $\boldsymbol{D}_m = \left[(\boldsymbol{x}_i^*, y_i^*)\right]_{i=1}^{N}$。

步骤 4：构造基于新样本集 $\boldsymbol{D}_m = \left[(\boldsymbol{x}_i^*, y_i^*)\right]_{i=1}^{N}$ 的深度信念网络的点预测模型 $\hat{y}_m(\boldsymbol{x}_i^*) = \hat{f}_{\mathrm{DBN},m}(\boldsymbol{x}_i^*;\boldsymbol{\omega})$，并将每一个训练样本输入到构建好的点预测模型中，得到对应的点预测值 $\hat{y}_m(\boldsymbol{x}_i)$，$i = 1, 2, \cdots, N$。

步骤 5：计算每个样本在估计的深度信念网络上的估计值与实际值之间误差的损失函数，得到所有训练样本在新构建的子模型上的预测表现，此损失函数可以为任何范围在[0,1]的函数形式。AdaBoost.R2 一般采用 3 种损失函数形式：线性、平方和指数，分别表示为

$$L_i = \frac{\left|\hat{y}_m(\boldsymbol{x}_i) - y_i\right|}{D} \tag{4-17}$$

$$L_i = \frac{\left|\hat{y}_m(\boldsymbol{x}_i) - y_i\right|^2}{D^2} \tag{4-18}$$

$$L_i = 1 - \exp\left[\frac{-\left|\hat{y}_m(\boldsymbol{x}_i) - y_i\right|}{D}\right] \tag{4-19}$$

式中，D 为一个归一化数值，表示为

$$D = \max\left[\hat{y}_m(\boldsymbol{x}_i) - y_i\right], \quad i = 1, 2, \cdots, N \tag{4-20}$$

式中，$\max(\cdot)$ 是最大值函数。

步骤 6：计算所有样本的平均损失为

$$\bar{L} = \sum_{i=1}^{N} L_i p_i \tag{4-21}$$

步骤 7：根据样本的预测表现调整样本的抽取概率为

$$w_i \to w_i \beta^{(1-L_i)} \tag{4-22}$$

式中，β 定义为

$$\beta = \frac{\bar{L}}{1 - \bar{L}} \tag{4-23}$$

步骤 8：重复步骤 3～7 直至 M 次或当 $\bar{L} < 0.5$ 时迭代终止，得到若干个子预测模型及若干个预测样本的子预测值，则最后得到的集成点预测结果可以表示为

$$\hat{y}_{\mathrm{DBN,r2}} = \inf\left\{ y : \sum_{t:\hat{f}_{\mathrm{DBN},m}(\boldsymbol{x}_i) \leqslant y} \log_{\mathrm{b}}(1/\beta_m) \geqslant \frac{1}{2}\sum_{t} \log_{\mathrm{b}}(1/\beta_m) \right\} \tag{4-24}$$

式中，b 为对数所使用的底。

基于 AdaBoost. RT 的集成 DBN 点预测流程如下。

步骤 1：构造原始训练样本集 $\boldsymbol{D}_{\mathrm{O}} = \left[(\boldsymbol{x}_i, y_i)\right]_{i=1}^{N}$。

步骤 2：为每个训练样本设定初始抽取概率为 $p_{1,i} = 1/N$。

步骤 3：根据样本的抽取概率 $p_{m,i}$ 采样得到新的样本集 $\boldsymbol{D}_m = \left[(\boldsymbol{x}_i^*, y_i^*)\right]_{i=1}^{N}$。

步骤 4：构建基于新样本集 $\boldsymbol{D}_m = \left[(\boldsymbol{x}_i^*, y_i^*)\right]_{i=1}^{N}$ 的深度信念网络预测模型 $\hat{y}_m(\boldsymbol{x}_i^*) = \hat{f}_{\mathrm{DBN},m}(\boldsymbol{x}_i^*;\boldsymbol{\omega})$，并得到对应的所有训练样本的子预测值 $\hat{y}_m(\boldsymbol{x}_i), i = 1, 2, \cdots, N$。

步骤 5：计算所有训练样本的在子深度信念网络预测模型绝对相对误差(absolute relative error，ARE)，公式为

$$\mathrm{ARE}(\boldsymbol{x}_i) = \mathrm{abs}\left[y_i - \hat{f}_{\mathrm{DBN},m}(\boldsymbol{x}_i;\boldsymbol{\omega}) \right] \Big/ y_i , \quad i = 1,2,\cdots,N \tag{4-25}$$

式中，$\mathrm{abs}(\cdot)$ 为绝对值函数。

步骤 6：根据绝对相对误差 ARE 更新样本得到样本抽取权重更新的参数 β_m 为

$$\beta_m = \varepsilon_m^r \tag{4-26}$$

式中，r 为可设置的参数，可选择为 1，2 或 3；ε_m 是子预测模型的误差率，可通过下式计算：

$$\varepsilon_m = \sum_{i:\mathrm{ARE}_m(x_i) > t_{\mathrm{rt}}} p_{m,i} \tag{4-27}$$

步骤 7：更新样本被抽取的概率如下式所示：

$$p_i \to \frac{p_i}{Z_{\mathrm{RT}}} \times \begin{cases} \beta_m, & \mathrm{ARE}(\boldsymbol{x}_i) \leqslant t_{\mathrm{rt}} \\ 1, & \mathrm{ARE}(\boldsymbol{x}_i) > t_{\mathrm{rt}} \end{cases} \tag{4-28}$$

式中，t_{rt} 为设置阈值；$Z_{\mathrm{RT}} = \sum p_i$ 为归一化参数。

步骤 8：重复步骤 3～7 直至 M 次，得到 M 个子预测模型以及 M 个预测样本的子预测值，则得到的集成点预测结果可表示为

$$\hat{y}_{\mathrm{DBN,\,RT}}(x_i) = \sum_{m=1}^{M} \log_b(1/\beta_m) \hat{f}_{\mathrm{DBN},m}(\boldsymbol{x}_i;\boldsymbol{\omega}) \Bigg/ \sum_{m=1}^{M} \log_b(1/\beta_m) \tag{4-29}$$

基于 AdaBoost$^+$的集成 DBN 点预测流程与 AdaBoost.RT 在组合子预测结果前均一致，AdaBoost$^+$的集成预测结果通过下式计算：

$$\hat{y}_+ = \hat{\boldsymbol{Y}}_+ \cdot \boldsymbol{\xi} \tag{4-30}$$

式中，$\hat{\boldsymbol{Y}}_+$ 为 M 个子预测模型的输出；$\boldsymbol{\xi}$ 为对应的权重矩阵，可以通过下式得到：

$$\boldsymbol{\xi} = (\hat{\boldsymbol{Y}}_{\mathrm{train}}^{+\ \mathrm{T}} \cdot \hat{\boldsymbol{Y}}_{\mathrm{train}}^{+} + \varsigma \boldsymbol{I})^{-1} \hat{\boldsymbol{Y}}_{\mathrm{train}}^{+\ \mathrm{T}} \boldsymbol{Y} \tag{4-31}$$

式中，$\hat{\boldsymbol{Y}}_{\mathrm{train}}^{+}$ 为 M 个子预测模型在 N 个训练样本上的输出矩阵；ς 为一个较小的常数；$\boldsymbol{I}$ 为单位对角矩阵。

其他两种集成方法与上述介绍的三种方法大体类似，modified AdaBoost.R2 是在 AdaBoost.R2 基础上改进而来，其区别是改进了样本抽样权重从而更加适应时间序列预测问题；BEM Boosting 与 AdaBoost.RT 的主要区别是用绝对误差作为预测表现的损失函数。

4.4.2　自适应混合集成

在混合集成模型中，除了初级集成模型的构建，如何组合多个初级集成模型，形成最后的预测结果是一个重要问题[12]。与传统的集成算法类似，混合集成可以通过一个线性函数中得到：

$$\hat{y}(x_i)=\sum_{l=1}^{6}\mu_l \times y_{\mathrm{E}}^{l}(x_i), \qquad l=1,2,\cdots,6 \tag{4-32}$$

$$\sum_{l=1}^{6}\mu_l=1 \tag{4-33}$$

式中，μ_l 为每个初级集成模型在混合集成中的权重；$y_{\mathrm{E}}^{l}(x_i)$ 为第 l 个初级集成模型的预测值。本节考虑 BaDBN 和 BDBN1-5 的预测能力的差异性，利用 K 近邻法(K nearest neighbor，KNN)获得不同集成模型在混合模型中的权重[18]。

组合模型中权重的设置旨在提高预测表现好的子模型权重并降低表现差的子模型权重。因此，如何评价预测表现是权重设置中的关键问题。考虑到混合集成中采用初级集成模型作为子学习器，并且子预测结果由多个基学习器深度信念网络构成，本节通过度量初级集成模型中多个 DBN 预测结果与预测目标真实值之间的匹配程度来评价子预测模型，从而确定对应初级集成模型的权重。

对于每一个拥有 M 个子 DBN 的初级集成深度模型，在有 N 个样本的训练集上，可产生 $M\times N$ 个预测结果的集合，可表示为

$$\boldsymbol{Y}_{\mathrm{sub}}^{l}=\begin{bmatrix} \hat{f}_{\mathrm{DBN},1}^{l}(x_1;\boldsymbol{\omega}_1^l), \hat{f}_{\mathrm{DBN},2}^{l}(x_1;\boldsymbol{\omega}_2^l), & \cdots, & \hat{f}_{\mathrm{DBN},M}^{l}(x_1;\boldsymbol{\omega}_M^l) \\ \hat{f}_{\mathrm{DBN},1}^{l}(x_2;\boldsymbol{\omega}_1^l), \hat{f}_{\mathrm{DBN},2}^{l}(x_2;\boldsymbol{\omega}_2^l), & \cdots, & \hat{f}_{\mathrm{DBN},M}^{l}(x_2;\boldsymbol{\omega}_M^l) \\ \vdots \qquad\qquad \vdots & & \vdots \\ \hat{f}_{\mathrm{DBN},1}^{l}(x_N;\boldsymbol{\omega}_1^l), \hat{f}_{\mathrm{DBN},2}^{l}(x_N;\boldsymbol{\omega}_2^l), & \cdots, & \hat{f}_{\mathrm{DBN},M}^{l}(x_N;\boldsymbol{\omega}_M^l) \end{bmatrix}^{\mathrm{T}} \tag{4-34}$$

式中，$\hat{f}_{\mathrm{DBN},m}^{l}(x_i;\boldsymbol{\omega}_m^l)$ 为 DBN 预测结果；m 代表每个初级集成模型中第 m 个 DBN；l 代表第 l 个初级集成模型，l 的数值从 1-6 依次为 BaDBN、BDBN1-5；i 代表第 i 个训练样本。

同样地，在 N 个历史样本中有 M 个预测目标实际的历史值，可以表示为

$$\boldsymbol{A}=[y_1,y_2,\cdots,y_N] \tag{4-35}$$

每个初级集成深度模型的输出由其 M 个子 DBN 的预测结果组成。因此，根据式(4-34)和式(4-35)可知，由实际值 y_i 组成的集合 $\boldsymbol{A}=[y_1,y_2,\cdots,y_N]$ 与第 l 个集成深度模型的预测结果的匹配程度可以反映这个初级集成模型的预测能力，从而用于混合模型中的权重确定问题。本节采用分类算法 KNN 来度量这种匹配程度。如果实际值向量 $\boldsymbol{A}$ 属于矩阵 $\boldsymbol{Y}_{\text{sub}}^{l}$ 的可能性越大，说明实际值与第 l 个初级集成预测结果越一致，第 l 个初级集成模型的预测能力越强，则该模型在组合集成中应该有更大的权重。分类算法是为了解决在已知一些样本类别的前提下，用特征变量估计未知样本类别的问题。由上述讨论可知，本节的权重确定问题可以等价为，在已知六种初级集成方法预测值矩阵的前提下，对实际值向量 $\boldsymbol{A}$ 的所属类别(即上述六种初级集成方法)的估计。和传统分类问题不同的是，本节的目的不是得到实际值向量 $\boldsymbol{A}$ 具体的所属类别，而是得到其属于每个类别的可能性，从而将属于每个类别的可能性用于权重确定。下文详细介绍了如何利用 KNN 方法计算所属类别的可能性。

首先每个初级的集成深度模型结果可看作一个类别，类别标签可表示为

$$c_l=t,\qquad l=1,2,\cdots,6 \tag{4-36}$$

因此，结合每个初级集成模型的 DBN 预测结果和所属类别(即对应的初级集成模型序号)，N 个训练样本的预测结果可拓展为一个新的训练集：

$$\boldsymbol{D}_{\text{N}}=\left\{(x_r,y_r)\right\}_{r=1}^{6M}=\left\{\begin{array}{c}\left(\left\{\left[\hat{f}_{\text{DBN},m}^{1}(x_i;\boldsymbol{\omega}_m^1)\right]_{i=1}^{N},1\right\}\right)_{m=1}^{M}\\ \left(\left\{\left[\hat{f}_{\text{DBN},m}^{2}(x_i;\boldsymbol{\omega}_m^2)\right]_{i=1}^{N},2\right\}\right)_{m=1}^{M}\\ \left(\left\{\left[\hat{f}_{\text{DBN},m}^{3}(x_i;\boldsymbol{\omega}_m^3)\right]_{i=1}^{N},3\right\}\right)_{m=1}^{M}\\ \left(\left\{\left[\hat{f}_{\text{DBN},m}^{4}(x_i;\boldsymbol{\omega}_m^4)\right]_{i=1}^{N},4\right\}\right)_{m=1}^{M}\\ \left(\left\{\left[\hat{f}_{\text{DBN},m}^{5}(x_i;\boldsymbol{\omega}_m^5)\right]_{i=1}^{N},5\right\}\right)_{m=1}^{M}\\ \left(\left\{\left[\hat{f}_{\text{DBN},m}^{6}(x_i;\boldsymbol{\omega}_m^6)\right]_{i=1}^{N},6\right\}\right)_{m=1}^{M}\end{array}\right\} \tag{4-37}$$

式中，r 为用于分类的新训练集 $\boldsymbol{D}_{\mathrm{N}}$ 的第 r 个训练样本，代表分类样本中的标签；DBN 子预测值 $\{\hat{f}_{\mathrm{DBN},m}^{l}(x_i;\boldsymbol{\omega}_m^l)\}_{i=1}^{N}$ 代表分类样本的解释变量。由于本节的组合集成深度模型由 6 个含有 M 个 DBN 的初级集成模型组成，且训练样本的个数为 N，所以用于分类的样本矩阵 $\boldsymbol{D}_{\mathrm{N}}$ 是一个维度为 $6M\times(N+1)$ 的矩阵。

由上述讨论可知，新构造的用于分类的样本集 $\boldsymbol{D}_{\mathrm{N}}$ 中行的序号 r 与初级集成模型编号 l 及内部的 DBN 预测模型序号 m 的关系可以表示为

$$l=\mathrm{floor}[r/(6M)] \tag{4-38}$$

$$m=r-\mathrm{floor}[r/(6M)] \tag{4-39}$$

式中，$\mathrm{floor}(\cdot)$ 为向下取整函数，定义为

$$\mathrm{floor}(x)=\max\left\{m\in\mathbb{Z}\mid m\leqslant x\right\} \tag{4-40}$$

式中，$\mathbb{Z}$ 为整数集合。

在 KNN 的执行过程中，本章采用欧式距离计算实际值集合 $\boldsymbol{A}$ 与训练集 $\boldsymbol{D}_{\mathrm{N}}$ 中样本的相似度，定义为

$$\mathrm{ED}(r)=\sqrt{\sum_{i=1}^{N}\left[\boldsymbol{D}_{\mathrm{N}}(r,i)-\boldsymbol{A}(i)\right]^2} \tag{4-41}$$

根据 KNN 算法的原理，前 K 个欧氏距离最小的样本，即 K 个最近邻，被挑选出来组成一个新的用来确定真实值 $\boldsymbol{A}$ 类别的集合：

$$\boldsymbol{D}_{\mathrm{NN}}=\{\boldsymbol{D}_{\mathrm{N}}(r,:)\}_{\mathrm{ED}(r)\leqslant\mathrm{ED}_K} \tag{4-42}$$

式中，ED_K 为测试样本 $\boldsymbol{A}$ 在训练集 $\boldsymbol{D}_{\mathrm{N}}$ 中第 K 个最近邻的欧氏距离。

因此，每个初级集成模型在混合集成中的权重可通过计算其在 $\boldsymbol{D}_{\mathrm{NN}}$ 中样本的个数 N_{c_l} 来确定：

$$\mu_l=N_{c_l}/\sum_{l=1}^{6}N_{c_l},\qquad l=1,2,\cdots,6 \tag{4-43}$$

$$N_{c_l}=\sum_{(x_r,y_r)\in\boldsymbol{D}_{\mathrm{NN}}}\mathbf{1}\{y_r=c_l\},\qquad l=1,2,\cdots,6 \tag{4-44}$$

式中，$\mathbf{1}\{\cdot\}$ 为指示函数，当括号中的条件为真时等于 1，否则等于 0。

4.4.3 概率预测模型

本节通过估计点预测误差的概率分布，构建混合集成深度概率预测模型。点

预测的实际值 $y(x_i)$ 可表示为预测值 $\hat{y}(x_i)$ 和误差 $\varepsilon(x_i)$ 的加和：

$$y(x_i)=\hat{y}(x_i)+\varepsilon(x_i) \tag{4-45}$$

其中，误差来源于两部分，即模型估计误差 $\varepsilon_{\mathrm{m}}(x_i)$ 和数据不确定性误差 $\varepsilon_{\mathrm{d}}(x_i)$：

$$\varepsilon(x_i)=\varepsilon_{\mathrm{m}}(x_i)+\varepsilon_{\mathrm{d}}(x_i) \tag{4-46}$$

假设这两个误差是独立的，并且都服从高斯分布，则总方差 $\sigma^2(x_i)$ 可以表示为模型估计方差 $\sigma_{\mathrm{m}}^2(x_i)$ 和数据不确定性方差 $\sigma_{\mathrm{d}}^2(x_i)$ 之和：

$$\sigma^2(x_i)=\sigma_{\mathrm{m}}^2(x_i)+\sigma_{\mathrm{d}}^2(x_i) \tag{4-47}$$

因此，在给定置信度 $100(1-\alpha)\%$ 下，预测区间可表示为

$$PI^{\alpha}=[L^{\alpha}(x_i),U^{\alpha}(x_i)] \tag{4-48}$$

式中，$L^{\alpha}(x_i)$ 为预测区间下界；$U^{\alpha}(x_i)$ 是预测区间上界，可由下式得到：

$$L^{\alpha}(x_i)=\hat{y}(x_i)-z_{1-\alpha/2}\sqrt{\sigma^2(x_i)} \tag{4-49}$$

$$U^{\alpha}(x_i)=\hat{y}(x_i)+z_{1-\alpha/2}\sqrt{\sigma^2(x_i)} \tag{4-50}$$

式中，$z_{1-\alpha/2}$ 为标准高斯分布的临界值。

模型估计方差 $\sigma_{\mathrm{m}}^2(x_i)$ 可由下式得到：

$$\sigma_{\mathrm{m}}^2(x_i)=\frac{1}{6M-1}\sum_{r=1}^{6M}\left(\hat{y}_r(x_i)-\hat{y}(x_i)\right)^2 \tag{4-51}$$

式中，$\hat{y}_r(x_i)$ 为在初级集成模型中第 r 个 DBN 的预测值。

数据不确定性方差 $\sigma_{\mathrm{d}}^2(x_i)$ 可根据数据方差定义求得：

$$\sigma_{\mathrm{d}}^2(x_i)=E[(y(x_i)-\hat{y}(x_i))^2\,|\,x_i] \tag{4-52}$$

通过建立一个新的预测模型以获得数据不确定性方差的估计，其新的训练样本集为

$$\boldsymbol{D}_{\mathrm{V}}=\left\{\left[x_i,\left(\hat{y}(x_i)-y(x_i)\right)^2\right]\right\}_{i=1}^{N} \tag{4-53}$$

然后根据混合集成深度的点预测模型，可求得在新训练样本集 $\boldsymbol{D}_{\mathrm{V}}$ 上的估计值，其结果可作为数据不确定性方差 $\sigma_{\mathrm{d}}^2(x_i)$ 的估计值：

$$\sigma_{\mathrm{d}}^{2}(x_i)=\hat{y}_{\mathrm{V}}(x_i)=\sum_{l=1}^{6}\mu_{\mathrm{V}}^{l}\times\hat{y}_{\mathrm{V}}^{l}(x_i) \tag{4-54}$$

式中，$\hat{y}_{\mathrm{V}}^{l}(x_i)$ 和 μ_{V}^{l} 为初级集成模型的权重和预测值。

4.5 算例分析

4.5.1 算例描述

为验证本章算法的有效性，采用中国东部和澳大利亚东海岸两个配电网的实际负荷开展数据测试。前者为 10kV/380V 的城市低压变电站，数据跨度为 2014 年 5 月～2015 年 2 月，时间分辨率为 15min，预测提前时间为 15min，包括夏、秋、冬三个季节，负荷曲线如图 4.10 所示。后者为位于子输电网和 11kV 配电网的区域变电站，数据跨度为 2015 年 5 月～2016 年 5 月，分辨率为 15min，负荷曲线如图 4.11 所示。

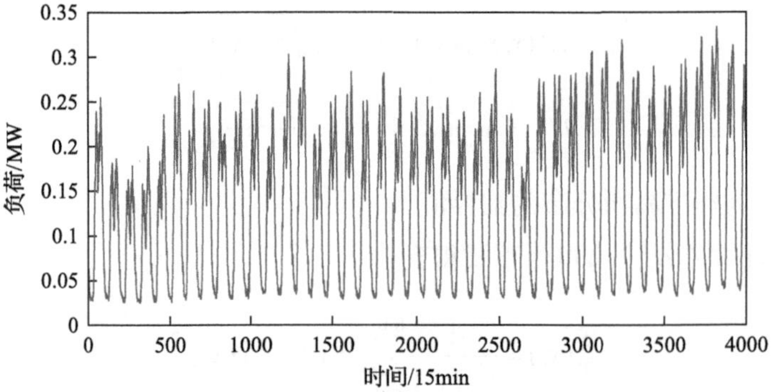

图 4.10　中国东部某城市配电网夏季负荷曲线

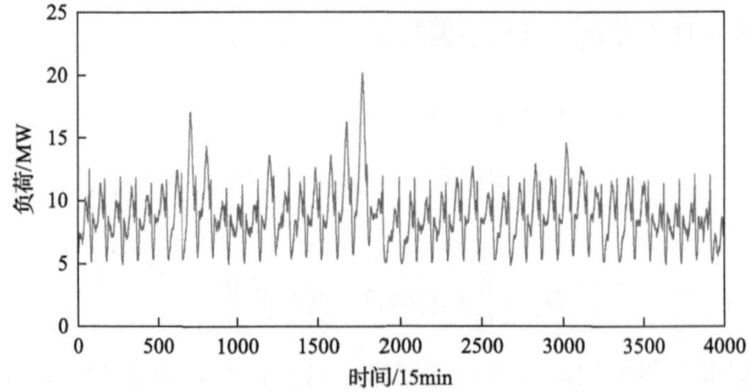

图 4.11　澳大利亚配电网冬季负荷曲线

4.5.2　模型参数确定

模型参数对于所提 HEDL 方法的预测性能极为关键。因此，利用 k 折交叉验证确定合适的参数，包括 DBN 中的神经元数量、Bagging 中的块长度、集成学习中的迭代次数和 KNN 算法中的参数 K。HEDL 模型参数基于华东冬季低压负荷数据进行测试，预测提前时间为 15min。

(1) DBN 中的神经元数：DBN 隐藏层中的神经元数是构建回归模型的关键参数。不同的 DBN 使用 1 到 30 不等的神经元数进行训练，基于 MAE 指标评估的预测精度如图 4.12 所示。可以发现具有 15 个隐藏神经元的 DBN 具有最好的预测性能。因此，本节将 DBN 的隐藏神经元数量设置为 15。

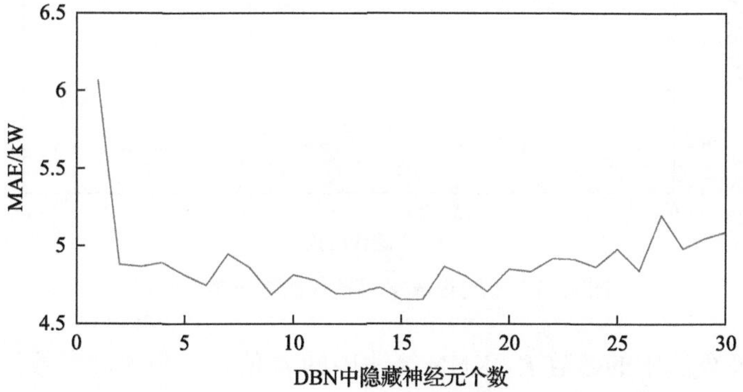

图 4.12　不同 DBN 神经元个数下的 MAE

(2) Bagging 中的块长度：在滑动分块重采样的实现过程中，Block 的长度是应用 Bagging 的一个必不可少的参数。采用交叉验证方法确定块长度的最佳值。如图 4.13 所示，当块长度达到 8 时，可以获得最好的预测性能。因此，本节 Bagging

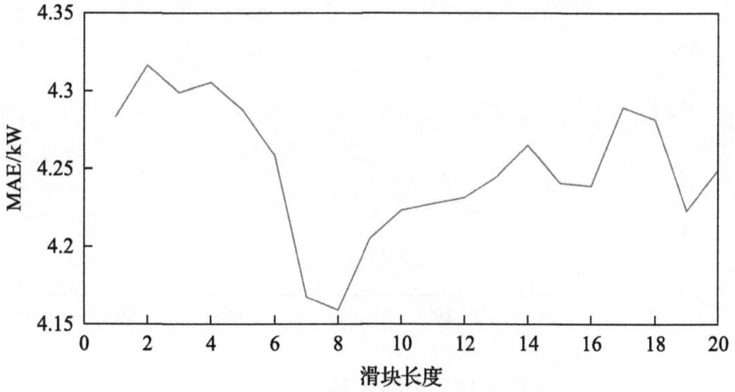

图 4.13　不同滑动块长度下的 MAE

的块长度设置为 8。

(3)集成学习中的迭代次数：单个 DBN 模型的数量是每个集成算法的关键参数，也称为迭代次数。本章所提的 HEDL 模型的性能与集成学习的迭代次数密切相关，因而值得研究迭代次数的影响。由如图 4.14 所示的 MAE 误差曲线可以看出，随着迭代次数的增大，MAE 刚开始有一个急剧下降的趋势，当迭代次数增加到 10 左右时变得平滑。因此，综合考虑预测精度和计算时间，HEDL 模型中的迭代次数设置为 10。

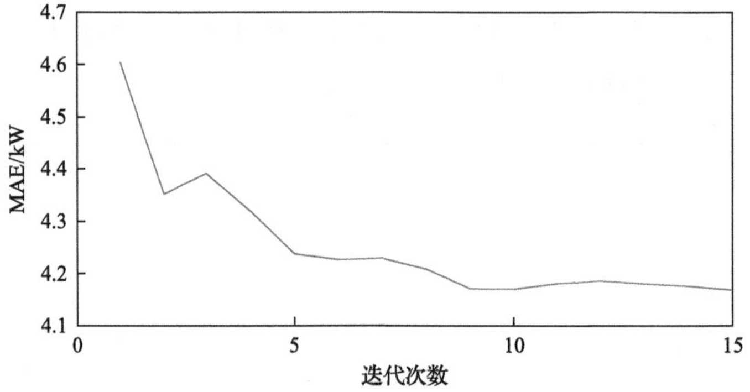

图 4.14　不同集成学习迭代次数下的 MAE

(4)KNN 算法中的参数 K：KNN 算法中的 K 值是一个关键参数，对最终输出的影响很大。在 HEDL 预测模型中，如果 K 很小，比如 1，预测值就是某个初级集合模型的输出；如果 K 很大，比如 $6\times M$，输出就是所有初级集成模型的平均值。从图 4.15 可以看出，MAE 在开始处达到最大值，然后下降并在最后再次缓慢上升。因此，选择适中的值 30 作为参数 K 的值。

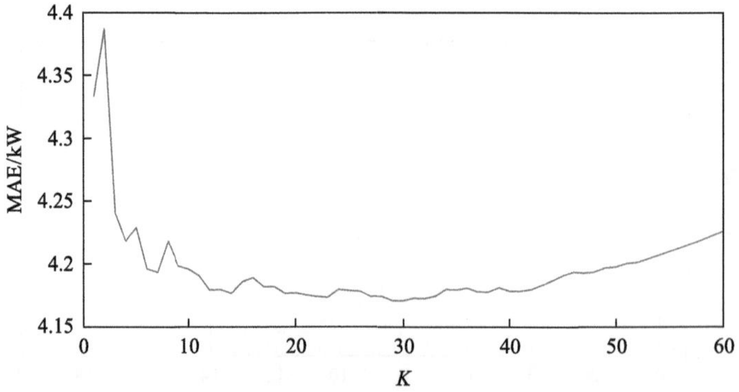

图 4.15　不同 K 值下的 MAE

4.5.3　确定性预测性能分析

1. 预测结果比较

为了验证所提 HEDL 模型的有效性，使用人工神经网络（artificial neural network，ANN）[19]、广义加性模型（generalized additive model，GAM）[20]、LSTM[21]、DBN、Bagging DBN（BaDBN），一系列 Boosting 方法包括 AdaBoost.R2 DBN（BDBN1）、修改的 AdaBoost.R2 DBN（BDBN2）、AdaBoost.RT DBN（BDBN3）、BEM Boosting DBN（BDBN4）、AdaBoost+ DBN（BDBN5）[13-16]，以及对上述六个集成模型加和平均的 HEDL 模型（HEDL-AS）作为点预测的对比模型。为了检验 HEDL 的适应性，预测提前时间包括 15 分钟和 1 小时。

本节按照 3∶1 划分模型训练集和测试集。如 4.5.2 节所述，根据 k 折交叉验证，DBN 中隐藏神经元的数量设置为 15。为了确保公平比较，ANN 和 LSTM 的隐藏层神经元在测试中均设置为 15。对于另一基准模型 GAM，使用三次回归样条估计平滑函数，输入变量包括温度和历史负荷数据。在华东低压负荷预测案例中，输入向量由相邻的四个负荷值和前两天同一时刻的负荷组成。在澳大利亚的案例中，由于温度数据不可获取，输入向量由相同时刻的历史负荷组成。针对不同季节低压负荷数据分别构建预测模型，测试结果见表 4.2 和表 4.3。

从前四种预测模型可以看出，深度学习理论（如 LSTM 和 DBN）对低压负荷预测是有效的，并且在大多数情况下，DBN 可以显著提高预测性能。与 ANN、GAM 和 LSTM 相比，DBN 可以将华东案例的相对预测误差 MAPE 平均降低 4.89%。因为具备多层结构的深度学习能够从训练数据中全面学习映射关系，从而显著提升预测精度。

表 4.2　不同预测方法所得的华东低压负荷确定性预测 MAPE 比较

季节	提前时间/min	预测模型/%											
		ANN	GAM	LSTM	DBN	BaDBN	BDBN1	BDBN2	BDBN3	BDBN4	BDBN5	HEDL-AS	HEDL
夏	15	11.51	10.38	7.74	5.96	5.82	5.82	5.78	5.90	5.77	5.92	5.74	**5.71**
	60	17.17	15.06	12.59	8.94	8.68	8.87	8.54	8.68	8.70	8.62	8.42	**8.39**
秋	15	15.48	13.18	13.86	9.25	7.14	7.87	7.91	7.14	7.80	7.14	7.06	**6.96**
	60	23.14	20.77	15.22	11.45	10.88	11.28	10.59	10.49	10.80	10.44	10.39	**10.35**
冬	15	12.64	8.62	7.65	7.24	5.91	6.89	6.11	5.72	6.38	5.78	5.70	**5.67**
	60	13.58	13.00	11.93	9.99	9.36	9.76	9.32	9.54	9.47	9.67	9.34	**9.28**

表 4.3　不同预测方法所得的澳大利亚低压负荷确定性预测 MAPE 比较

季节	提前时间/min	预测模型/%											
		ANN	GAM	LSTM	DBN	BaDBN	BDBN1	BDBN2	BDBN3	BDBN4	BDBN5	HEDL-AS	HEDL
春	15	4.30	4.08	3.56	2.49	2.21	2.35	2.29	2.22	2.25	2.21	2.20	2.20
	60	5.27	5.26	5.14	4.16	4.00	4.14	4.06	4.03	3.99	4.01	3.94	3.93
夏	15	2.98	2.60	3.03	2.21	1.92	1.81	2.06	1.87	1.83	1.80	1.80	1.78
	60	6.67	6.77	6.17	4.54	4.44	4.52	4.25	4.30	4.41	4.24	4.23	4.22
秋	15	1.95	1.87	1.87	1.56	1.32	1.45	1.40	1.37	1.34	1.33	1.32	1.31
	60	4.12	4.11	3.94	3.49	3.26	3.46	3.15	3.26	3.21	3.22	3.14	3.12
冬	15	2.72	2.84	4.04	2.17	1.99	2.12	2.00	2.03	1.95	1.95	1.94	1.93
	60	8.77	6.34	5.78	4.61	4.60	4.28	4.45	4.33	4.32	4.27	4.25	4.24

从表 4.2 和表 4.3 可以看出，Bagging 和 Boosting 都可以提高不同时间尺度和季节的预测性能。以澳大利亚案例为例，BaDBN 和 BDBN1-5 的预测误差相对于单个 DBN 显著降低。特别地，BDBN5 可以胜过所有其他主要集成方法。由于阈值设置和更好的组合规则，BDBN5 具有更优越的预测性能。

根据表 4.2 和表 4.3 的最后两列，与现有的集成模型相比，HEDL-AS 和 HEDL 都可以有效提高预测性能。相比之下，所提的 HEDL 可以获得比 HEDL-AS 更高的预测精度。从表 4.2 可以看出，华东案例中 BDBN1 的 MAPE 明显大于 BDBN5，说明性能较差的基学习器会显著削弱简单加和平均的混合集成模型的泛化能力。然而，自适应权重确定方法可以克服这个限制，这也说明了基于 KNN 的自适应权重的有效性。

2. 权重系数和计算效率

HEDL 模型的权重系数如表 4.4 所示，可以发现，具有更高精度的预测模型通常具有更大的权重，这与所提出的自适应权重确定方法的目标是一致的。在华东秋季、提前时间 15min 预测的情况下，预测精度较好的 BDBN3、BDBN4 和 BDBN5 的权重系数分别为 0.27、0.20 和 0.27，远大于其他三个集成模型 BaDBN，BDBN1 和 BDBN2。特别地，BDBN1 的权重在某些情况下接近于零，远小于其他模型，这是由于其预测能力较差。此外，权重值随不同季节和预测提前时间而变化，表明初级集成模型的多样性特征。

表 4.4　HEDL 模型中的权重参数

数据源	季节	提前时间	BaDBN	BDBN1	BDBN2	BDBN3	BDBN4	BDBN5
中国	夏	15min	0.13	0.20	0.00	0.20	0.27	0.20
		60min	0.20	0.20	0.33	0.07	0.13	0.07
	秋	15min	0.13	0.13	0.00	0.27	0.20	0.27
		60min	0.07	0.07	0.27	0.20	0.20	0.20
	冬	15min	0.07	0.07	0.20	0.27	0.13	0.27
		60min	0.13	0.13	0.20	0.13	0.33	0.07
澳大利亚	春	15min	0.33	0.13	0.27	0.13	0.00	0.13
		60min	0.10	0.17	0.33	0.13	0.17	0.10
	夏	15min	0.10	0.23	0.13	0.17	0.20	0.17
		60min	0.13	0.10	0.33	0.17	0.13	0.13
	秋	15min	0.23	0.10	0.17	0.10	0.30	0.10
		60min	0.17	0.13	0.33	0.10	0.17	0.10
	冬	15min	0.20	0.13	0.27	0.13	0.13	0.13
		60min	0.07	0.13	0.20	0.20	0.20	0.20

各预测模型的计算时间如表 4.5 所示，所有这些预测模型都是使用 Intel(R) Xeon(R) E5-2620 V4 2.10-GHz 16 核 CPU 和 64.00GB RAM 实现的。由于 HEDL 中不同初级集成模型是单独进行训练，故在 MATLAB 中使用 Parallel Computing Toolbox 来减少训练时间。从表 4.5 可以看出，LSTM 由于其结构复杂，需要最长的训练时间。传统的 ANN、GAM 和 DBN 具有最好的计算效率，但不能保证高精度。并行计算可使 HEDL 的计算时间接近初级集成模型，即使训练数据规模较大，也可以在大约 100 秒内完成 HEDL 模型训练，这对于新能源电力系统实际运行和控制的在线模型更新来说具有显著价值。

表 4.5　点预测模型的计算时间

模型	ANN	GAM	LSTM	DBN	BaDBN	BDBN1	BDBN2	BDBN3	BDBN4	BDBN5	HEDL-AS	HEDL
时间/s	5.53	1.15	126.03	8.18	75.05	99.45	51.57	78.87	75.74	77.35	100.68	101.12

为了更清晰地展示所提 HEDL 方法的显著性能，图 4.16～图 4.19 显示了 DBN、BDBN3 和 HEDL 在不同季节、15min 提前时间下的实际负荷和预测值。显然，HEDL 模型具有更强的负荷曲线拟合能力，尤其是在负荷曲线拐点附近，这种优势更为显著。

4.5.4 概率预测验证

采用持续法(Persistence)、指数平滑法(ESM)[22]、自举极限学习机(BELM)[23]

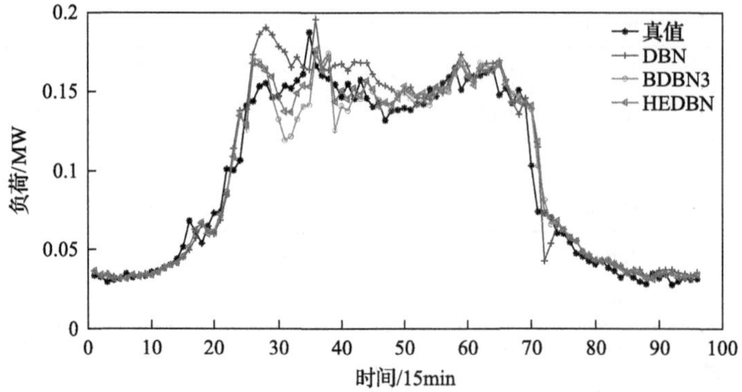

图 4.16　秋季提前时间 15min 的中国东部电负荷点预测结果

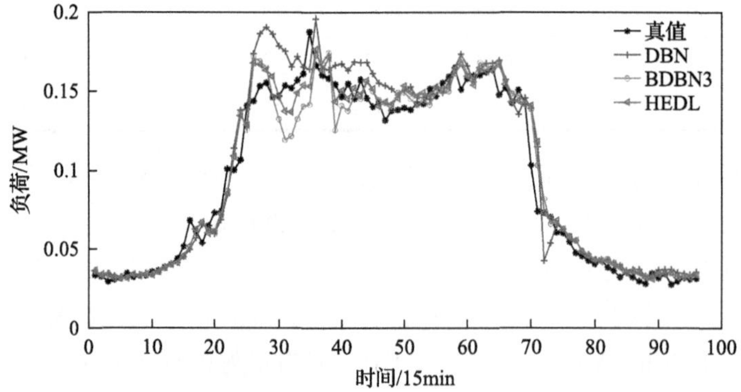

图 4.17　冬季提前时间 15min 的中国东部电负荷点预测结果

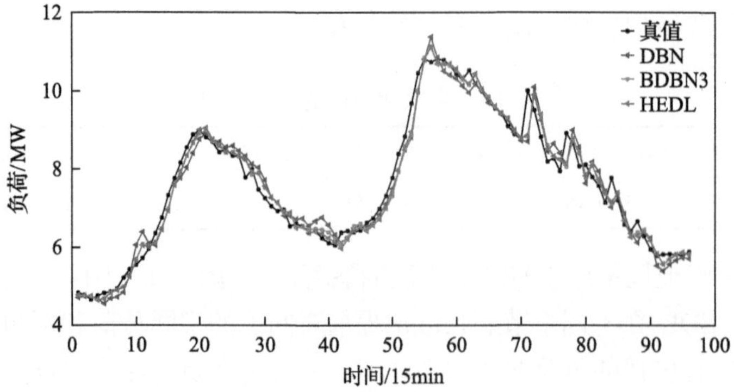

图 4.18　春季提前时间 15min 的澳大利亚电负荷点预测结果

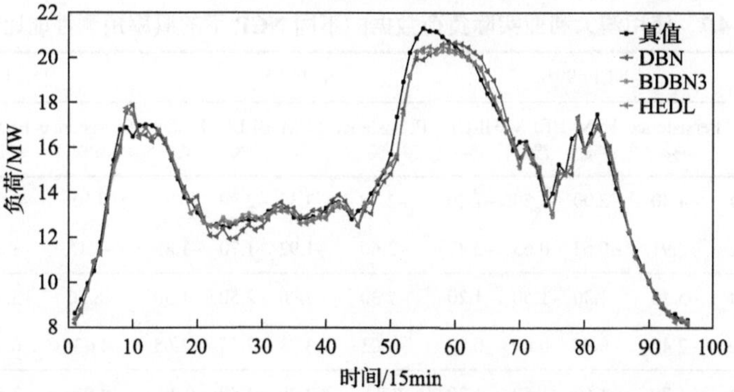

图 4.19　夏季提前时间 15min 的澳大利亚电负荷点预测结果

对 HEDL 模型的概率预测有效性进行测试。表 4.6 和表 4.7 展示了不同预测模型的 ACD 和区间分数(score)评估结果。可明显看出，HEDL 在可靠性和锐度方面均可得到高质量的预测区间。在可靠性方面，HEDL 基本优于其他三个基准模型，生成的预测区间较好地覆盖了实际负荷值，ECP 接近相应的置信水平。在不同的 NCP、预测提前时间和季节下，HEDL 与三个基准模型相比，ACD 绝对值更小。在澳大利亚夏季、1h 提前时间的案例中，在不同的 NCP 下，HEDL 的平均 ACD 绝对值为 0.63%，明显小于其他三个基准模型，证明其高可靠性。

表 4.6　使用中国东部实际负荷数据的不同 NCP 下的概率预测性能比较

季节	时间尺度/min	指标	NCP=99%				NCP=95%				NCP=90%			
			Persistence /%	ESM /%	BELM /%	HEDL /%	Persistence /%	ESM /%	BELM /%	HEDL /%	Persistence /%	ESM /%	BELM /%	HEDL /%
夏	15	ACD	−2.30	−2.50	−1.30	−1.10	−1.20	−2.60	−1.20	−0.20	1.70	−1.30	−1.00	0.30
		Score	−0.93	−0.53	−0.45	−0.46	−2.96	−1.78	−1.67	−1.56	−4.84	−2.73	−2.87	−2.63
	60	ACD	−7.60	−2.70	−1.50	−1.30	−8.60	−1.90	−2.00	−0.80	−7.10	−1.80	−0.80	−0.20
		Score	−2.59	−0.65	−0.64	−0.59	−7.29	−2.28	−2.41	−2.07	−11.53	−3.57	−4.09	−3.49
秋	15	ACD	−2.50	−2.20	−1.80	−1.70	−1.60	−2.80	−2.30	−0.70	2.60	−2.00	−1.80	1.40
		Score	−0.55	−0.46	−0.44	−0.39	−1.76	−1.47	−1.52	−1.27	−3.28	−2.20	−2.56	−2.09
	60	ACD	−6.70	−2.40	−2.20	−0.80	−8.00	−2.60	−2.40	0.20	−6.90	−3.50	−3.30	2.70
		Score	−1.84	−0.54	−0.50	−0.46	−3.97	−1.82	−1.63	−1.63	−5.83	−2.84	−2.76	−2.76
冬	15	ACD	−3.50	−3.20	−3.70	−0.90	−1.10	−4.00	−3.90	−0.20	3.80	−3.20	−2.60	1.40
		Score	−0.69	−0.57	−0.30	−0.29	−2.12	−1.77	−1.02	−1.01	−4.14	−2.49	−1.71	−1.70
	60	ACD	−10.60	−1.90	−1.70	−1.40	−9.90	−2.20	1.30	−0.80	−7.30	−1.90	3.00	1.50
		Score	−3.62	−0.73	−0.44	−0.44	−8.52	−2.12	−1.44	−1.51	−12.77	−2.99	−2.36	−2.55

表 4.7　使用澳大利亚实际负荷数据的不同 NCP 下的概率预测性能比较

季节	时间尺度/min	指标	NCP=99%				NCP=95%				NCP=90%			
			Persistence /%	ESM /%	BELM /%	HEDL /%	Persistence /%	ESM /%	BELM /%	HEDL /%	Persistence /%	ESM /%	BELM /%	HEDL /%
春	15	ACD	−4.30	−2.90	−3.50	−1.40	−2.50	−3.30	−2.90	0.20	0.50	−4.00	−2.90	2.40
		Score	−0.91	−0.63	−0.63	−0.47	−2.60	−1.92	−1.70	−1.45	−4.15	−3.03	−2.66	−2.37
	60	ACD	−5.30	−1.30	−1.50	−1.20	−7.30	−2.90	−2.50	−1.30	−6.50	−2.80	−1.40	0.60
		Score	−2.42	−0.98	−0.89	−0.77	−7.03	−3.78	−3.15	−2.65	−11.36	−6.35	−5.30	−4.42
夏	15	ACD	−1.70	−1.60	−1.50	−1.30	0.80	−2.70	−1.50	0.20	4.20	−3.50	−2.10	1.90
		Score	−0.85	−0.51	−0.43	−0.29	−2.83	−1.71	−1.59	−0.26	−4.67	−2.84	−2.72	−0.92
	60	ACD	−7.00	−1.10	−0.90	−0.50	−7.70	−2.20	−1.40	−0.40	−7.40	−3.30	−2.10	1.00
		Score	−3.03	−0.94	−0.73	−0.64	−8.82	−3.06	−2.84	−2.27	−13.95	−5.02	−4.99	−3.85
秋	15	ACD	−3.20	−2.10	−2.30	−1.00	−1.10	−2.70	−2.20	−0.20	1.60	−4.00	−1.30	1.00
		Score	−0.49	−0.36	−0.20	−0.15	−1.57	−1.09	−0.69	−0.53	−2.55	−1.62	−1.16	−0.90
	60	ACD	−6.30	−1.30	−2.70	−1.90	−6.60	−2.30	−2.50	−1.10	−5.10	−2.00	−1.80	1.50
		Score	−2.04	−0.65	−0.46	−0.39	−4.81	−2.03	−1.46	−1.31	−7.29	−3.01	−2.43	−2.15
冬	15	ACD	−2.50	−0.90	−1.60	−0.90	−0.60	−2.60	−2.70	0.30	2.30	−3.90	−2.90	2.20
		Score	−0.44	−0.43	−0.16	−0.17	−1.47	−1.02	−0.60	−0.59	−2.43	−1.53	−1.06	−0.99
	60	ACD	−6.80	−0.80	−1.70	−0.70	−8.40	−2.90	−2.40	−0.70	−7.40	−2.50	−2.50	1.50
		Score	−1.14	−0.60	−0.39	−0.31	−3.47	−1.90	−1.37	−1.15	−5.56	−2.98	−2.35	−1.96

在锐度方面，HEDL 区间分数大于所采用的基准模型，表明 HEDL 所得到的预测区间整体技能更好。对于表 4.6 夏季 95%的 NCP，基于 HEDL 的预测区间技能得分相比三个基准模型，提升了 27%左右。在两个低压负荷数据的实际案例中，由于简单的线性估计难以描述低压负荷序列的非线性波动特性，持续性模型显示出最差的预测性能。与 ESM 和 BELM 相比，HEDL 通过整合六种不同集成模型的优点，增强了非线性拟合和泛化能力，可以产生更准确的点预测和更可靠的预测概率分布估计。图 4.20 和图 4.21 展示了两个案例中由 HEDL 得到的预测区间，从图中可以发现预测区间宽度相对较窄，可较好覆盖真实负荷。

总的来说，所提 HEDL 方法在概率预测中，可靠性和锐度指标方面均有显著提升，验证了其有效性。由于高灵活性和适应性，HEDL 构建了负荷预测的一般框架，可为新能源电力系统运行控制中的各种决策问题提供关键支撑。

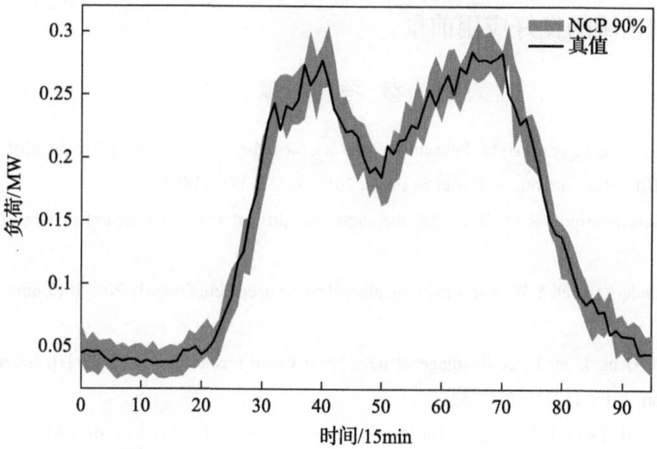

图 4.20 华东夏季低压负荷不同置信度、提前时间 15min 的预测区间

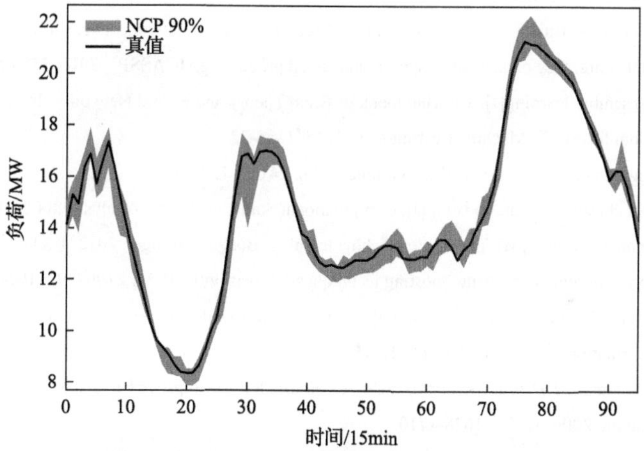

图 4.21 澳大利亚夏季低压负荷不同置信度、提前时间 15min 的预测区间

4.6 本章小结

电力系统数据复杂性和非线性的特点愈发明显，传统较简单的回归模型已无法满足新能源电力系统预测的需求，因而有必要挖掘更先进的预测理论。本章综合深度学习与集成学习，提出自适应集成深度学习概率预测方法，并应用于低压负荷预测。首先，系统介绍深度学习及集成学习的基本理论，包括深度学习基本概念和典型的深度学习模型，以及集成学习定义、集成学习算法和集成组合方法。然后，考虑个体模型预测性能的差异性，将集成学习理论应用于单一深度学习模型上。综合不同集成学习方法的优点，建立自适应的混合集成深度学习模型。最后，在实际负荷数据上验证所提方法的有效性，表明集成深度学习在新能源电力

系统概率预测领域的良好应用前景。

参 考 文 献

[1] Cao Z, Wan C, Zhang Z, et al. Hybrid ensemble deep learning for deterministic and probabilistic low-voltage load forecasting[J]. IEEE Transactions on Power Systems, 2019, 35(3): 1881-1897.

[2] Hinton G E, Salakhutdinov R R. Reducing the dimensionality of data with neural networks[J]. Science, 2006, 313(5786): 504-507.

[3] Hinton G E, Osindero S, Teh Y W. A fast learning algorithm for deep belief nets[J]. Neural Computation, 2006, 18(7): 1527-1554.

[4] Russakovsky O, Deng J, Su H, et al. Imagenet large scale visual recognition challenge[J]. International Journal of Computer Vision, 2015, 115(3): 211-252.

[5] LeCun Y, Boser B, Denker J S, et al. Backpropagation applied to handwritten zip code recognition[J]. Neural Computation, 1989, 1(4): 541-551.

[6] Hochreiter S, Schmidhuber J. Long short-term memory[J]. Neural Computation, 1997, 9(8): 1735-1780.

[7] Mikolov T, Kombrink S, Burget L, et al. Extensions of recurrent neural network language model[C]//Prague: 2011 IEEE international conference on acoustics, speech and signal processing (ICASSP), 2011: 5528-5531.

[8] Dietterich T G. Ensemble learning[J]. The Handbook of Brain Theory and Neural Networks, 2002, 2(1): 110-125.

[9] Breiman L. Random forests[J]. Machine Learning, 2001, 45(1): 5-32.

[10] Breiman L. Bagging predictors[J]. Machine Learning, 1996, 24(2): 123-140.

[11] Friedman J H. Stochastic gradient boosting[J]. Computational Statistics & Data Analysis, 2002, 38(4): 367-378.

[12] Polikar R. Ensemble Learning[M]//Ensemble machine learning. Boston: Springer, 2012: 1-34.

[13] Drucker H. Improving regressors using boosting techniques[C]//Nashville: ICML, 1997, 97: 107-115.

[14] Assaad M, Boné R, Cardot H. A new boosting algorithm for improved time-series forecasting with recurrent neural networks[J]. Information Fusion, 2008, 9(1): 41-55.

[15] Shrestha D L, Solomatine D P. Experiments with AdaBoost. RT, an improved boosting scheme for regression[J]. Neural Computation, 2006, 18(7): 1678-1710.

[16] Kankanala P, Das S, Pahwa A. AdaBoost^{+}: An ensemble learning approach for estimating weather-related outages in distribution systems[J]. IEEE Transactions on Power Systems, 2013, 29(1): 359-367.

[17] Efron B, Tibshirani R J. An Introduction to The Bootstrap[M]. Boca Raton: CRC press, 1994.

[18] Cover T, Hart P. Nearest neighbor pattern classification[J]. IEEE Transactions on Information Theory, 1967, 13(1): 21-27.

[19] Park D C, El-Sharkawi M A, Marks R J, et al. Electric load forecasting using an artificial neural network[J]. IEEE transactions on Power Systems, 1991, 6(2): 442-449.

[20] Fan S, Hyndman R J. Short-term load forecasting based on a semi-parametric additive model[J]. IEEE Transactions on Power Systems, 2011, 27(1): 134-141.

[21] Kong W, Dong Z Y, Jia Y, et al. Short-term residential load forecasting based on LSTM recurrent neural network[J]. IEEE Transactions on Smart Grid, 2017, 10(1): 841-851.

[22] Pinson P. Very - short - term probabilistic forecasting of wind power with generalized logit–normal distributions[J]. Journal of the Royal Statistical Society: Series C (Applied Statistics), 2012, 61(4): 555-576.

[23] Wan C, Xu Z, Pinson P, et al. Probabilistic forecasting of wind power generation using extreme learning machine[J]. IEEE Transactions on Power Systems, 2013, 29(3): 1033-1044.

第5章 机器学习直接区间预测

5.1 概 述

区间预测是概率预测的一种重要形式，传统意义上，预测区间的构建通常依赖对预测误差参数化概率分布的假设[1]或分位数分析[2]，且通常需要预先获得点预测结果。特定置信水平下的预测区间具有更简洁的数学形式与更清晰的物理意义，能被直接应用于电力系统经济调度、机组组合、备用容量优化、概率/区间潮流分析、风场控制、储能定容、新能源市场交易等问题，成为支撑不确定性环境下电力系统优化决策的重要工具[3-7]。

传统基于神经网络的区间预测通常认为预测误差满足正态分布[8-10]，部分研究在不假设概率分布的前提下对预测误差进行分位数分析，从而实现预测区间的构建[11,12]，但这类方法需要独立开展点预测及其误差分析，例如通过对点预测值及其对应误差的条件化概率建模进行区间预测[14]。早在20世纪70年代，已有研究表明预测区间的构建可以通过最小化适当的代价函数期望值实现，相当于求解一个贝叶斯决策问题。直接区间预测无需依赖点预测信息或对点预测误差的分位数分析，直接构建从输入特征到预测区间的映射关系，大大简化了预测的流程。本章从预测区间分数与分位数回归出发，介绍三种无需依赖点预测误差分析与参数化概率分布假设的直接非参数区间预测的方法[14-16]。

5.2 直接区间预测模型

5.2.1 区间预测概述

给定一组样本数据集

$$D=\{(\boldsymbol{x}_t,y_t)\}_{i=1}^{T} \tag{5-1}$$

式中，$\boldsymbol{x}_t$为进行预测所需的输入变量，即预测者做出预测时已获知的信息，例如历史量测等y_t为待预测目标；T为数据集长度。与确定性预测和概率分布预测不同，预测区间估计的是待预测量y_t以预设置信度出现的取值范围，这一范围以闭区间的形式给出。将标称置信度为$100(1-\beta)\%$的预测区间记为

$$I_t^{(\beta)}(\boldsymbol{x}_i)=[L_t^{(\beta)}(\boldsymbol{x}_t),U_t^{(\beta)}(\boldsymbol{x}_t)] \tag{5-2}$$

如图 5.1 中的阴影部分所示，其中 $L_t^{(\beta)}$ 和 $U_t^{(\beta)}$ 分别表示预测区间的上下边界。根据预测区间的定义，预测区间覆盖待预测目标 y_t 的概率应与标称置信度相等，即

$$\Pr[y_t \in I_t^{(\beta)}(\boldsymbol{x}_t)] = 100(1-\beta)\% \tag{5-3}$$

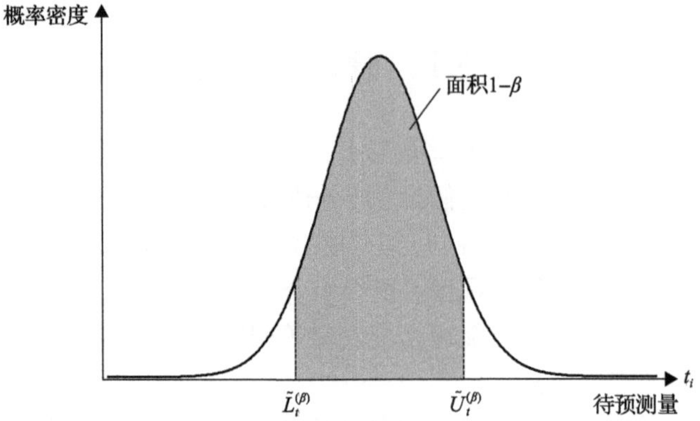

图 5.1　预测区间示意图

相对确定性预测而言，预测区间能提供更为丰富的预测不确定性信息。相对概率分布预测而言，预测区间的数学形式更为简洁，其统计学意义易于理解，能更好地被电力系统运行人员应用于生产实际。在电力系统区间分析及区间优化中，新能源发电功率与电力负荷的预测区间被作为先决信息输入。在电力系统鲁棒优化中，不确定性集合通常也是依据预测区间所给出的随机变量变化范围确定。预测区间同时也是备用量化的重要依据，具有极高的应用价值。

5.2.2　预测区间分数

预测区间的性能可从可靠性与锐度两方面进行评估，前者强调预测区间对待预测值的经验覆盖率应尽可能接近其标称置信度，后者则强调预测区间应尽可能紧凑。作为一种综合指标，预测区间分数将可靠性与锐度进行综合统一，被广泛应用于评估预测区间的总体性能。对于式(5-2)和式(5-3)定义的预测区间，其区间分数[17]表达式为

$$S_t^{(\beta)}(\boldsymbol{x}_t) = \begin{cases} -2\beta[U_t^{(\beta)}(\boldsymbol{x}_t) - L_t^{(\beta)}(\boldsymbol{x}_t)] - 4[L_t^{(\beta)}(\boldsymbol{x}_t) - y_t], & y_t \leqslant L_t^{(\beta)}(\boldsymbol{x}_t) \\ -2\beta[U_t^{(\beta)}(\boldsymbol{x}_t) - L_t^{(\beta)}(\boldsymbol{x}_t)], & y_t \in I_t^{(\beta)}(\boldsymbol{x}_t) \\ -2\beta[U_t^{(\beta)}(\boldsymbol{x}_t) - L_t^{(\beta)}(\boldsymbol{x}_t)] - 4[y_t - U_t^{(\beta)}(\boldsymbol{x}_t)], & y_t \geqslant U_t^{(\beta)}(\boldsymbol{x}_t) \end{cases} \tag{5-4}$$

对于同一标称置信度的预测区间，区间分数越大说明预测区间的综合性能越好。容易得知，当预测区间成功包络待预测值时，区间分数奖励更窄的预测区间，

反之惩罚预测区间相对于预测值的偏移。

5.2.3　直接区间预测模型构建

传统的预测区间构建通常需要对点预测误差进行分位数分析，该过程可能依赖对预测误差概率分布做出先验假设并进行统计推断[11]。此外，预测区间同样也可以通过对点预测输出及其对应误差的关系进行条件概率建模来获得。此外，基于对预测误差的正态分布假设，可通过自举法对多个预测器的结果集成，从而近似估计预测区间。本节所介绍的直接区间预测(direct interval forecasting，DIF)不依赖任何点预测先验信息，该方法采用极限学习机输出预测区间：

$$L_t^{(\alpha)}(\boldsymbol{x}_t)=\sum_{j=1}^{K}\omega_{L,j}\psi(\boldsymbol{a}_j\cdot\boldsymbol{x}_t+b_j),\quad t=1,2,\cdots,n \tag{5-5}$$

$$U_t^{(\alpha)}(\boldsymbol{x}_t)=\sum_{j=1}^{K}\omega_{U,j}\psi(\boldsymbol{a}_j\cdot\boldsymbol{x}_t+b_j),\quad t=1,2,\cdots,n \tag{5-6}$$

式中，$\boldsymbol{a}_j$ 为极限学习机输出层神经元到第 j 个隐含层神经元的权重向量；b_j 为极限学习机第 j 个隐含层神经元的阈值；$\psi(\cdot)$ 为激活函数；$\omega_L=[\omega_{L,1},\omega_{L,2},\cdots,\omega_{L,K}]^{\mathrm{T}}$ 和 $\omega_U=[\omega_{U,1},\omega_{U,2},\cdots,\omega_{U,K}]^{\mathrm{T}}$ 分别为预测区间下边界和上边界对应的极限学习机输出层权重向量。直接区间预测模型仅需以优化预测区间综合分数为目标调整输出层权重向量 ω_L 和 ω_U，避免了复杂的概率推断与假设，能大大降低模型训练的计算成本，并能确保区间的综合性能。

由于预测区间分数 $S_t^{(\beta)}(\boldsymbol{x}_t)$ 的取值范围为 $(-\infty,0]$，且分数越大说明预测区间的综合性能越好，因而极限学习机训练的目标为最小化预测区间分数的绝对值 $|S_t^{(\beta)}(\boldsymbol{x}_t)|$ 之和，则直接区间预测优化模型可被构建为

$$\min_{\omega_L,\omega_U}\sum_{i=1}^{n}|S_t^{(\beta)}(\boldsymbol{x}_t)| \tag{5-7}$$

$$\text{s.t.}\quad \tilde{L}_t^{(\beta)}(\boldsymbol{x}_t)\leqslant\tilde{U}_t^{(\beta)}(\boldsymbol{x}_t),\quad t=1,2,\cdots,n \tag{5-8}$$

该优化问题的决策变量为极限学习机隐含层到输出层的权重 ω_L 和 ω_U，目标函数式(5-7)最小化各样本对应预测区间分数的绝对值 $|S_t^{(\beta)}(\boldsymbol{x}_t)|$，约束条件式(5-8)保证区间左端点小于右端点，从而确保区间非空。需要注意的是，目标函数中的区间分数为关于区间端点的分段线性函数，难以直接进行优化。为了便于观察上述分

段线性函数的数学性质，对预测区间分数的绝对值$|S_t^{(\beta)}(\boldsymbol{x}_t)|$做如下变形：

$$
\begin{aligned}
|S_t^{(\beta)}| = -S_t^{(\beta)} &= \begin{cases} 2\beta(U_t^{(\beta)} - L_t^{(\beta)}) + 4(L_t^{(\beta)} - y_t), & y_t \leqslant L_t^{(\beta)} \\ 2\beta(U_t^{(\beta)} - L_t^{(\beta)}), & y_t \in I_t^{(\beta)} \\ 2\beta(U_t^{(\beta)} - L_t^{(\beta)}) + 4(y_t - U_t^{(\beta)}), & y_t \geqslant U_t^{(\beta)} \end{cases} \\
&= 4\left[\frac{\beta}{2}(U_t^{(\beta)} - L_t^{(\beta)}) + (L_t^{(\beta)} - y_t)\cdot \mathbb{I}(y_t \leqslant L_t^{(\beta)}) + (y_t - U_t^{(\beta)})\cdot \mathbb{I}(y_t \geqslant U_t^{(\beta)})\right] \\
&= 4\left[\frac{\beta}{2} - \mathbb{I}(y_i \leqslant L_t^{(\beta)})\right](y_i - L_t^{(\beta)}) + 4\left[\mathbb{I}(y_i \geqslant U_t^{(\beta)}) - \frac{\beta}{2}\right](y_i - U_t^{(\beta)}) \\
&\overset{\beta\leqslant 1}{=} \max\left[(2\beta - 4)(y_i - L_t^{(\beta)}), 2\beta(y_i - L_t^{(\beta)})\right] \\
&\quad + \max\left[(4 - 2\beta)(y_i - U_t^{(\beta)}), -2\beta(y_i - U_t^{(\beta)})\right]
\end{aligned} \tag{5-9}
$$

即预测区间分数的绝对值$|S_t^{(\beta)}(\boldsymbol{x}_t)|$可被分解为仅与预测区间左端点$L_t^{(\beta)}$有关和仅与预测区间右端点$U_t^{(\beta)}$有关的两部分。由于对多个凸函数求最大值所得的函数仍为凸函数[18]，可知预测区间分数绝对值$|S_t^{(\beta)}(\boldsymbol{x}_t)|$是关于预测区间左端点$L_t^{(\beta)}$和右端点$U_t^{(\beta)}$的凸函数，最优化问题(5-7)和问题(5-8)为凸优化问题，可被等价转化为如下形式：

$$
\min_{\substack{\omega_L,\omega_U,\\ \tau_{L,t},\tau_{U,t}}} \sum_{t=1}^{T}(\tau_{L,t} + \tau_{U,t}) \tag{5-10}
$$

s.t.

$$
\tau_{L,t} \geqslant (2\beta - 4)[y_t - L_t^{(\beta)}(\boldsymbol{x}_t)], \quad t = 1,2,\cdots,n \tag{5-11}
$$

$$
\tau_{L,t} \geqslant 2\beta[y_t - L_t^{(\beta)}(\boldsymbol{x}_t)], \quad t = 1,2,\cdots,n \tag{5-12}
$$

$$
\tau_{U,t} \geqslant (4 - 2\beta)[y_t - U_t^{(\beta)}(\boldsymbol{x}_t)], \quad t = 1,2,\cdots,n \tag{5-13}
$$

$$
\tau_{U,t} \geqslant -2\beta[y_t - U_t^{(\beta)}(\boldsymbol{x}_t)], \quad t = 1,2,\cdots,n \tag{5-14}
$$

$$
L_t^{(\beta)}(\boldsymbol{x}_t) \leqslant U_t^{(\beta)}(\boldsymbol{x}_t), \quad t = 1,2,\cdots,n \tag{5-15}
$$

注意到极限学习机的输出函数式(5-5)和式(5-6)关于其输出层权重向量ω_L和ω_U呈线性关系，且式(5-11)～式(5-15)均为线性约束，直接区间预测模型式(5-7)～式(5-8)被转化为一个线性优化问题(5-10)～问题(5-15)，可被成熟求解器高效求解，并能保证解的全局最优性。

5.3　基于分位数的预测区间

5.3.1　预测区间与分位数

1. 预测区间构造

预测目标在时间 t 的取值由 y_t 表示，预测模型的输入向量由 x_t 表示。预测目标 y_t 在分位水平 $\beta \in [0,1]$ 下的分位数 q_t^{β} 定义为

$$\Pr(y_t \leqslant q_t^{\beta}) = \beta \tag{5-16}$$

预测区间可以给出待预测量的变化界限，预测目标的取值以一定概率被该界限范围覆盖。预测目标在时间 t 具有 $100(1-\alpha)\%$ 的标称覆盖概率 NCP 的预测区间 I_t^{α} 定义为

$$I_t^{\alpha} = \left[q_t^{\underline{\alpha}}, \quad q_t^{\overline{\alpha}} \right] \tag{5-17}$$

式中，$q_t^{\underline{\alpha}}$ 与 $q_t^{\overline{\alpha}}$ 分别为预测区间的下界和上界。通常预测区间上下界对应的分位水平具有概率对称性，可以表示为

$$\underline{\alpha} = 1 - \overline{\alpha} = \alpha / 2 \tag{5-18}$$

2. 优化模型

基于式(5-16)中分位数的定义，表示预测不确定性的分位数 q_t^{β} 可以通过最小化适当的损失函数[19]来唯一逼近，即

$$\min \sum_{t=1}^{T} \ell_{\beta}(y_t - q_t^{\beta}) \tag{5-19}$$

式中，T 为训练样本的数量；$\ell_{\beta}(\cdot)$ 为非对称损失函数，定义为

$$\ell_{\beta}(y_t - q_t^{\beta}) = \begin{cases} \beta(y_t - q_t^{\beta}), & y_t - q_t^{\beta} \geqslant 0 \\ (\beta - 1)(y_t - q_t^{\beta}), & y_t - q_t^{\beta} < 0 \end{cases} \tag{5-20}$$

由于极限学习机的输入权重和隐含层偏差是随机产生的，训练一个隐含层的前馈神经网络就变成了搜索线性系统的最小二乘解。根据式(5-17)、式(5-18)中的预测区间与分位数的关系，将式(5-19)、式(5-20)中的损失函数最小化，则预

测区间可由如下模型直接进行构建：

$$\min_{w_{\underline{\alpha}},w_{\overline{\alpha}}}\sum_{t=1}^{T}\ell_{\underline{\alpha}}\left[y_t-f(x_t,w_{\underline{\alpha}})\right]+\ell_{\overline{\alpha}}\left[y_t-f(x_t,w_{\overline{\alpha}})\right] \tag{5-21}$$

s.t.

$$0\leqslant f(x_t,w_{\underline{\alpha}})\leqslant f(x_t,w_{\overline{\alpha}})\leqslant y_{\max},\quad \forall t \tag{5-22}$$

式中，$f\left(x_t,w_{\underline{\alpha}}\right)$和$f\left(x_t,w_{\overline{\alpha}}\right)$分别表示求解预测区间下界与上界的极限学习机线性系统；$w_{\underline{\alpha}}$和$w_{\overline{\alpha}}$是极限学习机的决策变量。约束(5-22)保证了区间上界大于下界，且预测区间在取值范围$[0,y_{\max}]$之内。如果使用标准化的数据，$y_{\max}$的取值为 1。通过引入辅助变量$\gamma_t^{\underline{\alpha}}$、$\hat{\gamma}_t^{\underline{\alpha}}$、$\gamma_t^{\overline{\alpha}}$、$\hat{\gamma}_t^{\overline{\alpha}}$，可将该问题可以转化为等价线性优化问题：

$$\min_{\substack{w_{\underline{\alpha}},w_{\overline{\alpha}}\\ \gamma_t^{\underline{\alpha}},\hat{\gamma}_t^{\underline{\alpha}},\gamma_t^{\overline{\alpha}},\hat{\gamma}_t^{\overline{\alpha}}}}\sum_{t=1}^{T}\underline{\alpha}\gamma_t^{\underline{\alpha}}+(1-\underline{\alpha})\hat{\gamma}_t^{\underline{\alpha}}+\overline{\alpha}\gamma_t^{\overline{\alpha}}+(1-\overline{\alpha})\hat{\gamma}_t^{\overline{\alpha}} \tag{5-23}$$

s.t.

$$y_t-f\left(x_t,w_{\underline{\alpha}}\right)=\gamma_t^{\underline{\alpha}}-\hat{\gamma}_t^{\underline{\alpha}},\quad \forall t \tag{5-24}$$

$$y_t-f\left(x_t,w_{\overline{\alpha}}\right)=\gamma_t^{\overline{\alpha}}-\hat{\gamma}_t^{\overline{\alpha}},\quad \forall t \tag{5-25}$$

$$\gamma_t^{\underline{\alpha}},\hat{\gamma}_t^{\underline{\alpha}},\gamma_t^{\overline{\alpha}},\hat{\gamma}_t^{\overline{\alpha}}\geqslant 0,\quad \forall t \tag{5-26}$$

$$0\leqslant f\left(x_t,w_{\underline{\alpha}}\right)\leqslant f\left(x_t,w_{\overline{\alpha}}\right)\leqslant 1,\quad \forall t \tag{5-27}$$

优化问题式(5-23)～式(5-27)构成了基于机器学习的线性规划模型(machine learning based linear programming，MLLP)，可被成熟的求解器高效求解至全局最优。

5.3.2 分位水平灵敏度分析

确定分位数的分位水平至关重要，可靠性是衡量预测区间概率正确性的关键指标。为了保证预测区间可靠性，分位水平的上界与下界应该满足

$$\overline{\alpha}-\underline{\alpha}=1-\beta,\quad 0<\underline{\alpha}<\overline{\alpha}<1 \tag{5-28}$$

预测区间的概率质量偏差(probability mass bias，PMB)定义为概率质量上界$(1-\overline{\alpha})$与概率质量下界$\underline{\alpha}$之差

$$\mathrm{PMB} = (1-\overline{\alpha}) - \underline{\alpha} \tag{5-29}$$

给定概率质量偏差和标称覆盖概率，预测区间边界对应的分位水平可以唯一确定。例如，当概率质量偏差为 0 时，有 $\underline{\alpha} = 1-\overline{\alpha} = \beta/2$，即经典中心对称预测区间。不同概率质量偏差下预测区间的整体性能可以得到保证，需要利用预测区间的锐度指标 AW 对概率质量偏差进行灵敏度分析，为在线模型训练提供关键参考。

5.4　自适应双层优化模型

5.4.1　最短可靠预测区间

对于同样的置信水平 $100(1-\beta)\%$，存在无穷多对分位水平满足条件式(5-28)，因而选择合适的分位水平极为关键。传统的中心对称预测区间(central prediction intervals，CPI)限制区间左右端点在概率意义上关于中位数对称，即预测值等概率落在区间外的左侧和右侧，设其左右端点的分位水平分别为 $\underline{\alpha}_{\mathrm{c}}$ 和 $\overline{\alpha}_{\mathrm{c}}$，二者关系可表达为

$$\underline{\alpha}_{\mathrm{c}} = 1-\overline{\alpha}_{\mathrm{c}} = \frac{\beta}{2} \tag{5-30}$$

然而对于非对称性显著且具有厚尾特性的新能源发电功率概率分布而言，这一中心对称限制会导致较为保守的预测区间宽度。在满足良好置信水平的前提下，决策者更偏爱具有更短宽度的预测区间。因此，最短可靠预测区间(shortest well-calibrated prediction intervals，SPI)的概念被提出[20,21]，其数学描述如下：

$$\min_{\hat{q}_t^{\underline{\alpha}},\hat{q}_t^{\overline{\alpha}}} \ \mathbb{E}[\hat{q}_t^{\overline{\alpha}} - \hat{q}_t^{\underline{\alpha}}] \tag{5-31}$$

$$\text{s.t.} \ \ \Pr(y_t \leqslant \hat{q}_t^{\overline{\alpha}}) - \Pr(y_t \leqslant \hat{q}_t^{\underline{\alpha}}) = 100(1-\beta)\% \tag{5-32}$$

式中，y_t 为待预测量的观测值；$\hat{q}_t^{\underline{\alpha}}$ 和 $\hat{q}_t^{\overline{\alpha}}$ 分别为预测区间下边界与上边界。目标函数式(5-31)体现了对于更短预测区间的偏好，等式约束式(5-32)保证了预测区间的可靠性。

5.4.2　自适应双层优化模型

1. 模型框架

分位数回归能够避免对预测对象的概率分布进行先验假设，通过最小化对应

分位水平下 α 的检验函数估计出预测对象的条件分位数[19]，检验函数可表示为

$$\rho_{\alpha}(x)=\max\{\alpha x,(\alpha-1)x\} \tag{5-33}$$

由于极限学习机能够被转化为线性系统，且具备强大的非线性映射能力[22]，所以可以作为分位数回归的回归函数。考虑到预测区间是由一对分位数构成的，在对新能源发电功率的时间序列进行标准化后，计及分位数的单调约束及范围约束，通过以下优化模型对预测区间的端点进行建模：

$$\min_{\omega_{\alpha},\hat{q}_t^{\alpha}} \sum_{\alpha\in\{\underline{\alpha},\overline{\alpha}\}} \sum_{t=1}^{T} \rho_{\alpha}(y_t-\hat{q}_t^{\alpha}) \tag{5-34}$$

s.t.

$$0 \leqslant \hat{q}_t^{\underline{\alpha}} \leqslant \hat{q}_t^{\overline{\alpha}} \leqslant 1, \quad t=1,2,\cdots,T \tag{5-35}$$

$$\hat{q}_t^{\alpha}=h_t^{\top}\omega_{\alpha},\ \forall\alpha\in\{\underline{\alpha},\overline{\alpha}\}, \quad t=1,2,\cdots,T \tag{5-36}$$

式中，h_t 为极限学习机隐含神经元的输出向量；$\omega_{\underline{\alpha}}$ 和 $\omega_{\overline{\alpha}}$ 分别为预测区间下边界 $\hat{q}_t^{\underline{\alpha}}$ 与上边界 $\hat{q}_t^{\overline{\alpha}}$ 对应的输出神经元权重向量。式(5-35)规范分位数关于分位水平的单调性，式(5-36)表示极限学习机的输出方程。

注意上述基于极限学习机的分位数回归问题(5-34)～(5-36)中分位水平 $\underline{\alpha}$ 和 $\overline{\alpha}$ 仍然待定，考虑到分位水平应当满足式(5-28)，且自适应调节分位水平的目标是最小化区间总体宽度，故建立如下的自适应双层优化(adaptive bilevel programming，ABP)模型：

$$\min_{\underline{\alpha},\overline{\alpha},\omega_{\alpha},\hat{q}_t^{\alpha}} \sum_{t=1}^{T} (\hat{q}_t^{\overline{\alpha}}-\hat{q}_t^{\underline{\alpha}}) \tag{5-37}$$

s.t.

$$\overline{\alpha}-\underline{\alpha}=1-\beta \tag{5-38}$$

$$0 \leqslant \underline{\alpha} \leqslant \overline{\alpha} \leqslant 1 \tag{5-39}$$

$$\{\hat{q}_t^{\underline{\alpha}},\hat{q}_t^{\overline{\alpha}}\} \in \arg\min_{\omega_{\alpha},\hat{q}_t^{\alpha}} \sum_{\alpha\in\{\underline{\alpha},\overline{\alpha}\}} \sum_{t=1}^{T} \rho_{\alpha}(y_t-\hat{q}_t^{\alpha}) \tag{5-40}$$

$$\text{s.t.}\ \ 0 \leqslant \hat{q}_t^{\underline{\alpha}} \leqslant \hat{q}_t^{\overline{\alpha}} \leqslant 1, \quad t=1,2,\cdots,T \tag{5-41}$$

$$\hat{q}_t^{\alpha}=h_t^{\mathrm{T}}\omega_{\alpha},\ \forall\alpha\in\{\underline{\alpha},\overline{\alpha}\},\qquad t=1,2,\cdots,T \tag{5-42}$$

其中，式(5-40)～式(5-42)构成下层问题，产生分位水平分别为 $\underline{\alpha}$ 和 $\overline{\alpha}$ 的一对分位数；式(5-37)～式(5-39)构成上层问题，通过选择合适的分位水平以达到预测区间宽度的总体最短。

上述双层优化模型的框架如图 5.2 所示，上层为预测区间的锐度优化问题，下层为基于极限学习机的分位数回归，上层决策自适应调节下层分位数回归的分位水平，下层决策反馈给上层分位数估计结果。

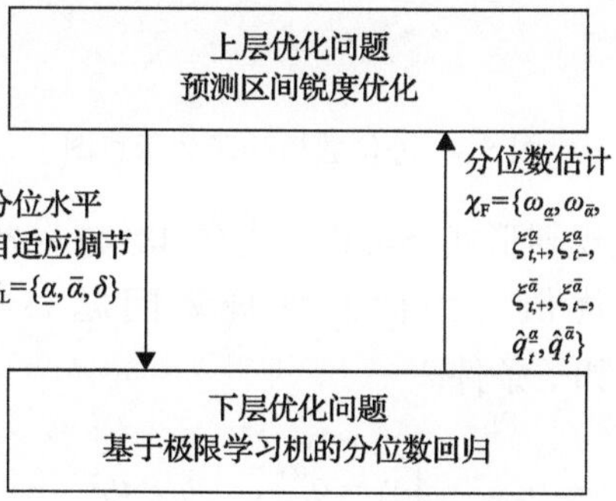

图 5.2　自适应双层优化模型框架图

2. 双层线性优化

由于分位数检验函数(5-33)是对两个线性函数取逐点最大化，因而该函数是一个凸函数，如图 5.3 所示。且对于固定的分位水平 $\underline{\alpha}$ 和 $\overline{\alpha}$，下层问题的约束均为线性，因而下层问题本质上是一个凸优化问题。通过引入非负的辅助变量 $\xi_{t,+}^{\underline{\alpha}}$、$\xi_{t,-}^{\underline{\alpha}}$、$\xi_{t,+}^{\overline{\alpha}}$ 和 $\xi_{t,-}^{\overline{\alpha}}$，可将下层的非光滑优化等价变换成线性优化问题。

$$\min_{\substack{\omega_{\alpha},\hat{q}_t^{\alpha}\\ \xi_{t,+}^{\alpha},\xi_{t,-}^{\alpha}}}\ \sum_{\alpha\in\{\underline{\alpha},\overline{\alpha}\}}\sum_{t=1}^{T}\alpha\xi_{t,+}^{\alpha}+(1-\alpha)\xi_{t,-}^{\alpha} \tag{5-43}$$

s.t.

$$\forall\alpha\in\{\underline{\alpha},\overline{\alpha}\},\qquad t=1,2,\cdots,T \tag{5-44}$$

$$\xi_{t,+}^{\alpha},\xi_{t,-}^{\alpha}\geqslant 0 \tag{5-45}$$

$$y_t-\hat{q}_t^{\alpha}=\xi_{t,+}^{\alpha}-\xi_{t,-}^{\alpha} \tag{5-46}$$

$$0\leqslant\hat{q}_t^{\underline{\alpha}}\leqslant\hat{q}_t^{\overline{\alpha}}\leqslant 1 \tag{5-47}$$

$$\hat{q}_t^\alpha = h_t^\top \omega_\alpha \tag{5-48}$$

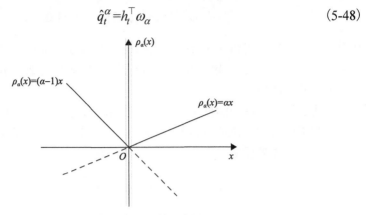

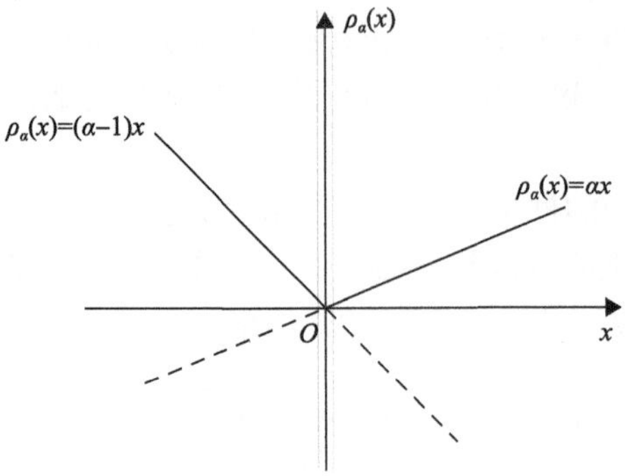

图 5.3　分位数检验函数示意图

分位数回归的线性规划形式(5-43)～式(5-48)与非光滑规划形式(5-40)～式(5-42)具有相等的最优值，因而线性规划问题(5-43)～(5-48)的最优解$(\omega_\alpha^\star, \hat{q}_t^{\alpha\star}, \xi_{t,+}^{\alpha\star}, \xi_{t,-}^{\alpha\star})$满足如下条件。

$$\xi_{t,+}^{\alpha\star} = \begin{cases} y_t - \hat{q}_t^{\alpha\star}, & y_t \geqslant \hat{q}_t^{\alpha\star} \\ 0, & y_t < \hat{q}_t^{\alpha\star} \end{cases} \tag{5-49}$$

$$\xi_{t,-}^{\alpha\star} = \begin{cases} \hat{q}_t^{\alpha\star} - y_t, & y_t \leqslant \hat{q}_t^{\alpha\star} \\ 0, & y_t > \hat{q}_t^{\alpha\star} \end{cases} \tag{5-50}$$

命题 5.1: 在分位数回归的线性规划问题式(5-43)～式(5-48)的最优值处，$\xi_{t,+}^{\alpha\star}$关于分位水平α单调非增，$\xi_{t,-}^{\alpha\star}$关于分位水平α单调非减。

证明: 由于分位数预测$\hat{q}_t^{\alpha\star}$关于分位水平α单调非减，由式(5-49)和式(5-50)可知$\xi_{t,+}^{\alpha\star}$关于$\hat{q}_t^{\alpha\star}$单调非增，$\xi_{t,-}^{\alpha\star}$关于$\hat{q}_t^{\alpha\star}$单调非减，从而有$\xi_{t,+}^{\alpha\star}$和$\xi_{t,-}^{\alpha\star}$关于α的单调性。

设$0 \leqslant \alpha_1 \leqslant \alpha_2 \leqslant 1$，根据分位数$\hat{q}_t^{\alpha\star}$关于分位水平$\alpha$单调非减的性质，可知$\hat{q}_t^{\alpha_1\star} \leqslant \hat{q}_t^{\alpha_2\star}$。根据$\hat{q}_t^{\alpha_1\star}$、$\hat{q}_t^{\alpha_2\star}$和$y_t$的相对大小关系讨论$\xi_{t,+}^{\alpha\star}$和$\xi_{t,-}^{\alpha\star}$关于$\alpha$的单调性。

(1) 情况 1: 当$\hat{q}_t^{\alpha_1\star} \leqslant \hat{q}_t^{\alpha_2\star} \leqslant y_t$时，有$\xi_{t,+}^{\alpha_1\star} = y_t - \hat{q}_t^{\alpha_1\star} \geqslant y_t - \hat{q}_t^{\alpha_2\star} = \xi_{t,+}^{\alpha_2\star}$及$\xi_{t,-}^{\alpha_1\star} = 0 = \xi_{t,-}^{\alpha_2\star}$。

(2) 情况 2: 当$\hat{q}_t^{\alpha_1\star} \leqslant y_t \leqslant \hat{q}_t^{\alpha_2\star}$时，有$\xi_{t,+}^{\alpha_1\star} = y_t - \hat{q}_t^{\alpha_1\star} \geqslant 0 = \xi_{t,+}^{\alpha_2\star}$及$\xi_{t,-}^{\alpha_1\star} = 0 \leqslant \hat{q}_t^{\alpha_2\star} - y_t = \xi_{t,-}^{\alpha_2\star}$。

(3) 情况 3: 当$y_t \leqslant \hat{q}_t^{\alpha_1\star} \leqslant \hat{q}_t^{\alpha_2\star}$时，有$\xi_{t,+}^{\alpha_1\star} = 0 = \xi_{t,+}^{\alpha_2\star}$及$\xi_{t,-}^{\alpha_1\star} = \hat{q}_t^{\alpha_1\star} - y_t \leqslant$

$\hat{q}_t^{\alpha_2\star} - y_t = \xi_{t,-}^{\alpha_2\star}$ 。

综合以上讨论，可知 $\xi_{t,+}^{\alpha_1\star} \geqslant \xi_{t,+}^{\alpha_2\star}$ 和 $\xi_{t,-}^{\alpha_1\star} \leqslant \xi_{t,-}^{\alpha_2\star}$ 对以上三种情况均成立，单调性得证。

由于双层优化的上层决策变量为 $\underline{\alpha}$ 和 $\overline{\alpha}$，等式约束使得这两个变量不再独立。对于特定置信度下 $100(1-\beta)\%$ 的预测区间，中心预测区间的分位水平可通过式(5-30)唯一确定。为了减小问题的变量数量，可以将中心预测区间的分位水平 $\underline{\alpha}_c$ 和 $\overline{\alpha}_c$ 作为参照，设所得预测区间分位水平相对中心预测区间的偏移量为 δ，即

$$\underline{\alpha} = \underline{\alpha}_c + \delta \tag{5-51}$$

$$\overline{\alpha} = \overline{\alpha}_c + \delta \tag{5-52}$$

故上层问题的独立变量仅为 δ。考虑到约束式(5-39)，δ 应当满足

$$-\underline{\alpha}_c \leqslant \delta \leqslant \overline{\alpha}_c \tag{5-53}$$

综合上述，原非光滑双层优化问题式(5-37)～式(5-42)可被表示为如下的双层线性优化：

$$\min_{\substack{\underline{\alpha},\overline{\alpha},\delta,\omega_\alpha \\ \hat{q}_t^\alpha,\xi_{t,+}^\alpha,\xi_{t,-}^\alpha}} \sum_{t\in T} (\hat{q}_t^{\overline{\alpha}} - \hat{q}_t^{\underline{\alpha}}) \tag{5-54}$$

s.t.

$$-\beta/2 \leqslant \delta \leqslant \beta/2 \tag{5-55}$$

$$\underline{\alpha} = \underline{\alpha}_c + \delta \tag{5-56}$$

$$\overline{\alpha} = \overline{\alpha}_c + \delta \tag{5-57}$$

$$\{\hat{q}_t^{\underline{\alpha}}, \hat{q}_t^{\overline{\alpha}}\} \in \arg \min_{\substack{\omega_\alpha,\hat{q}_t^\alpha \\ \xi_{t,+}^\alpha,\xi_{t,-}^\alpha}} \sum_{\alpha\in\{\underline{\alpha},\overline{\alpha}\}} \sum_{t=1}^{T} \alpha\xi_{t,+}^\alpha + (1-\alpha)\xi_{t,-}^\alpha \tag{5-58}$$

s.t.

$$\forall \alpha \in \{\underline{\alpha},\overline{\alpha}\}, \qquad t = 1,2,\cdots,T \tag{5-59}$$

$$\xi_{t,+}^\alpha, \xi_{t,-}^\alpha \geqslant 0 \tag{5-60}$$

$$y_t - \hat{q}_t^\alpha = \xi_{t,+}^\alpha - \xi_{t,-}^\alpha \tag{5-61}$$

$$0 \leqslant \hat{q}_t^{\underline{\alpha}} \leqslant \hat{q}_t^{\overline{\alpha}} \leqslant 1 \tag{5-62}$$

$$\hat{q}_t^{\alpha} = h_t^{\mathrm{T}} \omega_{\alpha} \tag{5-63}$$

5.4.3 双层模型的解耦

由于构建的双层优化式(5-54)～式(5-63)具有嵌套的问题结构，为问题求解带来了较大的困难，本节针对建立问题的数学特征，讨论上述自适应双层优化问题的解耦方法。

考虑到上层变量固定后，下层问题成为线性规划问题，因此可以将下层问题用Karush-Kuhn-Tucker(KKT)系统方程等价代替[18]。又因为分位数 $\hat{q}_t^{\alpha}$ 可用式(5-42)表示，问题中的分位数 $\hat{q}_t^{\alpha}$ 可被替换为 $h_t^{\mathrm{T}} \omega_{\alpha}$，最终得到如下含双线性等式约束的非线性优化模型：

$$\min_{\substack{\delta, \omega_{\underline{\alpha}}, \omega_{\overline{\alpha}}, \lambda_t^{\underline{\alpha}} \\ \lambda_t^{\overline{\alpha}}, u_t, v_t^{\underline{\alpha}}, v_t^{\overline{\alpha}}}} \sum_{t=1}^{T} (h_t^{\mathrm{T}} \omega_{\overline{\alpha}} - h_t^{\mathrm{T}} \omega_{\underline{\alpha}}) \tag{5-64}$$

s.t.

$$-\underline{\alpha}_{\mathrm{c}} \leqslant \delta \leqslant \underline{\alpha}_{\mathrm{c}} \tag{5-65}$$

$$\xi_{t,+}^{\underline{\alpha}}, \xi_{t,-}^{\underline{\alpha}}, \xi_{t,+}^{\overline{\alpha}}, \xi_{t,-}^{\overline{\alpha}} \geqslant 0 \tag{5-66}$$

$$y_t - h_t^{\mathrm{T}} \omega_{\underline{\alpha}} = \xi_{t,+}^{\underline{\alpha}} - \xi_{t,-}^{\underline{\alpha}} : \lambda_t^{\underline{\alpha}} \tag{5-67}$$

$$y_t - h_t^{\mathrm{T}} \omega_{\overline{\alpha}} = \xi_{t,+}^{\overline{\alpha}} - \xi_{t,-}^{\overline{\alpha}} : \lambda_t^{\overline{\alpha}} \tag{5-68}$$

$$h_t^{\mathrm{T}} \omega_{\underline{\alpha}} \leqslant h_t^{\mathrm{T}} \omega_{\overline{\alpha}} : u_t,\ h_t^{\mathrm{T}} \omega_{\underline{\alpha}} \geqslant 0 : v_t^{\underline{\alpha}},\ h_t^{\mathrm{T}} \omega_{\overline{\alpha}} \leqslant 1 : v_t^{\overline{\alpha}} \tag{5-69}$$

$$u_t, v_t^{\underline{\alpha}}, v_t^{\overline{\alpha}} \geqslant 0 \tag{5-70}$$

$$\underline{\alpha}_{\mathrm{c}} + \delta - \lambda_t^{\underline{\alpha}} \geqslant 0,\ 1 - (\underline{\alpha}_{\mathrm{c}} + \delta) + \lambda_t^{\underline{\alpha}} \geqslant 0 \tag{5-71}$$

$$\overline{\alpha}_{\mathrm{c}} + \delta - \lambda_t^{\overline{\alpha}} \geqslant 0,\ 1 - (\overline{\alpha}_{\mathrm{c}} + \delta) + \lambda_t^{\overline{\alpha}} \geqslant 0 \tag{5-72}$$

$$\sum_{t=1}^{T} (-\lambda_t^{\underline{\alpha}} + u_t - v_t^{\underline{\alpha}}) h_t = 0,\ \sum_{t=1}^{T} (-\lambda_t^{\overline{\alpha}} - u_t + v_t^{\overline{\alpha}}) h_t = 0 \tag{5-73}$$

$$\sum_{t=1}^{T}\left[(\underline{\alpha}_{\mathrm{c}}+\delta)\xi_{t,+}^{\underline{\alpha}}+(1-\underline{\alpha}_{\mathrm{c}}-\delta)\xi_{t,-}^{\underline{\alpha}}+(\overline{\alpha}_{\mathrm{c}}+\delta)\xi_{t,+}^{\overline{\alpha}}+(1-\overline{\alpha}_{\mathrm{c}}-\delta)\xi_{t,-}^{\overline{\alpha}}\right]$$
$$=\sum_{t=1}^{T}(\lambda_t^{\underline{\alpha}}+\lambda_t^{\overline{\alpha}})y_t-\nu_t^{\overline{\alpha}} \tag{5-74}$$

其中式(5-65)为上层问题的约束，式(5-66)～式(5-69)对应下层优化的 KKT 条件，式(5-66)～式(5-69)为原问题可行条件，式(5-70)～式(5-72)为对偶问题可行条件，式(5-73)为一阶驻点条件，式(5-74)是和互补松弛条件等价的强对偶条件。容易观察到，在转化得到的单层问题中，唯一的非线性项存在于强对偶条件(5-74)中的双线性项 $\delta\xi_{t,+}^{\underline{\alpha}}$ 和 $\delta\xi_{t,-}^{\underline{\alpha}}$ 。

5.4.4　改进分支定界算法

1. 算法原理

一般形式的双线性优化是 NP 难的问题，很难被传统确定性算法高效求解。启发式算法存在求解效率低、算法鲁棒性差、可行解枚举困难的问题，且解的全局最优性无法保证。基于简单凸松弛的方法也难以保证松弛解相对原问题的可行性。分支定界算法是学术界与工业界处理非线性优化的典型方法，传统的分支定界算法常被用于求解整数规划或混合整数规划问题，该算法也可拓展至连续规划中，称为空间分支定界算法(spatial branch-and-bound，SBB)[23]。

空间分支定界法的基本思路是将原始优化问题的可行域划分成若干子可行域，从而得到若干子优化问题，进而求取每一子优化问题的最优值上下界，称为定界。对于最小化问题而言，可通过求解松弛问题获得最优值下界，通过评估目标函数在某一可行解处的取值获得最优值的上界。通过对所有子优化问题的上下界比较分析，可以得到原始问题最优值的上下界，进而将最优值下界高于原始问题最优值上界的子优化问题剔除，称为剪枝。在完成一次定界和剪枝后，选择合适的决策变量作为分支变量，通过划分分支变量的取值范围实现对其余子可行域的进一步划分，称为分支。通过不断地分支-定界-剪枝，子可行域的范围会逐渐收紧，原始问题最优值的上下界会不断趋近，当两者足够接近时，全局问题的上界解即可被认为是全局最优解。本节对传统的空间分支定界算法进行改进，在定界步骤之前增加边界紧缩的步骤，根据变量的统计学意义对双线性因子的取值边界进行紧缩，从而获得更紧的松弛解，并提升分支定界的效率和收敛速度。

改进的分支定界的算法主要包括选择子可行域、边界紧缩、定下界解、定上界解、剪枝、分支等。图 5.4 以非凸函数 $f(x)$ 的最小化问题为例，展示了利用改进分支定界算法求取全局最优解的基本步骤。为不失一般性，考察 $\boldsymbol{x}\in\mathbb{R}^2$ 的情况。由于 $\boldsymbol{x}$ 是一个向量，除图 5.4(b)以外，函数图像横轴上各点的位置差异仅代表自

变量 **x** 的取值不同，并不代表其相对大小关系。

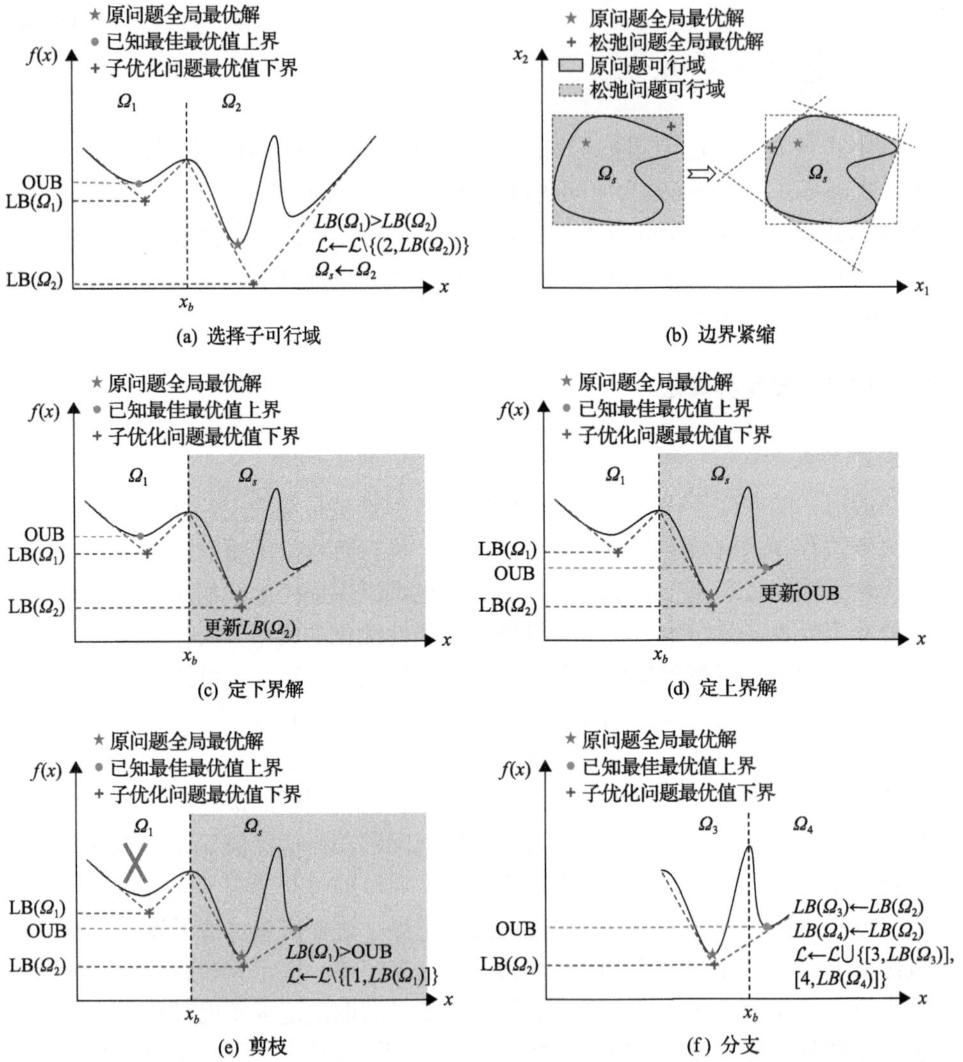

图 5.4　改进分支定界算法示意图

如图 5.4(a) 所示，原始可行域被 Ω_0 划分为两个子可行域 Ω_1 和 Ω_2 ，两个子可行域划分边界的分支变量取值称为分支点，记作 x_b 。这两个子可行域对应的最优值下界分别记作 $\mathrm{LB}(\Omega_1)$ 和 $\mathrm{LB}(\Omega_2)$ ，从而构建分支节点表 $\mathcal{L}=\{[1,\mathrm{LB}(\Omega_1)],[2,\mathrm{LB}(\Omega_2)]\}$ 。采用贪心策略选择 $\mathcal{L}$ 中的一个子可行域进行考察，即将具有最小最优值下界的子可行域的 Ω_2 作为待定界子可行域 Ω_s ，构建子优化问题并进行下一步的定界，同时将该最小的最优值下界 $\mathrm{LB}(\Omega_2)$ 作为原始优化问题的全局最优解下界 OLB 。图 5.4(b)

通过对决策变量进行边界紧缩，获得相对待定界子可行域 Ω_s 更紧的松弛可行域，进而增大松弛解落在原始可行域中的概率。

图 5.4(c)求解紧缩边界后的松弛子优化问题并更新子可行域 Ω_2 的最优值下界 $\mathrm{LB}(\Omega_2)$。图 5.4(d)通过搜寻子优化问题的局部最优解并计算其最优值上界 $\mathrm{UB}(\Omega_2)$，进而更新原始优化问题的全局最优解上界 OUB，至此完成了对子可行域 Ω_2 的定界操作。若更新后的全局最优解上界小于某一子可行域对应的最优值下界，说明原问题的全局最优解不可能位于这一子可行域，因而可以将这种可行域剪除，图 5.4(e)展示了对子可行域 Ω_1 的剪枝过程。

最后将本次迭代中定界完毕的子可行域 Ω_2 进行分支，如图 5.4(f)所示，划分得到 Ω_2 两个子可行域 Ω_3 和 Ω_4，并以 $\mathrm{LB}(\Omega_2)$ 作为其最优值下界 $\mathrm{LB}(\Omega_3)$ 和 $\mathrm{LB}(\Omega_4)$，从而将这两个新生成的子可行域添加到分支节点表 $\mathcal{L}$ 中，开始下一轮迭代。直至全局最优解上下界 OUB 与 OLB 足够接近，或者分支节点表为空时，输出达到目标函数值 OUB 的可行解，该解即原始问题的全局最优解。

2. 算法实现过程

本章所提的改进分支定界算法的关键步骤描述如下。

(1)设定最大迭代次数 $k_{\max}$ 和允许的最优间隙 ε_t。

(2)选择双线性因子中的分位水平偏移量 δ 作为分支变量，初始分支节点 Ω_0 中分支变量的取值范围为 $[\ell_\delta,u_\delta]=[-\frac{\beta}{2},\frac{\beta}{2}]$。

(3)利用命题 5.1 中双线性因子最优解 $\xi_{t,+}^{\alpha,\star}$ 关于分位水平 α 单调非增、$\xi_{t,-}^{\alpha,\star}$ 关于分位水平 α 单调非减的特性，构造用于边界紧缩的线性优化(linear programming for bounds-tightening，BTLP)问题，从而获得双线性因子更紧的上下界：

$$\mathrm{BTLP}(\ell_\delta,u_\delta):\min_{\substack{\omega_\alpha,\hat{q}_t^\alpha \\ \xi_{t,+}^\alpha,\xi_{t,-}^\alpha}}\sum_{\alpha\in\{\alpha_i\}_{i=1}^4}\sum_{t=1}^{T}\alpha\xi_{t,+}^\alpha+(1-\alpha)\xi_{t,-}^\alpha \tag{5-75}$$

s.t.

$$\forall\alpha\in\{\alpha_i\}_{i=1}^4=\{\underline{\alpha}_\mathrm{c}+\ell_\delta,\ \underline{\alpha}_\mathrm{c}+u_\delta,\ \overline{\alpha}_\mathrm{c}+\ell_\delta,\ \overline{\alpha}_\mathrm{c}+u_\delta\} \tag{5-76}$$

$$\xi_{t,+}^\alpha,\xi_{t,-}^\alpha\geqslant 0 \tag{5-77}$$

$$y_t-h_t^\mathrm{T}\omega_\alpha=\xi_{t,+}^\alpha-\xi_{t,-}^\alpha \tag{5-78}$$

$$0\leqslant h_t^\mathrm{T}\omega_{\underline{\alpha}}\leqslant h_t^\mathrm{T}\omega_{\overline{\alpha}}\leqslant 1 \tag{5-79}$$

式中，$\ell_{\delta} \leqslant \delta \leqslant u_{\delta}$ 构成分位水平偏移量 δ 的上下界。根据命题 5.1 中的单调性，可得 $\xi_{t,+}^{\alpha,\star}$ 和 $\xi_{t,-}^{\alpha,\star}$ 更紧的上下界 $[\ell_{t,+}^{\alpha}, u_{t,+}^{\alpha}]$ 和 $[\ell_{t,-}^{\alpha}, u_{t,-}^{\alpha}]$：

$$\ell_{t,+}^{\underline{\alpha}} = \xi_{t,+}^{\alpha_2\star} \leqslant \xi_{t,+}^{\underline{\alpha}\star} \leqslant \xi_{t,+}^{\alpha_1\star} = u_{t,+}^{\underline{\alpha}},\ \ell_{t,-}^{\underline{\alpha}} = \xi_{t,-}^{\alpha_1\star} \leqslant \xi_{t,-}^{\underline{\alpha}\star} \leqslant \xi_{t,-}^{\alpha_2\star} = u_{t,-}^{\underline{\alpha}} \tag{5-80}$$

$$\ell_{t,+}^{\overline{\alpha}} = \xi_{t,+}^{\alpha_4\star} \leqslant \xi_{t,+}^{\overline{\alpha}\star} \leqslant \xi_{t,+}^{\alpha_3\star} = u_{t,+}^{\overline{\alpha}},\ \ell_{t,-}^{\overline{\alpha}} = \xi_{t,-}^{\alpha_3\star} \leqslant \xi_{t,-}^{\overline{\alpha}\star} \leqslant \xi_{t,-}^{\alpha_4\star} = u_{t,-}^{\overline{\alpha}} \tag{5-81}$$

(4)利用 McCormick 凸包络对双线性项 $\delta\xi_{t,+}^{\alpha}$ 和 $\delta\xi_{t,-}^{\alpha}$ 进行线性松弛，通过求解松弛线性优化(relaxed linear programming，RLP)问题，获得原问题最优值的下界

$$\mathrm{RLP}(\ell_{\delta}, u_{\delta}):\ \min_{\substack{\delta,\omega_{\alpha},\lambda_t^{\alpha}\\ u_t,v_t^{\alpha},z_{t,\pm}^{\alpha}}} \sum_{t=1}^{T} (h_t^{\mathrm{T}}\omega_{\overline{\alpha}} - h_t^{\mathrm{T}}\omega_{\underline{\alpha}}) \tag{5-82}$$

s.t.

$$\forall \alpha \in \{\underline{\alpha}, \overline{\alpha}\} = \{\underline{\alpha}_{\mathrm{c}} + \delta,\ \overline{\alpha}_{\mathrm{c}} + \delta\} \tag{5-83}$$

$$\xi_{t,+}^{\alpha}, \xi_{t,-}^{\alpha} \geqslant 0 \tag{5-84}$$

$$y_t - h_t^{\mathrm{T}}\omega_{\alpha} = \xi_{t,+}^{\alpha} - \xi_{t,-}^{\alpha} \tag{5-85}$$

$$0 \leqslant h_t^{\mathrm{T}}\omega_{\underline{\alpha}} \leqslant h_t^{\mathrm{T}}\omega_{\overline{\alpha}} \leqslant 1 \tag{5-86}$$

$$u_t, v_t^{\underline{\alpha}}, v_t^{\overline{\alpha}} \geqslant 0 \tag{5-87}$$

$$\alpha - \lambda_t^{\alpha} \geqslant 0,\ 1 - \alpha + \lambda_t^{\alpha} \geqslant 0 \tag{5-88}$$

$$\sum_{t=1}^{T} (-\lambda_t^{\underline{\alpha}} + u_t - v_t^{\underline{\alpha}}) h_t = 0,\ \sum_{t=1}^{T} (-\lambda_t^{\overline{\alpha}} - u_t + v_t^{\overline{\alpha}}) h_t = 0 \tag{5-89}$$

$$(\delta, \xi_{t,+}^{\alpha}, z_{t,+}^{\alpha}) \in \mathcal{M}(\ell_{\delta}, u_{\delta}, \ell_{t,+}^{\alpha}, u_{t,+}^{\alpha}) \tag{5-90}$$

$$(\delta, \xi_{t,-}^{\alpha}, z_{t,-}^{\alpha}) \in \mathcal{M}(\ell_{\delta}, u_{\delta}, \ell_{t,-}^{\alpha}, u_{t,-}^{\alpha}) \tag{5-91}$$

$$\begin{aligned}&\sum_{t=1}^{T} \left[\underline{\alpha}_{\mathrm{c}}\xi_{t,+}^{\underline{\alpha}} + (1-\underline{\alpha}_{\mathrm{c}})\xi_{t,-}^{\underline{\alpha}} + \overline{\alpha}_{\mathrm{c}}\xi_{t,+}^{\overline{\alpha}} + (1-\overline{\alpha}_{\mathrm{c}})\xi_{t,-}^{\overline{\alpha}} + z_{t,+}^{\underline{\alpha}} - z_{t,+}^{\underline{\alpha}} + z_{t,+}^{\overline{\alpha}} - z_{t,+}^{\overline{\alpha}} \right] \\ &= \sum_{t=1}^{T} (\lambda_t^{\underline{\alpha}} + \lambda_t^{\overline{\alpha}}) y_t - v_t^{\overline{\alpha}}\end{aligned} \tag{5-92}$$

式中的 McCormick 凸包络 $\mathcal{M}(\ell_{\delta}, u_{\delta}, \ell_{t,-}^{\alpha}, u_{t,-}^{\alpha})$ 和 $\mathcal{M}(\ell_{\delta}, u_{\delta}, \ell_{t,-}^{\alpha}, u_{t,-}^{\alpha})$ 由定理 5.1 定义

定理 5.1[24]：对于形如 $z = xy$ 的双线性项，若乘子 x 和 y 的取值范围分别为 $[\ell_x, u_x]$ 和 $[\ell_y, u_y]$，则由 x、y 和 z 定义的曲面 $\mathcal{B}$：

$$\mathcal{B}(\ell_x, u_x, \ell_y, u_y) := \left\{ (x, y, z) \in \mathbb{R}^3 \middle| \begin{array}{l} \ell_x \leqslant x \leqslant u_x \\ \ell_y \leqslant y \leqslant u_y \\ z = xy \end{array} \right\} \tag{5-93}$$

可以被如下的凸曲面所包络：

$$\mathcal{M}(\ell_x, u_x, \ell_y, u_y) := \left\{ (x, y, z) \in \mathbb{R}^3 \middle| \begin{array}{l} z \geqslant \ell_y x + \ell_x y - \ell_x \ell_y \\ z \geqslant u_y x + u_x y - u_x u_y \\ z \leqslant u_y x + \ell_x y - \ell_x u_y \\ z \leqslant \ell_y x + u_x y - u_x \ell_y \end{array} \right\} \tag{5-94}$$

$\mathcal{M}(\ell_x, u_x, \ell_y, u_y)$ 称为对曲面 $\mathcal{B}(\ell_x, u_x, \ell_y, u_y)$ 的 McCormick 凸包络。

(5) 利用非线性优化求解器，获得当前分支节点非线性优化 (nonlinear programming，NLP) 问题的局部最优解以及原问题最优值的上界：

$$\text{NLP}(\ell_\delta, u_\delta): \min_{\substack{\delta, \omega_{\underline{\alpha}}, \omega_{\overline{\alpha}}, \lambda_t^{\underline{\alpha}} \\ \lambda_t^{\overline{\alpha}}, u_t, v_t^{\underline{\alpha}}, v_t^{\overline{\alpha}}}} \sum_{t=1}^{T} (h_t^{\mathrm{T}} \omega_{\overline{\alpha}} - h_t^{\mathrm{T}} \omega_{\underline{\alpha}}) \tag{5-95}$$

s.t.

$$\ell_\delta \leqslant \delta \leqslant u_\delta \tag{5-96}$$

$$\xi_{t,+}^{\underline{\alpha}}, \xi_{t,-}^{\underline{\alpha}}, \xi_{t,+}^{\overline{\alpha}}, \xi_{t,-}^{\overline{\alpha}} \geqslant 0 \tag{5-97}$$

$$y_t - h_t^{\mathrm{T}} \omega_{\underline{\alpha}} = \xi_{t,+}^{\underline{\alpha}} - \xi_{t,-}^{\underline{\alpha}} : \lambda_t^{\underline{\alpha}} \tag{5-98}$$

$$y_t - h_t^{\mathrm{T}} \omega_{\overline{\alpha}} = \xi_{t,+}^{\overline{\alpha}} - \xi_{t,-}^{\overline{\alpha}} : \lambda_t^{\overline{\alpha}} \tag{5-99}$$

$$h_t^{\mathrm{T}} \omega_{\underline{\alpha}} \leqslant h_t^{\mathrm{T}} \omega_{\overline{\alpha}} : u_t,\ h_t^{\mathrm{T}} \omega_{\underline{\alpha}} \geqslant 0 : v_t^{\underline{\alpha}},\ h_t^{\mathrm{T}} \omega_{\overline{\alpha}} \leqslant 1 : v_t^{\overline{\alpha}} \tag{5-100}$$

$$u_t, v_t^{\underline{\alpha}}, v_t^{\overline{\alpha}} \geqslant 0 \tag{5-101}$$

$$\underline{\alpha}_{\mathrm{c}} + \delta - \lambda_t^{\underline{\alpha}} \geqslant 0,\ 1 - (\underline{\alpha}_{\mathrm{c}} + \delta) + \lambda_t^{\underline{\alpha}} \geqslant 0 \tag{5-102}$$

$$\overline{\alpha}_{\mathrm{c}} + \delta - \lambda_t^{\overline{\alpha}} \geqslant 0,\ 1 - (\overline{\alpha}_{\mathrm{c}} + \delta) + \lambda_t^{\overline{\alpha}} \geqslant 0 \tag{5-103}$$

$$\sum_{t=1}^{T} (-\lambda_t^{\underline{\alpha}} + u_t - v_t^{\underline{\alpha}}) h_t = 0,\ \sum_{t=1}^{T} (-\lambda_t^{\overline{\alpha}} - u_t + v_t^{\overline{\alpha}}) h_t = 0 \tag{5-104}$$

$$\begin{aligned}&\sum_{t=1}^{T}\Big[(\underline{\alpha}_{\mathrm{c}}+\delta)\xi_{t,+}^{\underline{\alpha}}+(1-\underline{\alpha}_{\mathrm{c}}-\delta)\xi_{t,-}^{\underline{\alpha}}+(\overline{\alpha}_{\mathrm{c}}+\delta)\xi_{t,+}^{\overline{\alpha}}+(1-\overline{\alpha}_{\mathrm{c}}-\delta)\xi_{t,-}^{\overline{\alpha}}\Big]\\&=\sum_{t=1}^{T}(\lambda_t^{\underline{\alpha}}+\lambda_t^{\overline{\alpha}})y_t-v_t^{\overline{\alpha}}\end{aligned} \tag{5-105}$$

(6)通过在分支节点上求解 BTLP、RLP 和 NLP 问题，获得当前节点及整个分支定界树的全局最优间隙(optimality gap)。

(7)根据全局最优间隙(overall optimality gap)判断是否达到全局最优的精度要求。

$$\varepsilon_o=(\mathrm{OUB}-\mathrm{OLB})/\mathrm{OLB} \tag{5-106}$$

式中，OLB 和 OUB 分别为整个分支定界树全局最优值的上界和下界。

(8)根据节点最优间隙(nodal optimality gap)：判断是否对当前节点继续分支。

$$\varepsilon_n=[\mathrm{UB}(\Omega_s)-\mathrm{LB}(\Omega_s)]/\mathrm{LB}(\Omega_s) \tag{5-107}$$

式中，$\mathrm{LB}(\Omega_s)$ 和 $\mathrm{UB}(\Omega_s)$ 分别表示当前节点 Ω_s 处最优值的上界和下界。

(9)若当前迭代次数小于最大迭代次数 $k_{\max}$ 或全局最优间隙未达到要求 ε_t，以当前已探求得到最好解为分支点，对其所在节点继续二分，转步骤(3)。

若该算法在结束迭代时迭代次数未达最大值 $k_{\max}$，则其收敛解即 ABP 模型的全局最优解。

算法 5.1 为所提出改进分支定界算法的伪代码。

算法 5.1　求解 ABP 模型的改进分支定界算法

输入： 最大迭代次数 $k_{\max}$；允许的最优间隙 ε_t；训练集 $\{(\boldsymbol{x}_t,y_t)\}_{t\in\mathcal{T}}$；标称置信度 $1-\beta$；

输出： 区间上下边界对应的最优分位水平 $\underline{\alpha}$ 和 $\overline{\alpha}$；极限学习机输出层权重向量 $\omega_{\underline{\alpha}}$ 和 $\omega_{\overline{\alpha}}$；

初始化参数：$\underline{\alpha}_{\mathrm{c}}\leftarrow\beta/2$；$\overline{\alpha}_{\mathrm{c}}\leftarrow1-\beta/2$；$k\rightarrow0$；$\mathrm{OUB}\leftarrow+\infty$；$\mathrm{OLB}\leftarrow-\infty$；$\ell_\delta^0\leftarrow\underline{\alpha}_{\mathrm{c}}$；$u_\delta^0\leftarrow\underline{\alpha}_{\mathrm{c}}$；$\mathrm{LB}(\Omega_0)\leftarrow\mathrm{OLB}$；$\mathcal{L}\leftarrow\{[0,\mathrm{LB}(\Omega_0)]\}$；

从原始可行域 Ω_0 中获取一个可行解作为当前候选解 x^*；

while $k\leqslant k_{\max}$ 且 $\mathcal{L}\neq\varnothing$ do

$k\leftarrow k+1$

$(s,\mathrm{OLB})\leftarrow\arg_{(i,LB(\Omega_i))}\min_{\mathcal{L}}\mathrm{LB}(\Omega_i)$；

$\mathcal{L}\leftarrow\mathcal{L}\setminus(s,\mathrm{LB}(\Omega_s))$；

求解 $\mathrm{BTLP}(\ell_\delta^s,u_\delta^s)$ 问题(5-75)～(5-79)并获得 $\xi_{t,+}^{\underline{\alpha}}$，$\xi_{t,-}^{\underline{\alpha}}$，$\xi_{t,+}^{\overline{\alpha}}$ 和 $\xi_{t,-}^{\overline{\alpha}}$ 的紧缩边界；

利用上一步中的紧缩边界构造并求解 $\mathrm{RLP}(\ell_\delta^s,u_\delta^s)$ 问题(5-82)～(5-92)，利用 $\mathrm{LPR}(\ell_\delta^s,u_\delta^s)$ 问题的最优值更新 $LB(\Omega_s)$；

通过非线性优化求解器求解 $\mathrm{NLP}(\ell_\delta^s,u_\delta^s)$ 问题(5-95)～(5-105)并获得一个可行解，评估在这一可行解处达到的目标函数值；

10: if $\mathrm{UB}(\Omega_s) < \mathrm{OUB}$

11: $\mathrm{OUB} \leftarrow \mathrm{UB}(\Omega_s)$，将达到 $UB(\Omega_s)$ 的解设为当前候选解 x^*；

12: end if

13: $\mathcal{L} \leftarrow \mathcal{L} \setminus \{[i, \mathrm{LB}(\Omega_i)] \in \mathcal{L} \mid LB(\Omega_i) > \mathrm{OUB}\}$

14: if $\varepsilon_n(\Omega_s)$ 且 $\mathrm{LB}(\Omega_s) \leqslant \min_{\mathcal{L}} LB(\Omega_i)$

15: 返回步骤3；

16: end if

17: $x_b \leftarrow (\ell_\delta^s + u_\delta^s)/2$；$\Omega_{s_1} \leftarrow \{x \in \Omega_0 \mid \delta \in [\ell_\delta^s, x_b]\}$；$\Omega_{s_2} \leftarrow \{x \in \Omega_0 \mid \delta \in [x_b, u_\delta^s]\}$；
$\mathcal{L} \leftarrow \mathcal{L} \cup \{[s_1, LB(\Omega_s)], [s_2, LB(\Omega_s)]\}$；

18: end while

19: 从当前候选解 x^* 中提取变量 δ，$\omega_{\underline{\alpha}}$ 和 $\omega_{\overline{\alpha}}$ 的对应取值，$\underline{\alpha} \leftarrow \underline{\alpha}_c + \delta$；$\overline{\alpha} \leftarrow \overline{\alpha}_c + \delta$．

5.5　算例分析

5.5.1　算例描述

在直接区间预测方面，采用江苏扬中某分布式光伏电站在 2018 年 9 月的真实功率数据，验证所提直接区间预测方法 DIF 的有效性，该数据的时间分辨率为 5 分钟/点。由于光伏系统在夜间的发电量近似为 0，对应的无效数据需要进行剔除。选用持续法(Persistence)和 BNN[25]作为依赖正态分布假设的参数化对比模型，选用线性分位数回归(linear quantile regression，LQR)[2,19]作为非参数预测对比模型。约 60%的光伏数据用于训练预测模型，其余的数据构成测试样本集。

在基于分位数的预测区间方面，基于丹麦 Bornholm 岛的 30MW 风电场数据对机器学习线性优化模型 MLLP 进行验证。MLLP 方法可利用灵敏度分析分别生成对称预测区间与不同分位水平的非对称区间。利用 LQR[2,19]、基于区间覆盖与宽度指标的非参数区间预测(coverage-width criterion based nonparametric PI construction，CWC-NPI)[26]作为对比模型，验证 MLLP 方法的有效性。采用的数据时间分辨率为 10 分钟/点，包含 2012 年 3 月～4 月的风电序列。60%的数据构成训练样本，其余数据构成测试样本。

在自适应预测区间方面，基于美国楠塔基特海上风电场真实功率数据，验证自适应双层优化方法 ABP 对于新能源发电功率预测的有效性。该数据的采样分辨率为 15min/点，涵盖 2012 年的四个季节。由于风电的出力特性在不同季节中具有较大差异，将上述数据集按季节划分，分别构建对应的预测模型并进行检验。在每个季节的数据集中，约 60%的样本作为训练集，其余 40%的样本构成测试集，将本章提出的自适应分位数回归方法 ABP 与 Persistence 法、Climatology 法、指数平滑法(ESM)[27]和直接区间预测 DIF 进行比较，从而验证各方法的优劣。

5.5.2 直接区间预测

不失一般性，该部分算例的预测提前时间为 30min。表 5.1 展示了直接区间预测 DIF 与其他方法所得提前 30min 的预测区间性能指标，观察可知直接区间预测 DIF 对应的平均覆盖偏差小于 2%，具有很好的可靠性。而 Persistence 法达到的平均覆盖偏差可高达 3%以上，与标称置信度相差较大，且 BNN 方法所得区间分数均高于非参数法 LQR 和 DIF，说明了正态分布无法精确估计光伏预测的不确定性。由于 LQR 方法采用线性回归方程，线性模型的拟合能力受限，故在 80%置信度下的平均覆盖率偏差的绝对值高达 4.83%。此外，直接区间预测 DIF 的区间分数在表 5.1 中最高的，即该方法生成的区间预测具有更好的总体性能。图 5.5 展示了基于直接区间预测方法所得光伏预测结果及其真实值，图中的预测区间能较好地覆盖光伏的真实发电功率，直观体现了该方法的良好预测性能。

表 5.1　直接区间预测模型与其他方法所得预测区间性能对比

标称置信度	方法	ECP/%	ACD/%	区间分数
80%	Persistence	76.62	–3.38	–0.0367
	BNN	82.28	2.28	–0.0334
	LQR	75.17	–4.83	–0.0331
	DIF	78.19	–1.81	–0.0310
90%	Persistence	87.74	–2.26	0.4628
	BNN	90.57	0.57	0.4152
	LQR	88.18	–1.82	0.3967
	DIF	88.62	–1.38	0.3701

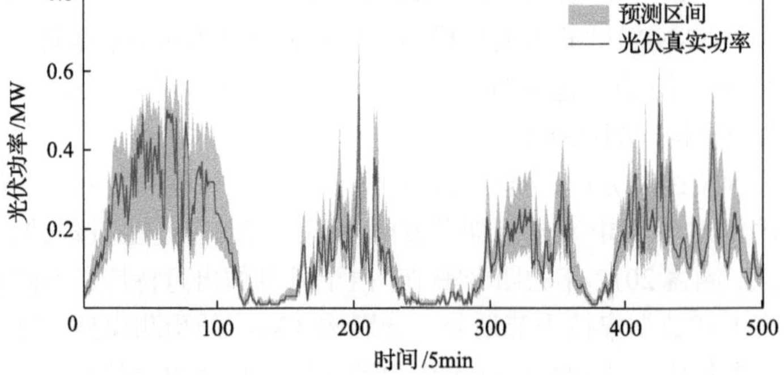

图 5.5　DIF 方法获得的置信水平 90%的光伏功率预测区间(提前时间 5min)

表 5.2 给出了直接区间预测方法与其他对比方法的模型训练时间，对应的计算平台为配备 Intel Core i5-1135G7 CPU @2.40 GHz 和 16 GB 内存的计算机。从表 5.2 中可得知直接区间预测模型 DIF 的训练速度是 BNN 的 2000 余倍，实现了机器学习模型的秒级构建，验证了直接区间预测模型极高的计算效率，说明该方法对于电力系统在线实际运行应用中具有极大优势。

表 5.2　不同模型训练时间比较

方法	时间/s
BNN	2384.03
LQR	0.78
DIF	0.93

5.5.3　对称与非对称预测区间

电力系统运行通常需要高置信水平的预测区间。为不失一般性，本节讨论标称置信水平为 90%、提前时间为 30 分钟的风电功率预测区间。图 5.6 展示了预测区间性能关于概率质量偏差 PMB 的灵敏度分析结果，从图中可知当 PMB 为 4%(对应分位水平 93%和 3%分位数构成的非对称预测区间)，预测区间的可靠性和锐度达到最优。

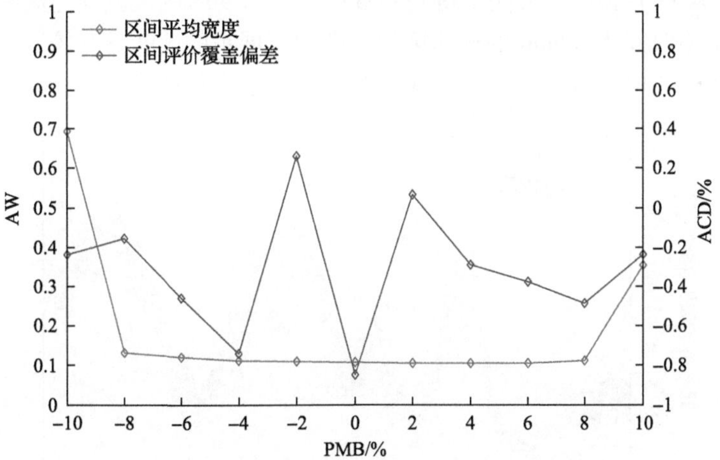

图 5.6　90%标称置信水平预测区间的灵敏度分析结果

MLLP 方法可以生成两种预测区间，一种是通过对 PMB 进行灵敏度分析后确定的非对称预测区间，另一种是 PMB 为 0%对应的传统对称中心预测区间。表 5.3 和表 5.4 分别比较了这两类区间与其他对比方法所生成对称区间的性能。从表中可知，MLLP、LQR 方法所得预测区间的平均覆盖偏差均小于 1%，该偏差远远小于 CWC-NPI 所得预测区间的偏差。MLLP 方法的锐度比非参数区间预测方法 CWC-NPI、LQR 分别高 24%和 16%，综合性能评分分别比这两种方法高 19%和 15%。由于 CWC 指标在数学上无法正确评估预测区间的综合性能，CWC-NPI 方法生成预测区间的平均覆盖偏差高于 3.5%，不具备良好的可靠性，同时也降低了预测区间的锐度。尽管 LQR 方法具有较高的可靠性，LQR 方法的线性参数化模型难以对风电的非平稳特征进行精确描述。基于 MLLP 方法的非对称预测区间比对称预测区间的锐度更高。

表 5.3 基于 MLLP 方法与其他方法所得预测区间对比（PMB=4%）

预测方法	ACD/%	AW	区间分数/10^{-2}
LQR	–0.97	0.1343	–0.918
CWC-NPI	3.53	0.1490	–0.958
MLLP	0.40	0.1132	–0.778

表 5.4 基于 MLLP 方法与其他方法所得预测区间对比（PMB=0%）

预测方法	ACD/%	AW	区间分数/10^{-2}
LQR	–0.76	0.1343	–0.933
CWC-NPI	3.53	0.1490	–0.976
MLLP	–0.22	0.1137	–0.793

图 5.7 展示了 MLLP 方法所得到的置信水平为 90%的风电预测区间及其真实值。作为提前时间为 30min 的预测区间，图中所展示的区间具有较短的宽度，且能较好地包络风电的真实出力，体现出 MLLP 方法良好的预测性能。

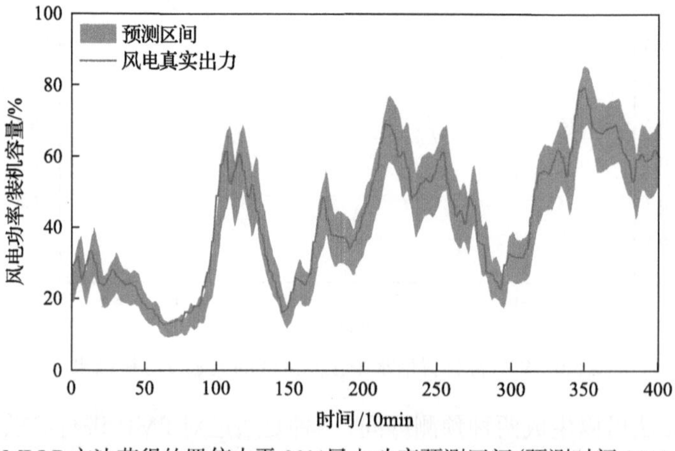

图 5.7 MLLP 方法获得的置信水平 90%风电功率预测区间（预测时间 2012 年 4 月）

本节所述的模型基于配备 Intel（R）CPU E5-2650@2.60GHz 和 64.0GB 内存的计算机构建，表 5.5 给出了各模型的训练时间。从表中可知，MLLP 的模型训练时间小于 30 秒，与 LQR 接近，比 CWC-NPI 快 250 倍。因此，MLLP 方法为非参数区间预测提供了一种在线模型训练的途径。

表 5.5　模型训练时间对比

预测方法	CWC-NPI	LQR	MLLP
时间/s	5842.72	28.08	26.97

5.5.4　自适应预测区间

1. 预测区间性能比较

表 5.7 分别给出了置信水平为 90%、提前时间为 1h 的风电预测区间的性能。从表中数据可知，Climatology 方法所得预测区间的宽度为其他方法的 0.6～2.7 倍，区间涵盖的范围过大，参考价值有限，难以指导新能源电力系统决策。此外，相对于 90%的标称置信度，Persistence、Climatology 和 ESM 方法的区间平均覆盖率存在显著的偏差，其中前两者假设预测误差服从高斯分布，ESM 假设预测误差服从对数高斯分布，说明采用的参数化概率分布假设无法可靠精确地描述风电预测不确定性的概率特性。相比之下，基于分位数回归方法所得到的预测区间不依赖概率分布的先验假设，具备较好的可靠性与锐度。参数化分位数回归需要预先设定区间上下端点的分位水平，而自适应预测区间不依赖区间的概率对称性假设，能够以最大化区间锐度为目标来优化上述分位水平。表 5.6 中自适应分位数回归所得到的预测区间宽度分别比参数化分位数回归窄 2.5%～6.9%，验证了自适应预测区间能在保证概率可靠性的前提下有效提升预测区间的锐度性能。

表 5.6　置信度 90%、提前时间 1 小时下的风电功率预测性能比较

季节	预测方法	ECP/%	ACD/%	AW
冬季	Persistence	97.70	7.70	0.4673
	Climatology	89.61	–0.39	0.7449
	ESM	85.51	–4.49	0.3002
	DIF	91.05	–1.35	0.3413
	ABP	89.94	–0.83	0.3306
春季	Persistence	96.26	6.26	0.4255
	Climatology	94.35	4.35	0.8295
	ESM	83.33	–6.67	0.2512
	DIF	89.81	–0.19	0.3450
	ABP	90.10	0.10	0.3363

续表

季节	预测方法	ECP/%	ACD/%	AW
夏季	Persistence	96.64	6.64	0.3197
	Climatology	93.38	3.38	0.8379
	ESM	86.97	−3.03	0.2263
	DIF	91.32	1.32	0.2688
	ABP	91.32	1.32	0.2503
秋季	Persistence	95.23	5.23	0.3943
	Climatology	93.57	3.57	0.8566
	ESM	85.48	−4.52	0.3198
	DIF	88.65	−1.35	0.3413
	ABP	89.17	−0.83	0.3306

图 5.8～图 5.11 分别展示了置信度为 90%的风电预测区间和光伏功率预测区间。其中最短可靠区间是基于本章介绍的自适应双层优化模型 ABP 得到的，而中心预测区间则是基于直接区间预测 DIF 得到的。可以观察到风电功率序列的波动情况在不同季节中呈现较大差异，夏季的功率波动较小，其预测不确定性较小，相应的预测区间也显著短于其他季节，而春秋冬三个季节中出现了明显的爬坡事件，最短可靠预测区间能较好跟踪风电功率的陡升陡降，呈现较好的自适应性。此外，最短可靠区间均具备比中心预测区间更为优良的锐度性能。中心预测区间的上边界通常高于最短可靠区间，进一步导致中心预测区间较为保守的宽度，增加了电力系统为应对新能源发电不确定性所需的潜在成本，进一步说明采用最短可靠区间的必要性。

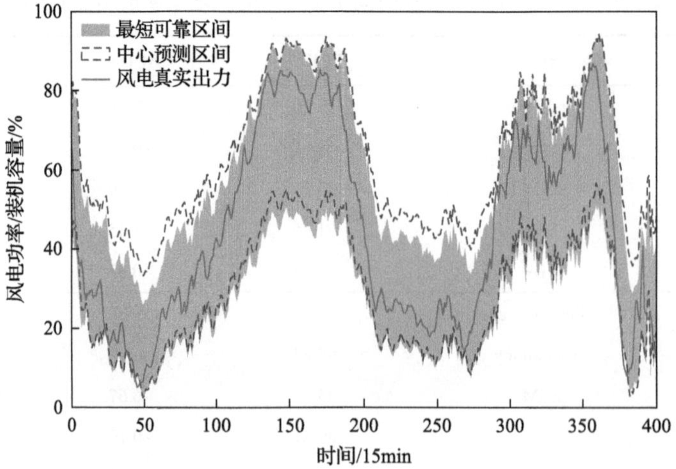

图 5.8　置信度 90%、提前时间 1h 的春季风电功率预测区间

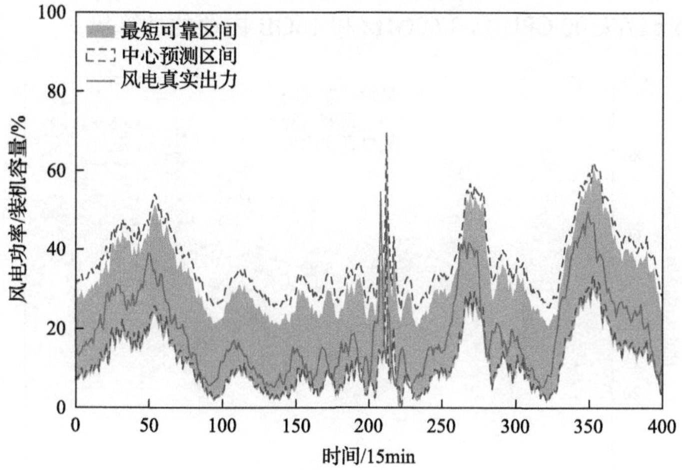

图 5.9　置信度 90%、提前时间 1h 的夏季风电功率预测区间

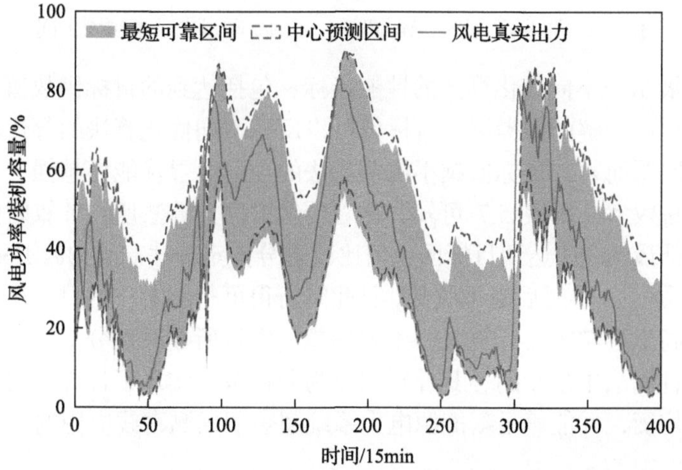

图 5.10　置信度 90%、提前时间 1h 的秋季风电功率预测区间

2. 求解算法性能分析

为了验证所提改进分支定界算法对于求解 ABP 双层优化模型的有效性，利用经典的内点法和 Fortuny-Amat-McCarl 法求解 ABP 模型，进而对比不同优化算法的性能。具体而言，内点法适用于仅含连续变量且目标函数可导的单层非线性规划问题，因而可以求解 ABP 的等效单层双线性规划模型(5-64)～模型(5-74)。Fortuny-Amat-McCarl 法通过引入整数变量，将 ABP 模型下层优化问题的互补松弛约束等效转化为混合整数线性约束，从而将双层优化问题转化为混合整数线性规划问题。本节采用的内点法借助开源求解器 IPOPT 实现，而 Fortuny-Amat-McCarl 法则利用商业求解器 CPLEX 求解 ABP 模型的等效混合整数线性规划问题，计算平台为

配备 Intel Core i7-7700 CPU @ 3.60GHz 和 16GB 内存的计算机。

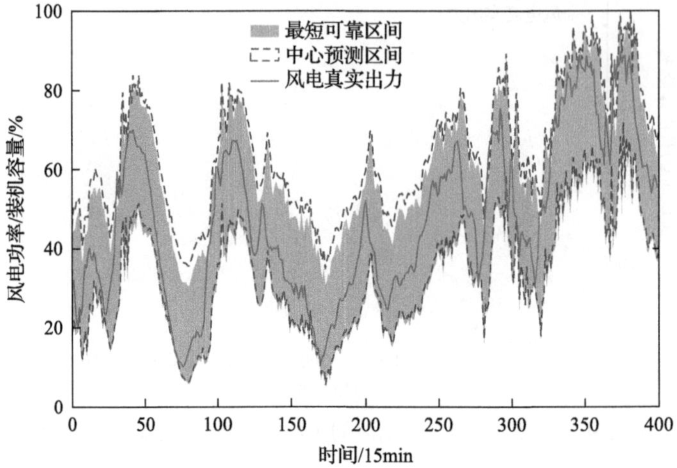

图 5.11　置信度 90%、提前时间 1h 的冬季风电功率预测区间

表 5.7 展示了不同优化算法的性能指标，包括达到的目标函数值与所需计算时间。在获得可行解的前提下，目标值可以反映不同优化算法的寻优能力，对于最小化优化问题而言，目标值越小说明算法的全局性寻优能力越强；计算时间则可以反映算法效率。由表 5.7 可知，尽管传统的内点算法所需计算时间较短，但容易陷入局部最优，所达到目标函数值比改进分支定界法高 4.5%。Fortuny-Amat-McCarl 法在执行 1 小时后尚未收敛，且此时所得可行解对应的目标函数值比改进分支定界法高出近 70%，计算效率不够理想。本章所提改进分支定界法所达到的目标值是三种算法中最小的，其计算用时为分钟级，实现了计算用时与全局寻优性能的合理均衡，并能满足新能源电力系统超短期预测在线应用的需求。

表 5.7　双层优化模型求解算法性能对比

求解算法	目标函数值	计算时间/s
内点法	449.19	50.91
Fortuny-Amat-McCarl 法	737.90	＞3600
改进分支定界法	429.66	182.43

图 5.12 展示了利用所提改进分支定界算法求解 ABP 模型时最优值上下界的收敛过程，对应冬季置信度为 90%的风电功率预测区间。从收敛曲线可以看出在迭代过程中最优值上界解的改变不大，这说明非线性优化求解器在开始时得到的局部最优解已很接近全局最优。相比较而言，最优值下界解的更新较为频繁，基本上算法每两次迭代即会对最优值下界进行更新。这表明对原始问题直接进行凸

松弛得到的解是具有较大偏差的，进而导致较大的松弛间隙，需要对可行域进行分支及边界紧缩以不断减小松弛间隙。算法经 9 次迭代计算后最优值上下界收敛，收敛速度较快。

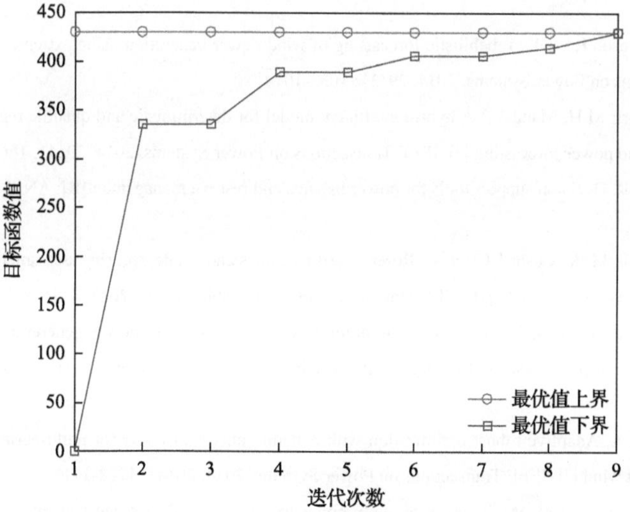

图 5.12　改进分支定界算法的迭代收敛过程

由本节的数值实验结果可知，所提出的基于自适应双层优化的区间预测方法能够成功应用于新能源发电功率概率预测，该方法能在保证预测可靠性的前提下提升预测锐度，对高比例新能源渗透下电力系统决策具有重要的指导意义。

5.6　本 章 小 结

传统区间预测方法依赖对点预测误差的分析，通过预测误差分位数或概率分布函数生成特定置信水平的预测区间。本章介绍了三种基于机器学习的直接区间预测方法，这些方法不依赖点预测结果作为预测的外来输入，且无需对概率分布做出先验假设，可以通过机器学习模型直接输出预测区间的上下边界。预测区间分数能综合概率预测的可靠性和锐度，进而有效评估区间预测的总体性能，直接区间预测模型通过对区间分数进行优化，构建区间预测的机器学习模型，由于区间分数是关于区间上下边界的凸函数，该机器学习模型可以被转化为线性优化问题，从而实现模型的高效训练。预测区间的上下边界可被理解为分位水平满足置信度要求的一组分位数，基于分位数回归同样可以直接构建预测区间。根据预测区间上下端点对应分位水平的对称性，预测区间可分为对称区间与非对称区间，通过对分位水平的灵敏度分析或自适应优化调节能够实现预测结果锐度性能的显著提升。机器学习直接区间预测方法体系简化了传统区间预测的步骤，基于预测区间统计学意义构建的目标函数及采用的全局寻优算法保证了预测结果的最优性，为高比例新能源渗透下的电力系统决策提供可靠的信息支撑。

参 考 文 献

[1] Wan C, Xu Z, Pinson P, et al. Probabilistic forecasting of wind power generation using extreme learning machine [J]. IEEE Transactions on Power Systems, 2014, 29(3): 1033-1044.

[2] Haque A U, Nehrir M H, Mandal P. A hybrid intelligent model for deterministic and quantile regression approach for probabilistic wind power forecasting [J]. IEEE Transactions on Power Systems, 2014, 29(4): 1663-1672.

[3] Matos M, Bessa R. Decision support tools for power balance and reserve management[R]: ANEMOS. plus EU project, 2009.

[4] Bessa R J, Matos M A, Costa I C, et al. Reserve setting and steady-state security assessment using wind power uncertainty forecast: A case study [J]. IEEE Transactions on Sustainable Energy, 2012, 3(4): 827-836.

[5] Makarov Y V, Etingov P V, Ma J, et al. Incorporating uncertainty of wind power generation forecast into power system operation, dispatch, and unit commitment procedures [J]. IEEE Transactions on Sustainable Energy, 2011, 2(4): 433-442.

[6] Lorca Á, Sun X A. Adaptive robust optimization with dynamic uncertainty sets for multi-period economic dispatch under significant wind [J]. IEEE Transactions on Power Systems. 2014, 30(4): 1702-1713.

[7] Wan C, Lin J, Guo W, et al. Maximum uncertainty boundary of volatile distributed generation in active distribution network [J]. IEEE Transactions on Smart Grid. 2016, 9(4): 2930-2942.

[8] Hwang J T G, Ding A A. Prediction intervals for artificial neural networks [J]. Journal of the American Statistical Association, 1997, 92(438): 748-757.

[9] Mackay D J C. The evidence framework applied to classification networks [J]. Neural Computation, 1992, 4(5): 720-736.

[10] Heskes T. Practical Confidence and Prediction Intervals [M]. Proceedings of the 9th International Conference on Neural Information Processing Systems. Cambridge: MIT Press. 1996: 176-182.

[11] Pinson P, Kariniotakis G. Conditional prediction intervals of wind power generation [J]. IEEE Transactions on Power Systems, 2010, 25(4): 1845-1856.

[12] Jeon J, Taylor J W. Using conditional kernel density estimation for wind power density forecasting [J]. Journal of the American Statistical Association, 2012, 107(497): 66-79.

[13] Winkler R L. A decision-theoretic approach to interval estimation [J]. Journal of the American Statistical Association, 1972, 67(337): 187-191.

[14] Wan C, Xu Z, Pinson P. Direct interval forecasting of wind Power [J]. IEEE Transactions on Power Systems, 2013, 28(4): 4877-4878.

[15] Wan C, Wang J, Lin J, et al. Nonparametric prediction intervals of wind power via linear programming [J]. IEEE Transactions on Power Systems, 2018, 33(1): 1074-1076.

[16] Zhao C, Wan C, Song Y. An adaptive bilevel programming model for nonparametric prediction intervals of wind power generation [J]. IEEE Transactions on Power Systems, 2020, 35(1): 424-439.

[17] Gneiting T, Raftery A E. Strictly proper scoring rules, Prediction, and estimation [J]. Journal of the American Statistical Association, 2007, 102(477): 359-378.

[18] Boyd S, Vandenberghe L. Convex Optimization [M]. Cambridge: Cambridge University Press, 2004.

[19] Koenker R. Quantile Regression [M]. Cambridge: Cambridge University Press, 2005.

[20] Askanazi R, Diebold F X, Schorfheide F, et al. On the comparison of interval forecasts [J]. Journal of Time Series Analysis 2018, 39(6): 953-965.

[21] Brehmer J R, Gneiting T. Scoring interval forecasts: Equal-tailed, shortest, and modal interval[J]. Bernoulli, 2021, 27(3): 1993-2010.

[22] Huang G, Zhou H, Ding X, et al. Extreme learning machine for regression and multiclass classification[J]. IEEE Transactions on Systems, Man, and Cybernetics, Part B (Cybernetics), 2012, 42(2): 513-529.

[23] Zamora J M, Grossmann I E. A branch and contract algorithm for problems with concave univariate, bilinear and linear fractional terms[J]. Journal of Global Optimization, 1999, 14(3): 217-249.

[24] Mccormick G P. Computability of global solutions to factorable nonconvex programs: Part I — Convex underestimating problems [J]. Mathematical Programming, 1976, 10(1): 147-175.

[25] Papadopoulos G, Edwards P J, Murray A F. Confidence estimation methods for neural networks: a practical comparison [J]. IEEE Transactions on Neural Networks, 2001, 12(6): 1278-1287.

[26] Wan C, Xu Z, Østergaard J, et al. Discussion of “combined nonparametric prediction intervals for wind power generation” [J]. IEEE Transactions on Sustainable Energy, 2014, 5(3): 1021.

[27] Pinson P. Very - short - term probabilistic forecasting of wind power with generalized logit–normal distributions[J]. Journal of the Royal Statistical Society: Series C (Applied Statistics), 2012, 61(4): 555-576.

第 6 章　机器学习最优区间预测

6.1　概　　述

相比于传统点预测，预测区间提供预测对象的变化范围及其对应的概率(即置信水平)，能够极大地帮助电力系统运行人员有效避免决策行为带来的潜在风险。通常来说，大多数研究关注的区间预测新技术包括分位数回归、基于集成的预测、自适应重采样等，一些研究同时还利用时空相关信息提升预测精度[1]。一般而言，可靠性和锐度是预测区间的两大核心指标。然而，很多研究将可靠性视为评估区间性能的唯一指标，忽视了锐度这一不可或缺的评价维度[2-5]。

传统基于神经网络的预测区间构建方法包括 bootstrap 法、delta 法和贝叶斯法[6-8]，这些方法基于对预测误差的正态分布假设，且在模型构建的过程中不涉及评价指标的优化。直接区间预测方法将区间分数作为机器学习的代价函数，避免对预测误差概率分布的假设，通过优化区间分数实现预测区间的构建，但仅通过区间分数难以区分可靠性与锐度的重要性。在预测区间的构建过程中对可靠性和锐度进行评估与权衡，是提升区间预测总体质量、保证区间预测最优性的技术关键。本章通过分析区间预测对可靠性与锐度的提升需求，解释二者的帕累托最优关系，进而构建基于机器学习的多目标优化模型，通过非支配排序算法获得区间预测可靠性-锐度的帕累托最优前沿[9]。在可靠性与锐度帕累托最优关系的基础上，结合概率预测的目标与区间预测的定义，提出一种机会约束极限学习机(chance constrained extreme learning machine，CCELM)的区间预测方法[10]，并应用于风电功率预测。该方法将区间预测对良好可靠性的要求建模为机会约束，将对区间锐度性能提升的需求建模为最小化区间宽度的目标，避免对待预测对象概率分布做出参数化假设，同时实现了对预测区间可靠性与锐度性能的均衡，生成最优非参数预测区间。

6.2　预测区间帕累托最优

6.2.1　区间预测的目标

与传统的点预测方法不同，概率预测方法生成的预测区间及其置信水平能够有效量化预测的不确定性。假设需要在 t 时刻对 $t+k$ 时刻的未知量预测，标称覆盖概率(NCP)为 $100(1-\beta)\%$ 的预测区间可以定义为

$$I_{t+k|t}^{\alpha}=[\ell_{t+k},u_{t+k}] \tag{6-1}$$

式中，ℓ_{t+k} 和 u_{t+k} 分别为预测区间的上下限。未来预测目标被区间覆盖的概率为

$$\Pr(y_{t+k}\in I_{t+k|t}^{\beta})=100(1-\beta)\% \tag{6-2}$$

可靠性和锐度是评估区间预测不可或缺的两个指标[11]。可靠性被认为是预测区间的主要验证指标，因为不良的可靠性会给决策活动带来系统性偏差。预测区间的经验覆盖概率(ECP)是衡量其可靠性的重要指标：

$$\mathrm{ECP}=\frac{1}{T}\sum_{t=1}^{T}\mathbb{I}\{y_{t+k}\in I_{t+k|t}^{\beta}\} \tag{6-3}$$

式中，$\mathbb{I}\{\cdot\}$ 为示性函数，当括号内的逻辑条件成立时，函数值等于1，否则等于0。

ECP和NCP之间的偏差可以用平均覆盖率误差ACD来衡量，平均覆盖误差定义为

$$\mathrm{ACD}=\mathrm{ECP}-100(1-\beta)\% \tag{6-4}$$

平均覆盖误差越接近零越好。

锐度是评价预测区间质量的另一个重要指标，衡量概率分布的紧凑程度[11]，可通过预测区间的平均宽度(AW) $\bar{\delta}_{t,k}^{\beta}$ 来衡量，定义如下：

$$\bar{\delta}_{t,k}^{\beta}=\frac{1}{T}\sum_{t=1}^{T}\bar{\delta}_{t+k|t}^{\beta}=\frac{1}{T}\sum_{t=1}^{T}[u_{t+k}-\ell_{t+k}] \tag{6-5}$$

平均宽度越短，说明预测区间的锐度越高。

在相同的可靠性下，具有更高锐度的预测区间是决策者的首选。实际上，通过简单增大区间宽度即可达到高可靠性。虽然这样得到的预测区间具有较高的可靠性，但由于不能准确量化预测不确定性，因此不能为决策活动提供有意义的参考。一般来说，在评估预测区间时，应同时考虑可靠性和锐度。从理论上讲，概率预测的目标是在满足可靠性的基础上使预测分布的锐度最大化[11]。

6.2.2 多目标优化模型构建

基于上一节的分析，最优预测区间应尽可能提高可靠性，即最大化 ECP；此外预测区间还应具有尽可能高的锐度，即最小化 AW，这两个目标可以表示为

$$\max f_1(x) = \text{ECP} \tag{6-6}$$

$$\min f_2(x) = \text{AW} \tag{6-7}$$

式中，ECP 和 AW 分别在式(6-3)和式(6-5)中定义。

如果单独对可靠性指标 ECP 优化，则 ECP 的最优值为 100%，即得到非常宽的预测区间以覆盖所有实际待预测量，例如对归一化后的风电功率进行概率预测时，恒定输出[0,1]的预测区间即可达到 100%的可靠性，但这种预测区间因其锐度性能不佳，对电力系统决策缺乏指导意义。

如果单独对锐度指标 AW 进行优化，则 AW 的最佳值为 0，即得到上下界相互重叠或非常窄的预测区间。当预测区间的上下界相互重叠时，预测区间将退化为传统的点预测，而连续随机变量取值等于某一确定值的概率为 0；当预测区间的上下边界间的距离过短时，预测区间也很难以预期概率覆盖待预测量，这显然不是真正的最优预测区间。

综合上述讨论，可靠性指标 ECP 和锐度指标 AW 之间相互牵制，不能单独对任何一个进行优化。单独优化可靠性会恶化锐度性能，而单独优化锐度则会恶化可靠性，从而导致预测区间总体性能降低，最优预测区间需要同时对这两种相互牵制甚至矛盾的性能同步优化。

6.2.3 帕累托最优性

现实生活中的很多决策问题通常涉及多种性能指标或目标，决策者需要对这些性能或目标同时优化，正如在区间预测中需对可靠性和锐度同时优化。与单一目标的优化决策不同，同时优化多个可能互相矛盾的目标会导致难以获得一个完美的最优决策，绝大多数情况下并不存在能同时使不同目标达到最优的决策。因此多目标优化通常输出一组候选解作为对传统单目标优化中单一最优解的替代。在决策者不事先知晓不同目标间关系及其重要性的情况下，这些候选解之间的最优性是平等无差别的。

多目标优化的解集由众多解向量构成，这些解向量所达到的各个目标函数值应当满足帕累托最优性(Pareto optimality)，即无法通过不恶化其他目标的手段改善某一个目标。不失一般性，考虑多目标最小化问题：

$$\min_{x\in\mathcal{X}} f_i(x), \quad i=1,2,\cdots,k \tag{6-8}$$

其目标函数包含 $f_i(\cdot), i=1,2,\cdots,k$，决策空间为 $\mathcal{X}$。假设对多目标优化(6-8)存在两个可行决策向量 $x_l \in \mathcal{X}$ 和 $x_m \in \mathcal{X}$，当且仅当以下两个条件同时满足时：

$$\forall i \in \{1,2,\cdots,k\}, \quad f_i(x_l) \leqslant f_i(x_m) \tag{6-9}$$

$$\exists j \in \{1,2,\cdots,k\}, \quad f_j(x_l) < f_j(x_m) \tag{6-10}$$

称决策向量 x_m 被决策向量 x_l 支配(dominate)，记作 $x_l \succ x_m$。多目标优化(6-8)的决策空间 $\mathcal{X}$ 中所有不受其他任何决策向量支配的解共同构成帕累托最优解集 P^*，该解集中所有解达到的目标函数向量集合也称为帕累托最优前沿面(Pareto-optimal front)：

$$\mathcal{PF}^* = \{[f_1(x),\cdots,f_k(x)] \mid x \in P^*\} \tag{6-11}$$

由于多目标优化通常不存在使多个目标同时达到最优的情况，求取其帕累托最优解集 P^* 和前沿面 $\mathcal{PF}^*$ 对实际决策更具有参考价值。

6.2.4　非支配排序遗传算法

与传统的神经网络相比，ELM 具有输入权值和隐含偏差随机给定并保持不变的特性，故基于 ELM 的预测器更易于训练。根据式(6-6)和式(6-7)中定义的可靠性和锐度两个目标对 ELM 的参数进行优化。为了获得最优决策变量，需要同时对这两个目标进行优化。非支配排序遗传算法-II(non-dominated sorting genetic algorithm II，NSGA-II)被认为是求解多目标优化问题的最为有效的算法之一，利用快速非支配排序方法能将非支配排序过程的计算复杂度成功减少至 $\mathcal{O}(MN^2)$，其中 M 是目标函数的数量，N 是算法的群体规模。与原始 NSGA 中基于共享函数(sharing function)的多样性保留策略相比，NSGA-II 采用的拥挤度比较策略能在不设置额外参数的前提下获得一系列多样化候选解[12]。下面对 NSGA-II 的核心计算步骤进行简要介绍。

1. 快速非支配排序方法

对于种群群体中的个体 p，定义 p 的被支配数 n_p 为种群中能够支配 p 的其他个体数量，定义 p 的支配个体集合 S_p 为种群中被 p 所支配个体构成的整体。分别计算种群中每一个体的被支配数 n_p 和支配个体集合 S_p。在第一级的非支配前沿 R_1 中，所有解的被支配次数都为 0。对于 R_1 中的每个解 p，考察其对应支配集合 S_p 中的每个元素，并将其被支配次数减 1，将被支配次数为 0 的个体纳入第二级

非支配前沿 R_2 中。对于 R_2 中的每一个体重复上述步骤，进而得到第三级非支配前沿 R_3，直至所有非支配前沿都被找到。

2. 多样性保留策略

为了提升在稀疏区域内中解的质量，对群体中每个候选解个体都定义一个拥挤度(crowding distance)指标 i_{distance}。在计算群体距离指标时，首先需要根据达到的目标函数值将群体中所有个体进行升序排列，然后将边界解(达到最小目标值 $f_m^{\min}$ 和最大目标值 $f_m^{\max}$ 的解)对应的拥挤度设为无穷大。对于目标函数 m 和个体 i 而言，其拥挤度通过下式计算：

$$i_{\text{distance},m} = \frac{f_{[i+1],m} - f_{[i-1],m}}{f_m^{\max} - f_m^{\min}} \tag{6-12}$$

式中，$f_{[i+1],m}$ 和 $f_{[i-1],m}$ 分别是个体 i 相邻的个体对应的目标函数值。在计算完个体 i 在所有目标函数下的拥挤度后，将每个目标对应的拥挤度相加作为个体 i 的总体拥挤度：

$$i_{\text{distance}} = \sum_m i_{\text{distance},m} \tag{6-13}$$

3. 拥挤度比较运算

在执行完快速非支配排序与多样性包络策略后，群体中的每个个体 i 都将拥有非支配等级 i_{rank} 和拥挤度 i_{distance} 两个属性。定义拥挤度比较运算符 $\prec_n$：

$$i \prec_n j \Leftrightarrow (i_{\text{rank}} < j_{\text{rank}}) \vee [(i_{\text{rank}} = j_{\text{rank}}) \wedge (i_{\text{distance}} = j_{\text{distance}})] \tag{6-14}$$

式中，“∨”表示“或”；“∧”表示“与”。

对于在不同非支配等级中的两个解，具有更高非支配等级的解将在种群竞争中存活。若两个解处于同一非支配等级，拥挤度更低的解将在种群竞争中存活。

算法 6.1 给出了 NSGA-II 算法的详细执行步骤，该算法用于求解基于 ELM 的区间预测多目标优化模型，由三个主要步骤构成，图 6.1 展示了对应的流程图。首先初始化 ELM 预测模型和进化算法，收集数据集并将其划分为训练集和测试集，同时配置预测模型的输入与输出数据。然后基于训练集数据，根据预测区间的可靠性和锐度目标，对预测模型中的参数进行优化。最后从构建的帕累托前沿中得到最优的模型，进而利用测试集数据进行预测验证。

算法 6.1 NSGA-II 算法步骤

Begin

$k \leftarrow 0$

(1)初始化父代群体 P_k(大小为 N)。

(2)用 P_k构建 ELM，根据式(6-3)和式(6-5)计算 ECP 和 AW。

(3)利用遗传算法中的二元竞赛选择、重组和变异操作，建立子代群体 Q_k(大小为 N)。

while (**not** 终止条件) **do**

begin

$k \leftarrow k+1$

(4)根据式(6-3)和式(6-5)计算 Q_k的 ECP 和 AWPI。

(5)形成组合群体 $R_{k-1} = P_{k-1} \cup Q_{k-1}$ (大小为 $2N$)。

(6)根据非支配性对 R_{k-1}进行排序。

(7)根据拥挤度比较算子从 R_{k-1}中选出新的群体 P_k。

建立子代群体 Q_k。

end

end

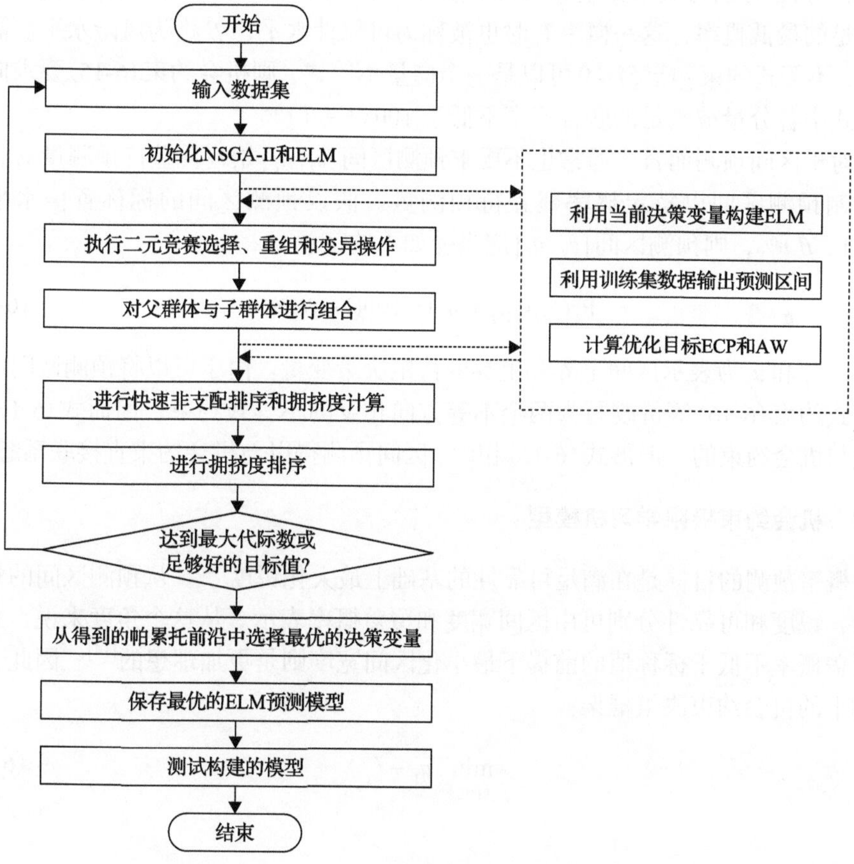

图 6.1 基于 ELM 的区间预测多目标 Pareto 优化流程

6.3 机会约束极限学习机区间预测

6.3.1 机会约束与区间预测的关系

在传统确定性的最优化问题中，由于模型参数均为确定的数值，通常要求得到的决策应严格满足给出的约束条件，这类约束被称为“硬约束”。当约束条件中含有随机变量时，所得决策往往会因一些随机变量取值的变化而无法保证约束恒定得到满足，或者因保证约束的恒定满足所需付出的代价过大，此时决策者不再要求这些约束被恒定满足，而是限制这些约束以一定的概率被满足，这类约束被称为机会约束(chance constraint)或者概率约束(probabilistic constraint)，其基本形式如下：

$$\Pr[g(x;\xi)\leqslant 0]\geqslant 100(1-\beta)\% \tag{6-15}$$

式中，x 和 ξ 分别为决策变量和随机变量；$100(1-\beta)\%$为不等式约束 $g(x;\xi)\leqslant 0$ 得到满足的最低概率，这一概率有时也被称为可靠性水平；β 称为风险水平。需要指出，不等式约束 $g(x;\xi)\leqslant 0$ 可以是一个向量不等式，则机会约束(6-15)要求向量不等式中各分量被满足的联合概率不低于 $100(1-\beta)\%$。

对于区间预测而言，通常也不要求预测区间$[\ell_t,u_t]$始终覆盖待预测量 y_t，而是限制预测区间以特定概率覆盖待预测量。假设预测区间的标称置信水平为 $100(1-\beta)\%$，则预测区间$[\ell_t,u_t]$应当受如下约束：

$$\Pr(\ell_t\leqslant y_t\leqslant u_t)=100(1-\beta)\% \tag{6-16}$$

式中，ℓ_t 和 u_t 为表示区间下界和上界的待定决策变量。由于可以将预测区间所受的等式约束(6-16)等价改写为两个不等方向相反的不等式约束，因而式(6-16)本质上与机会约束的一般形式(6-15)相同，区间预测得以与机会约束直接联系起来。

6.3.2 机会约束极限学习机模型

概率预测的目标是在满足可靠性的基础上最大化锐度[13]。从预测区间的角度来看，锐度和可靠性分别可由区间宽度和覆盖概率表示。从这个角度来说，在区间覆盖概率不低于标称值的前提下最小化区间宽度则是更加理想的[14]。因此，建立如下的机会约束决策框架：

$$\min_{\ell_t,u_t}\ u_t-\ell_t \tag{6-17}$$

s.t.

$$\Pr(\ell_t\leqslant y_t\leqslant u_t)\geqslant 100(1-\beta)\% \tag{6-18}$$

$$0 \leqslant \ell_t \leqslant u_t \leqslant 1 \tag{6-19}$$

目标式(6-17)表示最小化区间宽度，即最大化锐度。在这个目标的指导下，为了保持良好的可靠性，要求预测区间的覆盖概率不低于标称置信度$100(1-\beta)\%$。由于可靠性和锐度是两个相互制约的指标，在最大化锐度的目标下要求可靠性不低于$100(1-\beta)\%$会使得最优解所达到的可靠性尽可能趋近$100(1-\beta)\%$，即对区间预测而言，不等式机会约束(6-18)与等式机会约束(6-16)是等价的。约束(6-19)限制预测区间包含在从 0 到 1 的归一化范围内。

设向量$\boldsymbol{x} \in \mathbb{R}^I$和标量$y \in \mathbb{R}$是两个随机变量，分别表示输入特征和目标变量在采样空间的随机性，其中I为输入特征的维度。统计学习理论一般假设存在某个联合概率分布$\mu(\boldsymbol{x}, y)$，训练数据集中的所有样本都从该分布中独立地抽取[15]，记为

$$(\boldsymbol{x}_t, y_t) \overset{\text{i.i.d.}}{\sim} \mu(\boldsymbol{x}, y), \quad \forall t \in \mathcal{T} \tag{6-20}$$

式中，$\boldsymbol{x}_t$和y_t分别为输入特征和目标变量抽样的实现；$\mathcal{T}$是训练样本的指标集。

根据区间预测的 ELM 模型和机器学习理论的基本假设(6-20)，预测区间的决策框架式(6-17)～式(6-19)可被构建为机会约束极限学习机 CCELM，如下所示：

$$\min_{\boldsymbol{\omega}_\ell, \boldsymbol{\omega}_u} \ \mathbb{E}_\mu[f(\boldsymbol{x}, \boldsymbol{\omega}_u) - f(\boldsymbol{x}, \boldsymbol{\omega}_\ell)] \tag{6-21}$$

s.t.

$$\Pr[f(\boldsymbol{x}, \boldsymbol{\omega}_\ell) \leqslant y \leqslant f(\boldsymbol{x}, \boldsymbol{\omega}_u)] \geqslant 1 - \beta \tag{6-22}$$

$$0 \leqslant f(\boldsymbol{x}, \boldsymbol{\omega}_\ell) \leqslant f(\boldsymbol{x}, \boldsymbol{\omega}_u) \leqslant 1 \tag{6-23}$$

与机会约束的区间预测模型式(6-17)～式(6-19)不同，这里所提出的 CCELM 模型考虑了输入特征和目标变量对$(\boldsymbol{x}, y)$的联合随机性。然而，目标函数(6-21)中关于分布$\mu(\boldsymbol{x}, y)$的期望算子$\mathbb{E}_\mu[\cdot]$和机会约束(6-22)中关于分布$\mu(\boldsymbol{x}, y)$的概率算子$\Pr(\cdot)$给 CCELM 模型的求解带来了困难。

为了避免对分布$\mu(\boldsymbol{x}, y)$的先验假设和复杂的高维积分计算，通常用经验期望和经验概率替代公式(6-21)～式(6-23)中的期望和概率，写为

$$v^\star = \min_{\gamma_t, \boldsymbol{\omega}_\ell, \boldsymbol{\omega}_u} \ \sum_{t \in \mathcal{T}} [f(\boldsymbol{x}_t, \boldsymbol{\omega}_u) - f(\boldsymbol{x}_t, \boldsymbol{\omega}_\ell)] \tag{6-24}$$

s.t.

$$\gamma_t = \max \begin{Bmatrix} f(\boldsymbol{x}_t, \boldsymbol{\omega}_\ell) - y_t \\ y_t - f(\boldsymbol{x}_t, \boldsymbol{\omega}_u) \end{Bmatrix}, \quad \forall t \in \mathcal{T} \tag{6-25}$$

$$\sum_{t\in\mathcal{T}}[1-\mathbb{I}(\gamma_t\leqslant 0)]\leqslant\beta|\mathcal{T}| \tag{6-26}$$

$$0\leqslant f(\boldsymbol{x}_t,\boldsymbol{\omega}_\ell)\leqslant f(\boldsymbol{x}_t,\boldsymbol{\omega}_u)\leqslant 1 \tag{6-27}$$

式中，$v^\star$ 表示此优化问题的最优值。目标式(6-24)除以$|\mathcal{T}|$是对式(6-21)中期望的经验估计。式(6-25)中γ_t为正表示对应的预测区间不能覆盖实际值，而γ_t为负或为零表示预测区间能够覆盖实际值。式(6-26)通常被称为背包约束，限制预测区间不能覆盖实际值的次数，保证预测区间不能覆盖实际值的概率小于等于可容忍的风险水平β。在机会约束随机规划领域，这种公式的变形式(6-24)～式(6-27)通常被称为样本平均近似(sample average approximation，SAA)[16]。

CCELM模型式(6-21)～式(6-23)和相应的SAA模型式(6-24)～式(6-27)都不需要预先确定预测区间边界对应的分位水平。因此，所提出的CCELM模型能够根据预测条件自适应地调整不同时刻预测区间边界的分位水平，以获得最小的总区间宽度。

6.3.3 机会约束问题的参数最优化模型

机会约束极限学习机SAA模型的约束条件式(6-26)中含有表示逻辑判断的指示函数。尽管指示函数可以通过引入整数变量等价描述，但由于形成的整数约束中含有大量整数变量，对应背包约束确定的可行域高度离散，在求解整数规划的过程中难以找到可行解，需要高昂的计算成本与较长的计算时间。通常而言，求解具有连续可行域的凸优化问题比求解组合优化问题要容易得多。因此，本节通过将SAA模型的求解等效为参数最优化问题中的参变量查找问题，大大降低求解原SAA问题的复杂度。

为了获得连续的可行域，将背包不等式约束式(6-26)的左侧作为新问题的目标函数，从而构成0-1损失函数，同时将原有目标函数式(6-24)连同引入的参变量v构成一组不等式约束，重构的问题具有连续的可行域，其表达式如下：

$$\rho(v)=\min_{\gamma_t,\,\boldsymbol{\omega}_\ell,\,\boldsymbol{\omega}_u}\sum_{t\in\mathcal{T}}\left[1-\mathbb{I}\left(\gamma_t\leqslant 0\right)\right] \tag{6-28}$$

s.t.

$$\gamma_t=\max\left\{\begin{matrix} f(\boldsymbol{x}_t,\boldsymbol{\omega}_\ell)-y_t \\ y_t-f(\boldsymbol{x}_t,\boldsymbol{\omega}_u)\end{matrix}\right\},\quad \forall t\in\mathcal{T} \tag{6-29}$$

$$\sum_{t\in\mathcal{T}}\left[f\left(\boldsymbol{x}_t,\boldsymbol{\omega}_u\right)-f\left(\boldsymbol{x}_t,\boldsymbol{\omega}_\ell\right)\right]\leqslant v \tag{6-30}$$

$$0 \leqslant f(\boldsymbol{x}_t, \boldsymbol{\omega}_\ell) \leqslant f(\boldsymbol{x}_t, \boldsymbol{\omega}_u) \leqslant 1, \quad \forall t \in \mathcal{T} \tag{6-31}$$

式中，v 为引入的参变量，由于约束条件(6-30)左侧表示预测区间总体宽度预算，因而对于归一化的待预测变量，该参变量的取值范围为 $[0,|\mathcal{T}|]$；$\rho(v)$ 表示参变量为 v 时最小化 0-1 损失问题式(6-28)～式(6-31)达到的最优值，称为关于参变量的最优值函数。

上述含参变量的最小化 0-1 损失问题式(6-28)～式(6-31)可被归类为参数最优化问题。与仅由决策变量和常数参数构成的普通最优化问题不同，参数最优化问题还包括一个或多个待定参变量。当这些参变量的值被给定后，参数最优化问题也随之退化为普通最优化问题。对于最小化 0-1 损失问题式(6-28)～式(6-31)，引入的虚拟参变量 v 可被视为预测区间的总体宽度预算，该参变量控制着最小化 0-1 损失问题式(6-28)～式(6-31)的可行域范围。

基于上述分析，最小化 0-1 损失问题式(6-28)～式(6-31)可被理解为在给定预测区间总体宽度预算的条件下，最小化待预测值落在预测区间外的概率。由于概率预测的目标是在满足可靠性的基础上使预测的锐度最大化[11]，这就要求预测者寻找到最小的预测区间总体宽度预算 $v=\hat{v}$，使待预测值落在预测区间外的概率不大于 β。其中，寻找最小的预测区间总体宽度预算对应着预测锐度的最大化，保证待预测值落在预测区间外的概率不小于特定阈值对应着保证可靠性要求。因此，上述参变量寻优问题本质上与概率预测的目标是一致的。

在最小化 0-1 损失问题式(6-28)～式(6-31)中，式(6-29)为含逐点最大化函数的等式约束，该等式约束导致可行域的非凸。然而，目标函数式(6-28)倾向于使预测区间边界到待预测量的距离 γ_t 尽可能小，因而该等式约束可被松弛为不等式约束，且松弛问题的最优值可保证与原问题一致。该松弛问题可被完整表达如下：

$$\underline{\rho}(v) = \min_{\gamma_t,\, \boldsymbol{\omega}_\ell,\, \boldsymbol{\omega}_u} \sum_{t \in \mathcal{T}} \left[1 - \mathbb{I}(\gamma_t \leqslant 0)\right] \tag{6-32}$$

s.t.

$$\gamma_t \geqslant f(\boldsymbol{x}_t, \boldsymbol{\omega}_\ell) - y_t, \quad \forall t \in \mathcal{T} \tag{6-33}$$

$$\gamma_t \geqslant y_t - f(\boldsymbol{x}_t, \boldsymbol{\omega}_u), \quad \forall t \in \mathcal{T} \tag{6-34}$$

$$\sum_{t \in \mathcal{T}} \left[f(\boldsymbol{x}_t, \boldsymbol{\omega}_u) - f(\boldsymbol{x}_t, \boldsymbol{\omega}_\ell)\right] \leqslant v \tag{6-35}$$

$$0 \leqslant f(\boldsymbol{x}_t, \boldsymbol{\omega}_\ell) \leqslant f(\boldsymbol{x}_t, \boldsymbol{\omega}_u) \leqslant 1, \quad \forall t \in \mathcal{T} \tag{6-36}$$

式(6-33)和式(6-34)构成了对原始的逐点最大化等式约束式(6-29)的不等式松弛，且最优值函数 $\underline{\rho}(v)=\rho(v)$。

命题 6.1：对于原始最小化 0-1 损失问题式(6-28)～式(6-31)而言，将其中的逐点最大化等式约束式(6-29)松弛为不等式约束式(6-33)和式(6-34)，所得松弛最小化 0-1 损失问题式(6-32)～式(6-36)的最优值 $\underline{\rho}(v)$ 与原始最小化 0-1 损失问题式(6-28)～式(6-31)的最优值 $\rho(v)$ 相等。

证明：由于在松弛最小化 0-1 损失问题式(6-32)～式(6-36)中，仅有不等式约束式(6-33)和式(6-34)是对原始最小化 0-1 损失问题中逐点最大化等式约束式(6-29)的松弛，其他约束和目标函数均与原始最小化 0-1 损失问题相同，故松弛最小化 0-1 损失问题的最优值 $\underline{\rho}(v)$ 必不大于原始最小化 0-1 损失问题 $\rho(v)$：

$$\underline{\rho}(v) \leqslant \rho(v) \tag{6-37}$$

设松弛最小化 0-1 损失问题式(6-32)～式(6-36)的最优解为 $(\underline{\gamma}_t, \underline{\boldsymbol{\omega}}_\ell, \underline{\boldsymbol{\omega}}_u)$，通过下式即可将该松弛最优解转化为原始最小化 0-1 损失问题的一个可行解 $(\underline{\gamma}_t', \underline{\boldsymbol{\omega}}_\ell, \underline{\boldsymbol{\omega}}_u)$：

$$\gamma_t' = \max\{f(\boldsymbol{x}_t, \underline{\boldsymbol{\omega}}_\ell) - y_t, y_t - f(\boldsymbol{x}_t, \underline{\boldsymbol{\omega}}_u)\} \tag{6-38}$$

由于最小化问题的可行解所达目标函数值不可能低于最优值，所以 $(\underline{\gamma}_t', \underline{\boldsymbol{\omega}}_\ell, \underline{\boldsymbol{\omega}}_u)$ 在所达到的 0-1 损失式(6-28)满足

$$\sum_{t \in \mathcal{T}} \left[1 - \mathbb{I}(\gamma_t' \leqslant 0)\right] \geqslant \rho(v) \tag{6-39}$$

约束条件式(6-33)～式(6-34)决定了 $\gamma_t' \leqslant \underline{\gamma}_t$ 是成立的。当 $\gamma_t' \leqslant 0$ 时，为了最小化 0-1 损失式(6-28)必有 $\gamma_t' \leqslant \underline{\gamma}_t \leqslant 0$ 成立；当 $\gamma_t' > 0$ 时，则同时有 $\underline{\gamma}_t \geqslant \gamma_t' > 0$ 成立。因此，$\underline{\gamma}_t$ 和 γ_t' 同时取正或取负，即有

$$\underline{\rho}(v) = \sum_{t \in \mathcal{T}} [1 - \mathbb{I}(\underline{\gamma}_t \leqslant 0)] = \sum_{t \in \mathcal{T}} [1 - \mathbb{I}(\gamma_t' \leqslant 0)] \geqslant \rho(v) \tag{6-40}$$

根据不等式(6-37)和式(6-40)可知 $\underline{\rho}(v)=\rho(v)$ 成立。

由于约束条件式(6-33)～式(6-36)对应的可行域随着预测区间总体宽度预算 v 的增大而扩张，对于最小化问题式(6-32)～式(6-36)而言，最优值函数 $\underline{\rho}(v)$ 是参变量 v 的单调非增函数。如果在特定参变量 v 下达到的最优值 $\underline{\rho}(v)$ 小于或等于阈值 $\beta|\mathcal{T}|$，说明可以进一步减小参变量的取值且不违反可靠性要求。反之，该参变量的值则必须增加，以保证 $\underline{\rho}(v) \leqslant \beta|\mathcal{T}|$ 的可靠性要求。鉴于最优值函数 $\underline{\rho}(v)$ 关于参变量 v 的单调性，如果 $\underline{\rho}(v)$ 在给定参数值下的函数值能够被准确评估，仅

需通过二分查找即可以给定误差范围寻找到使得 $\underline{\rho}(v) \leqslant \beta|\mathcal{T}|$ 的最小参数值，伪代码见算法 6.2。

算法 6.2　最小宽度预算 $\hat{v}$ 的二分寻优算法

输入：二分寻优算法精度 ϵ_1；二分查找区间 $[\underline{v}_\ell, \underline{v}_u]$；

输出：满足 $\underline{\rho}(v) \leqslant \beta|\mathcal{T}|$ 的最小区间宽度预算 $\hat{v}$；

while $\underline{v}_u - \underline{v}_\ell > \epsilon_1$ do

　$v \leftarrow (\underline{v}_\ell + \underline{v}_u) > \epsilon_1$；

　计算最优值函数(6-32)在 v 处的函数值 $\underline{\rho}(v)$；

　if $\underline{\rho}(v) \leqslant \beta|\mathcal{T}|$ then

　　$\underline{v}_u \leftarrow v$；

　else

　　$\underline{v}_\ell \leftarrow v$；

　end if

end while

$\hat{v} \leftarrow v$

6.3.4　基于凸差优化的二分训练算法

1. 模型变换

直接最小化 0-1 损失函数是一个组合优化问题，具有 NP-完全的复杂度[17]，准确评估 $\underline{\rho}(v)$ 在不同参数下的取值难度较大，因此，本节利用其他形式的函数来近似 0-1 损失函数，在不显著影响最优解质量的前提下提升计算效率，进而得到 $\underline{\rho}(v)$ 的近似值。目前已有通过铰链损失(hinge loss)及删截铰链损失(truncated hinge loss)近似 0-1 损失的研究，本节基于这两种损失提出一种新的凸差函数(difference of convex，DC)损失，能更加精确地逼近 0-1 损失。

铰链损失 $L_{\mathrm{H}}(x)$ 被广泛应用于机器学习中的分类问题，该损失函数的表达式如下：

$$L_{\mathrm{H}}(x) = \begin{cases} 1-x, & x \leqslant 1 \\ 0, & x > 1 \end{cases} \tag{6-41}$$

图 6.2 将铰链损失与 0-1 损失函数的图像进行对比，易知铰链损失为一个凸函数，因而在训练基于线性系统的分类模型时能够保证获得模型参数的全局最优。该损失函数在区间 $(-\infty,1]$ 上随着自变量的减小而递增，对于自变量的变动过于敏感，与 0-1 损失差别较大，容易发生过拟合现象[18]。

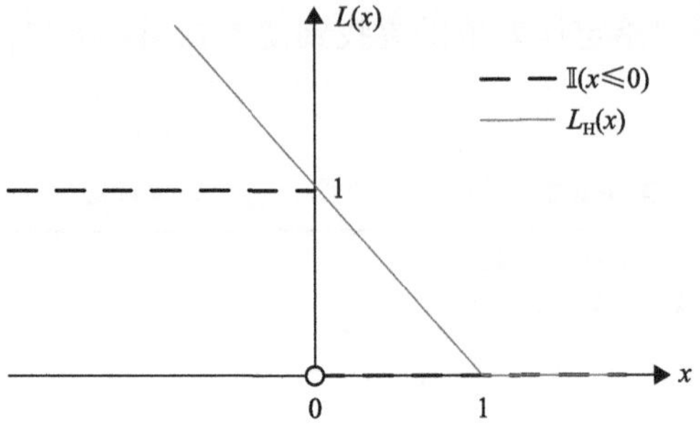

图 6.2　铰链损失与 0-1 损失的函数图像对比

针对铰链损失精度不理想且对样本数据过于敏感的不足，有研究采用删截铰链损失来提升分类性能[18]，该损失定义为

$$L_{\mathrm{TH}}(x;m)=L_{\mathrm{H}}(x)-\max\left\{-\frac{1}{m}-x,0\right\} \tag{6-42}$$

式中，m 为决定分段点以及损失函数饱和值的参数，其取值恒为正。

图 6.3 展示了删截铰链损失的函数图像。与原始的铰链损失相比，删截铰链损失并不随着自变量的减小而一直减小。当自变量小于 $-1/m$ 时，删截铰链损失将维持在饱和值 $1+1/m$，对数据的敏感性降低，具有更好的鲁棒性。但从图 6.3 中可以观察到，删截铰链损失在区间 $(-\infty,1]$ 上的取值均高于 0-1 损失，其近似精度较为有限。

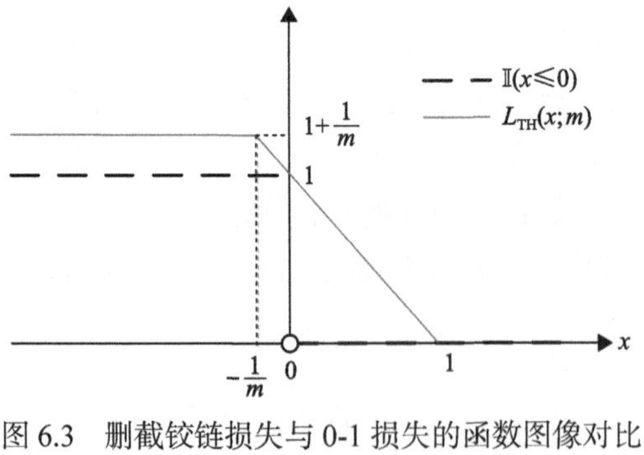

图 6.3　删截铰链损失与 0-1 损失的函数图像对比

基于铰链损失及其删截形式，本节提出如下的近似函数：

$$\begin{aligned}L_{\mathrm{DC}}(x;m)&=\max\{-mx,0\}-\max\{-mx-1,0\}\\&=\begin{cases}\mathbb{I}(x\leqslant 0), & x\in(-\infty,-\dfrac{1}{m}]\cup(0,+\infty)\\-mx, & x\in(-\dfrac{1}{m},0]\end{cases}\end{aligned} \tag{6-43}$$

式中，m 为近似函数的斜率参数，该参数同样恒取正值。注意到该函数是两个凸函数作差，因而可被归类为凸差函数。图 6.4 绘制了 0-1 损失函数 $\mathbb{I}(x\leqslant 0)$ 及其近似函数 $L_{\mathrm{DC}}(x;m)$ 的图像，注意函数 $L_{\mathrm{DC}}(x;m)$ 仅在 $(-\frac{1}{m},0]$ 上构成对示性函数 $\mathbb{I}(x\leqslant 0)$ 的下估计，在其他范围内则与示性函数 $\mathbb{I}(x\leqslant 0)$ 精确相等，且参数 m 取值越大，该凸差函数 $L_{\mathrm{DC}}(x;m)$ 与检验函数 $\mathbb{I}(x\leqslant 0)$ 的相似度越高。显然，与铰链损失 $L_{\mathrm{H}}(x)$ 和删截铰链损失 $L_{\mathrm{TH}}(x;m)$ 相比，所提凸差函数 $L_{\mathrm{DC}}(x;m)$ 的近似精度更高。

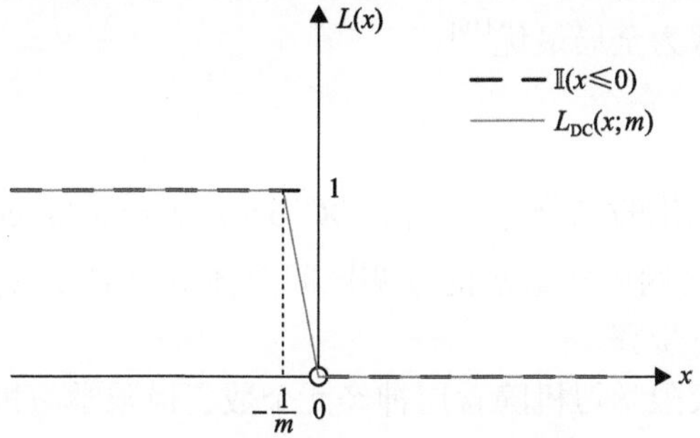

图 6.4　凸差函数与 0-1 损失的函数图像对比

将最小化 0-1 损失问题中的示性函数 $\mathbb{I}(x\leqslant 0)$ 用凸差函数 $L_{\mathrm{DC}}(x;m)$ 近似，目标函数(6-32)可被近似为下式：

$$L(\gamma)=\sum_{t\in\mathcal{T}}\left[1-L_{\mathrm{DC}}(\gamma_t;m)\right]=L_{\mathrm{vex}}^{+}(\gamma)-L_{\mathrm{vex}}^{-}(\gamma)=\underbrace{\sum_{t\in\mathcal{T}}\left[1+\max\{-m\gamma_t-1,0\}\right]}_{L_{\mathrm{vex}}^{+}(\gamma)}-\underbrace{\sum_{t\in\mathcal{T}}\max\{-m\gamma_t-1,0\}}_{L_{\mathrm{vex}}^{-}(\gamma)} \tag{6-44}$$

该函数同样为一个凸差函数，其中 $\boldsymbol{\gamma}=\left[\gamma_1\ \gamma_2\cdots\ \gamma_{|\mathcal{T}|}\right]^{\mathrm{T}}$，$L_{\mathrm{vex}}^{+}(\gamma)$ 和 $L_{\mathrm{vex}}^{-}(\gamma)$ 分别为凸差函数的两个分量。在完成了对最小化 0-1 损失问题的目标函数的近似后，可得到如下的问题：

$$\bar{\rho}(v)=\min_{\gamma_t,\,\omega_\ell,\,\omega_u} L(\gamma) \tag{6-45}$$

s.t.

$$\gamma_t\geqslant f(\boldsymbol{x}_t,\boldsymbol{\omega}_\ell)-y_t,\quad \forall t\in\mathcal{T} \tag{6-46}$$

$$\gamma_t\geqslant y_t-f(\boldsymbol{x}_t,\boldsymbol{\omega}_u),\quad \forall t\in\mathcal{T} \tag{6-47}$$

$$\sum_{t\in\mathcal{T}}\left[f\left(\boldsymbol{x}_t,\boldsymbol{\omega}_u\right)-f\left(\boldsymbol{x}_t,\boldsymbol{\omega}_\ell\right)\right]\leqslant v \tag{6-48}$$

$$0\leqslant f\left(\boldsymbol{x}_t,\boldsymbol{\omega}_\ell\right)\leqslant f\left(\boldsymbol{x}_t,\boldsymbol{\omega}_u\right)\leqslant 1,\qquad \forall t\in\mathcal{T} \tag{6-49}$$

式中，$\bar{\rho}(v)$ 为凸差优化模型关于参变量 v 的最优值函数；模型的决策向量记作 $\boldsymbol{\theta}=\left[\boldsymbol{\gamma}^{\mathrm{T}}\ \boldsymbol{\omega}_\ell^{\mathrm{T}}\ \boldsymbol{\omega}_u^{\mathrm{T}}\right]^{\mathrm{T}}$。由于上述问题的约束条件构成了一个凸集，且目标函数是最小化两个凸函数之差，因而可通过凸-凹优化(convex-concave procedure，CCCP)算法进行高效求解，该算法仅需求解有限次凸优化问题即可收敛到较高质量的最优解，且该最优解通常为全局最优[19]。

2. 算法描述

采用基于凸差优化的二分寻优算法(DC optimization based bisection search，DCBS)搜寻满足机会约束的最短的预测区间总体宽度 $v^\star$，实现极限学习机的训练，该算法包括以下步骤。

步骤 1：给定极限学习机隐含层神经元个数、极限学习机输入层权重向量及隐含层偏置、二分查找算法精度 ϵ_1、二分查找区间 $[\underline{v}_\ell,\underline{v}_u]$，其中给定的二分查找区间应包含最短的预测区间总体宽度 $v^\star$。

步骤 2：对于含参变量凸差优化模型，令其参变量 v 为二分查找区间的中点 $(\underline{v}_\ell+\underline{v}_u)/2$，利用步骤 2.1～2.5 所述的凸-凹优化算法求解该凸差优化模型。

步骤 2.1：给定算法收敛精度 ϵ_2、凸差函数的斜率参数 m、表征预测区间总体宽度预算的参变量 v。

步骤 2.2：置迭代计数变量 $k\leftarrow 0$；求解如下的线性规划问题以获得模型初始解 $\boldsymbol{\theta}^{(0)}$。

$$\boldsymbol{\theta}^{(0)}\leftarrow \arg\min_{\gamma_t,\,\boldsymbol{\omega}_\ell,\,\boldsymbol{\omega}_u}\ \boldsymbol{1}^{\mathrm{T}}\boldsymbol{\gamma} \tag{6-50}$$

s.t.

$$\gamma_t\geqslant 0,\forall t\in\mathcal{T} \tag{6-51}$$

$$\gamma_t\geqslant f\left(\boldsymbol{x}_t,\boldsymbol{\omega}_\ell\right)-y_t,\qquad \forall t\in\mathcal{T} \tag{6-52}$$

$$\gamma_t\geqslant y_t-f\left(\boldsymbol{x}_t,\boldsymbol{\omega}_u\right),\qquad \forall t\in\mathcal{T} \tag{6-53}$$

$$\sum_{t\in\mathcal{T}}\left[f\left(\boldsymbol{x}_t,\boldsymbol{\omega}_u\right)-f\left(\boldsymbol{x}_t,\boldsymbol{\omega}_\ell\right)\right]\leqslant v \tag{6-54}$$

$$0 \leqslant f(\boldsymbol{x}_t, \boldsymbol{\omega}_\ell) \leqslant f(\boldsymbol{x}_t, \boldsymbol{\omega}_u) \leqslant 1, \quad \forall t \in \mathcal{T} \tag{6-55}$$

式中，**1** 为元素全为 1 的向量，其维度与训练集样本个数相同。

步骤 2.3：利用迭代式更新模型在第 $k+1$ 次迭代的解。

$$\boldsymbol{\theta}^{(k+1)} \leftarrow \arg \min_{\gamma_t, \boldsymbol{\omega}_\ell, \boldsymbol{\omega}_u} L_{\text{vex}}^{+}(\boldsymbol{\gamma}) - \left[L_{\text{vex}}^{-}\left(\boldsymbol{\gamma}^{(k)}\right) + \boldsymbol{\delta}^{(k)\text{T}}\left(\boldsymbol{\gamma} - \boldsymbol{\gamma}^{(k)}\right) \right] \tag{6-56}$$

s.t.

$$L_{\text{vex}}^{+}(\boldsymbol{\gamma}) = \sum_{t \in \mathcal{T}} \left[1 + \max\{-m\gamma_t - 1, 0\} \right] \tag{6-57}$$

$$L_{\text{vex}}^{-}(\boldsymbol{\gamma}) = \sum_{t \in \mathcal{T}} \max\{-m\gamma_t - 1, 0\} \tag{6-58}$$

$$\gamma_t \geqslant f(\boldsymbol{x}_t, \boldsymbol{\omega}_\ell) - y_t, \quad \forall t \in \mathcal{T} \tag{6-59}$$

$$\gamma_t \geqslant y_t - f(\boldsymbol{x}_t, \boldsymbol{\omega}_u), \quad \forall t \in \mathcal{T} \tag{6-60}$$

$$\sum_{t \in \mathcal{T}} \left[f(\boldsymbol{x}_t, \boldsymbol{\omega}_u) - f(\boldsymbol{x}_t, \boldsymbol{\omega}_\ell) \right] \leqslant v \tag{6-61}$$

$$0 \leqslant f(\boldsymbol{x}_t, \boldsymbol{\omega}_\ell) \leqslant f(\boldsymbol{x}_t, \boldsymbol{\omega}_u) \leqslant 1, \quad \forall t \in \mathcal{T} \tag{6-62}$$

式中，$L_{\text{vex}}^{+}(\boldsymbol{\gamma})$ 和 $L_{\text{vex}}^{-}(\boldsymbol{\gamma})$ 为目标函数的凸差分量；$\boldsymbol{\delta}^{(k)}$ 为凸函数 $L_{\text{vex}}^{-}(\boldsymbol{\gamma})$ 在 $\boldsymbol{\gamma}^{(k)}$ 处的次微分，满足

$$\begin{aligned} \boldsymbol{\delta}^{(k)} &\in \left\{ \boldsymbol{g} \in \mathbb{R}^{|\mathcal{T}|} \middle| L_{\text{vex}}^{-}(\boldsymbol{\gamma}) \geqslant L_{\text{vex}}^{-}\left(\boldsymbol{\gamma}^{(k)}\right) + \boldsymbol{g}^{\text{T}}\left(\boldsymbol{\gamma} - \boldsymbol{\gamma}^{(k)}\right), \ \forall \boldsymbol{\gamma} \right\} \\ &= \left\{ \left[g_1\, g_2 \cdots g_{|\mathcal{T}|} \right]^{\text{T}} \middle| \forall t \in \mathcal{T}, \begin{cases} g_t = -m, \gamma_t < 0 \\ g_t \in [-m, 0], \gamma_t = 0 \\ g_t = 0, \gamma_t > 0 \end{cases} \right\} \end{aligned} \tag{6-63}$$

步骤 2.4：迭代计数变量自增 $k \leftarrow k+1$；计算收敛误差 $\boldsymbol{e} \leftarrow \boldsymbol{\theta}^{(k)} - \boldsymbol{\theta}^{(k-1)}$。

步骤 2.5：判断收敛误差的欧式范数 $\boldsymbol{e}_2$ 是否满足收敛精度 ϵ_2，若不满足返回步骤 2.3，否则输出收敛解 $\bar{\boldsymbol{\theta}} \leftarrow \boldsymbol{\theta}^{(k)}$。

步骤 3：计算训练集中风电功率落在其预测区间外的样本数 N_{miss}。

$$N_{\text{miss}} \leftarrow \sum_{t \in \mathcal{T}} \left[1 - \mathbb{I}\left(f(\boldsymbol{x}_t, \bar{\boldsymbol{\omega}}_\ell) \leqslant y_t \leqslant f(\boldsymbol{x}_t, \bar{\boldsymbol{\omega}}_u) \right) \right] \tag{6-64}$$

步骤 4：若 $N_{miss} \leqslant \beta|\mathcal{T}|$，则更新二分查找区间的上边界 $\underline{\nu}_u \leftarrow (\underline{\nu}_\ell + \underline{\nu}_u)/2$，记录当前极限学习机输出层权重向量 $\boldsymbol{\omega}_\ell \leftarrow \bar{\boldsymbol{\omega}}_\ell$，$\boldsymbol{\omega}_u \leftarrow \bar{\boldsymbol{\omega}}_u$；反之，更新二分查找区间的下边界 $\underline{\nu}_\ell \leftarrow (\underline{\nu}_\ell + \underline{\nu}_u)/2$。

步骤 5：若 $\underline{\nu}_u - \underline{\nu}_\ell \leqslant \epsilon_1$，输出极限学习机输出层权重向量 $\boldsymbol{\omega}_\ell$ 和 $\boldsymbol{\omega}_u$，否则返回步骤 2。

图 6.5 给出了基于凸差优化的二分查找算法流程图，当上述算法终止迭代时有 $N_{miss} \leqslant \beta|\mathcal{T}|$，则输出的权重向量 $\boldsymbol{\omega}_\ell$ 和 $\boldsymbol{\omega}_u$ 必然是 SAA 模型(6-24)～模型(6-27)的一组可行解。因此，收敛的参变量取值构成最短的预测区间总体宽度 $\nu^\star$ 的一个上估计。

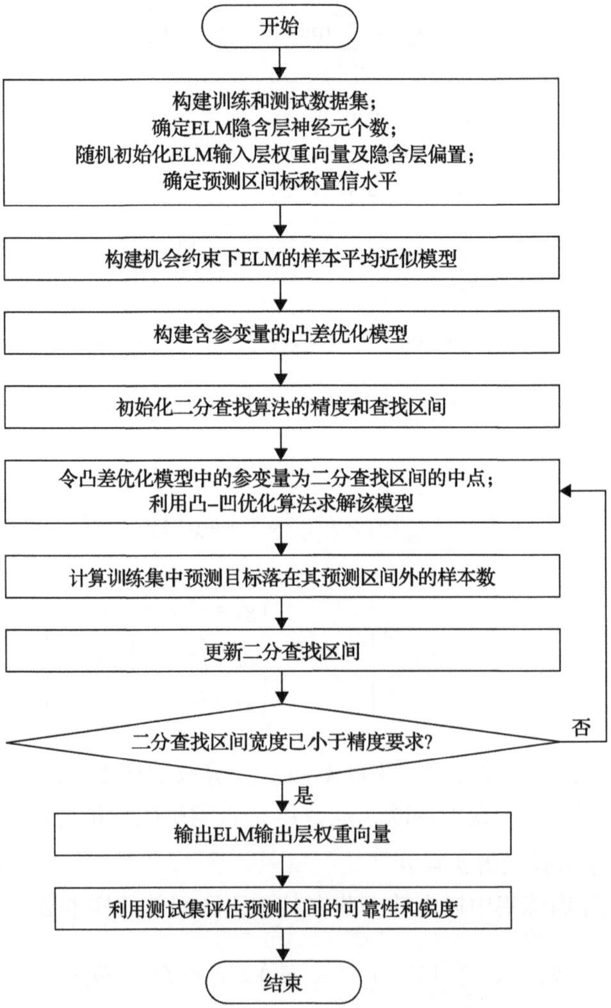

图 6.5　基于凸差优化的二分查找算法流程图

图 6.6 展示了 CCELM 模型的转化过程，采用方框表示标准形式的最优化问题，采用圆角方框表示参数最优化问题。原始的随机机会约束 CCELM 模型被转化为最小化凸差损失的参数最优化问题式(6-45)～式(6-49)。通过基于凸差优化的二分查找算法，搜寻使参数优化问题式(6-45)～式(6-49)的最优值函数不大于 $\beta|\mathcal{T}|$ 的最小参数值 $\overline{v}$，并将 $\overline{v}$ 作为对标准优化模型式(6-24)～式(6-27)最优值 $v^{\star}$ 的替代。算法的执行过程将复杂的机器学习问题转化为有限次线性规划的求解问题，因而具有优越的计算效率。

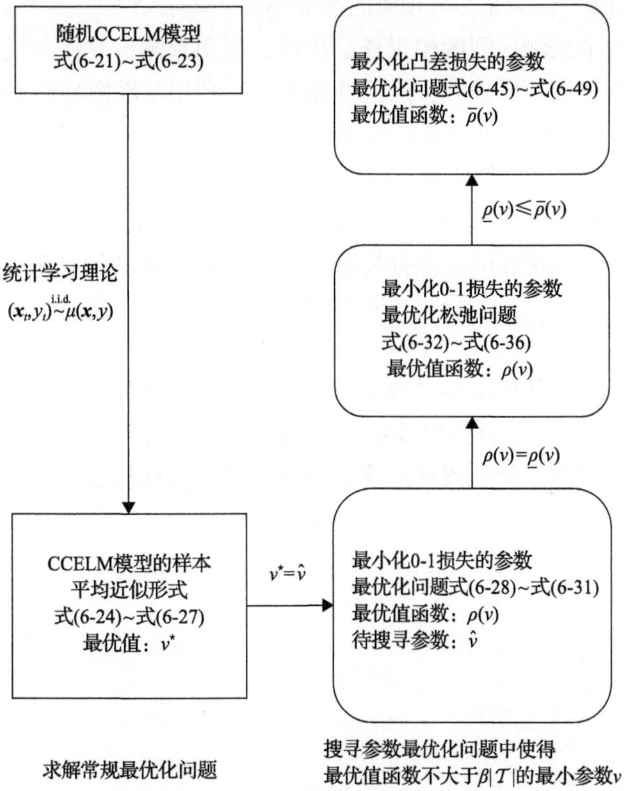

图 6.6　CCELM 模型转化关系图

6.4　算 例 分 析

6.4.1　算例描述

为了验证预测区间的帕累托最优性及机会约束极限学习机方法 CCELM 对最优区间预测的有效性，利用英国苏格兰福德兰峡谷风电场 2017 年四季的真实风电数据构建并测试预测模型，该数据的时间分辨率为30min/点。考虑到风电序列的季节性差异，单独构建对每个季节下的预测模型，在每个季节的数据集中，60%的样本构成训练集，其余的样本构成测试集。

采用稀疏贝叶斯学习(sparse Bayesian learning，SBL)[20]作为参数化预测基准模型，该方法假设预测误差服从正态分布，通过贝叶斯推断获得正态分布模型的均值和方差，进而构建基于正态模型的预测区间。采用直接区间预测(DIF)[21]、高斯核函数密度估计(Gaussian kernel density estimation，GKDE)[22]和基于机器学习的线性规划模型(MLLP)[23]作为非参数预测的基准模型。

本节首先展示预测区间的帕累托最优性，说明预测可靠性和锐度的相互制衡关系。为了完整评估不同预测方法的性能优劣，利用基准模型和CCELM模型分别生成不同的置信水平和提前时间的预测区间，并进行比较分析。为了验证CCELM方法不依赖固定分位水平的优势，对MLLP方法所得预测区间的分位水平进行灵敏度分析，并将其与CCELM方法获得的预测区间进行对比。此外，本节还对所提基于凸差优化的二分查找算法DCBS的性能进行验证分析。

6.4.2 帕累托最优分析

图6.7展示了利用NSGA-Ⅱ算法获得的夏季预测区间可靠性与锐度指标构成的帕累托前沿，其中可靠性由经验覆盖率ECP表征，锐度由区间平均宽度AW表征。可以看出，预测区间帕累托最优解对应的两个目标构成了一个上凹的曲线，即越高的经验覆盖率ECP对应越大的区间平均宽度AW，且随着经验覆盖率ECP

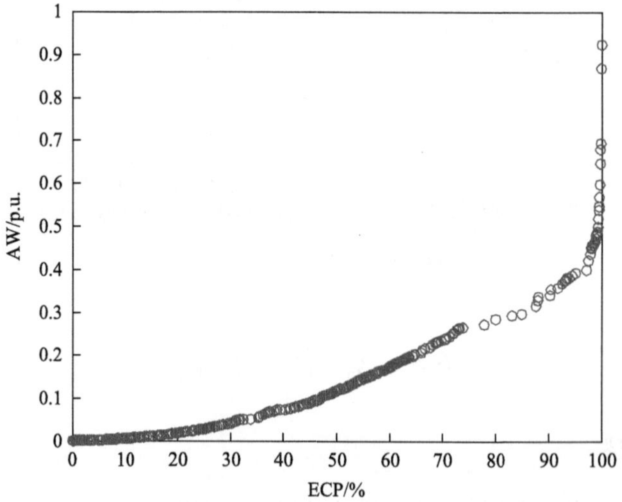

图6.7 夏季预测区间可靠性与锐度的帕累托前沿

的增大，区间平均宽度 AW 以更高的变化率增大，该曲线即帕累托前沿。预测区间的可靠性和锐度是一对相互制衡的性能，很难对两者同时进行提升。以帕累托前沿上的任意点为参考，理论上无法构建平均宽度 AW 小于该点且经验覆盖率高于该点的预测区间，即帕累托前沿右下方的区域不存在对应的预测区间。值得注意的是，当经验覆盖率 ECP 由 96%增长至 100%时，预测区间的平均宽度从不到 0.4 急剧增大至 0.9 以上，这反映了风电预测不确定性概率分布具有较长的尾部，必须大幅增大区间宽度才能实现很高的置信水平。

由于构建预测区间帕累托最优前沿需要同时生成大量候选解并进行非支配排序，计算成本较高，实际中往往更倾向于直接生成若干特定置信水平的最优预测区间，这种需求可以通过机会约束极限学习机方法实现。

6.4.3　多季节预测区间分析

风电功率在四季中呈现不同的特性，表 6.1 给出了利用稀疏贝叶斯学习 SBL、基于机器学习的线性规划 MLLP、高斯核密度估计 GKDE 和机会约束极限学习 CCELM 各方法所得预测区间的性能指标，预测的提前时间为 1 小时，标称置信水平为 90%。本节采用的 MLLP 方法用于生成中心对称的区间。观察可知，SBL 在冬季、春季和夏季数据集下的平均覆盖率偏差超过–3%，该误差主要由 SBL 方法依赖的高斯分布假设导致，难以保证预测的可靠性。在 MLLP 和 GKDE 这两个非参数基准方法中，GKDE 在除冬季外的数据集下也有较好的可靠性，但其区间比 CCELM 所得的预测区间宽 5%～16%。MLLP 和 CCELM 对应区间平均覆盖误差的绝对值均小于 2.5%，经验覆盖率接近标称置信水平 90%，具备优良的可靠性。但因为基于 MLLP 的预测区间边界对应固定的分位水平，CCELM 则无此限制，使得 CCELM 在四个季节中所得区间比 MLLP 窄 4.8%～11.6%。综合以上分析可知，CCELM 能够在保证预测区间具有良好可靠性的前提下有效缩短区间宽度，实现可靠性和锐度性能的均衡，且能在不同季节的数据集下保持这种性能优势。

表 6.1　标称置信水平 90%、提前时间为 1h 下的四季预测区间性能比较

季节	方法	ECP/%	ACD/%	AW
冬季	SBL	83.43	–6.57	0.3506
	MLLP	87.69	–2.31	0.3756
	GKDE	85.89	–4.11	0.3516
	CCELM	88.16	–1.84	0.3575
春季	GKDE	86.96	–3.04	0.2994
	MLLP	87.92	–2.08	0.2767
	GKDE	87.82	–2.18	0.2842
	CCELM	89.45	–0.55	0.2605

续表

季节	方法	ECP/%	ACD/%	AW
夏季	SBL	85.43	−4.57	0.2459
	MLLP	87.59	−2.41	0.2273
	GKDE	90.81	0.81	0.2336
	CCELM	90.39	0.39	0.2064
秋季	SBL	88.20	−1.80	0.3997
	MLLP	91.46	1.46	0.4274
	GKDE	88.84	−1.16	0.3991
	CCELM	91.20	1.20	0.3778

图 6.8～图 6.11 展示了机会约束极限学习机方法在四季数据集下所得的预测区间及对应的真实风电功率。可以看出，冬季和春季的风电波动较为剧烈，预测区间的宽度较夏、秋两季更大，反映了该时段内风电预测具有更强的不确定性。图中的预测区间能够很好地跟踪风电功率的爬坡行为，且能根据输入特征自适应调整预测区间的宽度，体现出其对各种风电出力状态具有良好的适应性。

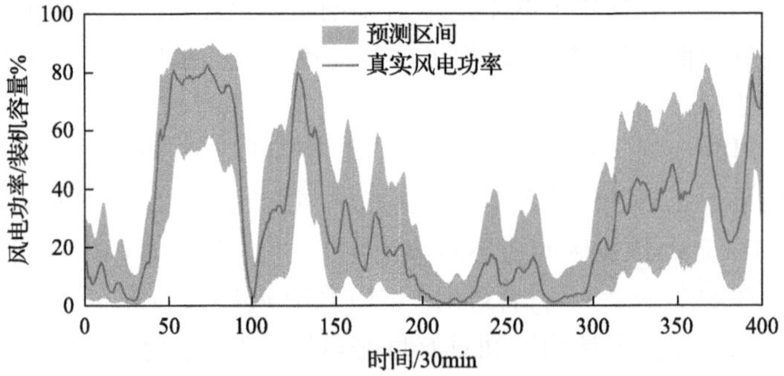

图 6.8　CCELM 方法获得的置信水平为 90%、提前时间为 1h 的冬季预测区间

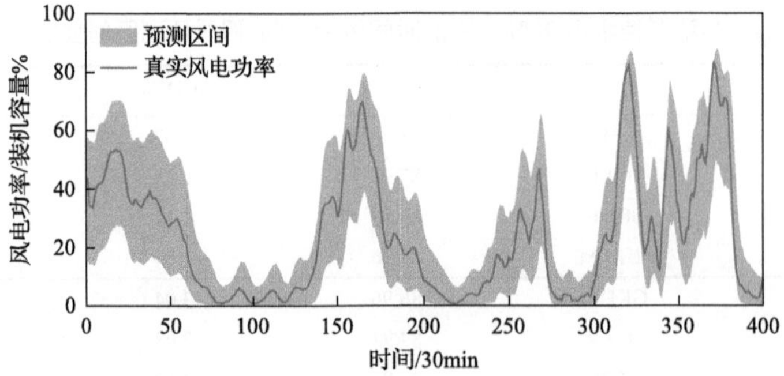

图 6.9　CCELM 方法获得的置信水平为 90%、提前时间为 1h 的春季预测区间

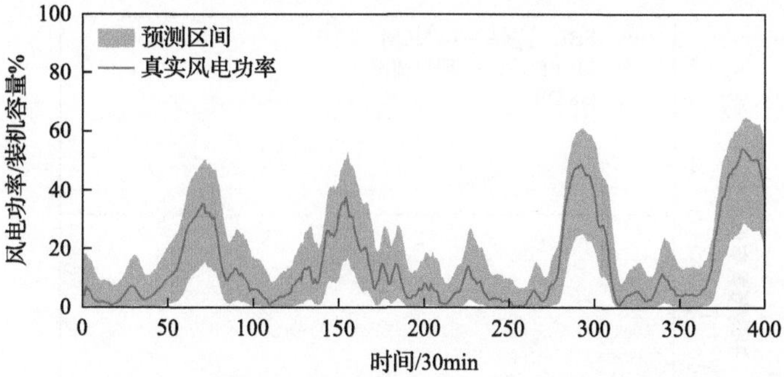

图 6.10　CCELM 方法获得的置信水平为 90%、提前时间为 1h 的夏季预测区间

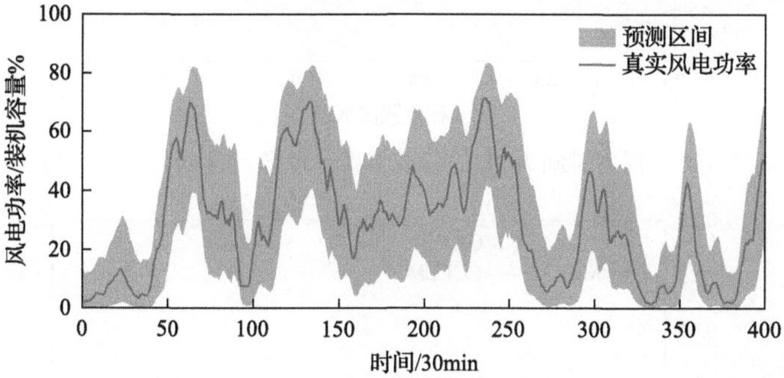

图 6.11　CCELM 方法获得的置信水平为 90%、提前时间为 1h 的秋季预测区间

6.4.4　多置信度区间预测分析

不同决策者对风险的接受程度存在一定差异，预测者应能提供多种置信水平的预测区间。图 6.12 和图 6.13 给出了提前时间为 1h、标称置信度分别为 75%、80%、85%、90%、95%和 99%的春季预测区间性能指标。相对非参数化方法，参数化 SBL 方法的平均覆盖率偏差较大，当标称置信度为 75%～95%时，基于 SBL 方法的预测区间平均覆盖率偏差高于 3.5%。当预测区间的置信水平高于 80%时，MLLP 方法获得的预测区间宽度显著高于 CCELM。对于标称置信度为 99%的预测区间而言，尽管 GKDE 方法所得区间宽度小于 CCELM，但前者的经验覆盖率仅达到约 96%，具有 3%以上的负误差，在取得良好锐度性能的同时牺牲了更为关键的可靠性，未能实现可靠性与锐度的性能均衡。由于 CCELM 方法在模型构建时将可靠性要求以机会约束的形式进行限制，该方法生成的预测区间具有较高的可靠性，其经验覆盖率关于标称置信度的偏差均小于 1%。此外，当标称置信度位于 80%～95%时，CCELM 方法达到的平均区间宽度均小于其他四种基准模型，体现了 CCELM 方法对提升多置信水平预测区间锐度的有效性。

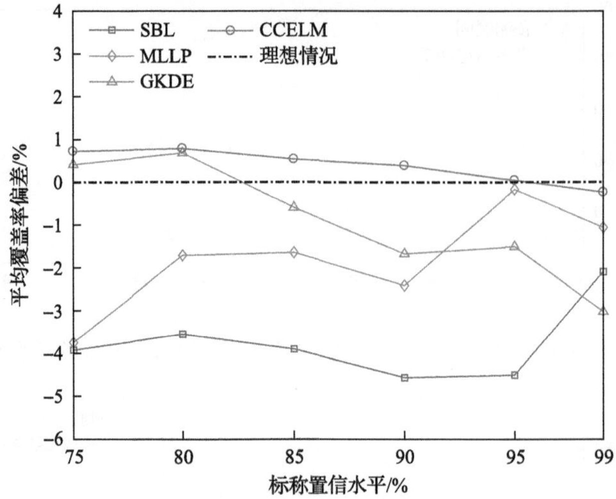

图 6.12　提前时间为 1h 的春季多置信度预测区间可靠性比较

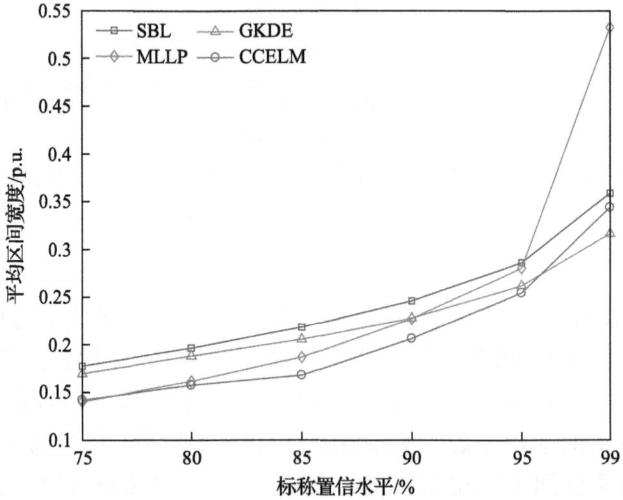

图 6.13　提前时间为 1h 的春季多置信度预测区间锐度比较

6.4.5　多提前时间区间预测分析

电力系统多样化的决策任务存在不同的时间尺度，进而产生了对不同提前时间预测信息的需求。表 6.2 列出了标称置信水平为 90%时，提前时间为 30～120min 的夏季预测区间性能指标。可以看出，尽管在同一标称置信水平下，所有方法所得预测区间的经验覆盖率仍然随着预测提前时间的增大而减小，平均区间宽度则与预测提前时间一同增大或减小。事实上，由于提前时间的增大，预测的难度也随之增大，预测存在更高的不确定性，导致预测区间的平均覆盖率偏差和平均区间宽度增大。SBL 方法假设预测误差服从高斯分布，这一假设导致高达 3.12%～5.31%的平均覆盖率偏差，难以适应电力系统对预测高可靠性的需求。由于高斯核密度估计 GKDE 所得风电概率分布在整个实数集上均有非零的概率密度，不符合风电功率的有界特性，因而当预测的提前时间大于 1h 后，GKDE 所得区间的平均覆盖率偏差高于 4%，可靠性不佳。对于表 6.2 测试的四个提前时间而言，非参数预测方法 MLLP 和 CCELM 无需对预测不确定性概率分布做出先验假设，其平均覆盖率偏差控制在 2.2%以内，展现出良好的可靠性。此外，CCELM 方法的平均区间宽度比 MLLP 窄 3%～14%，这是由于 MLLP 在对区间建模时仍需预先指定或优化出某一分位水平，而 CCELM 所构建预测区间的边界分位水平可以是时变的，因而能更加灵活地缩短区间宽度。综合上述分析，CCELM 方法能在多提前时间下较好地权衡可靠性与锐度性能，具有优异的综合性能。

表 6.2　标称置信水平 90%的多提前时间预测区间性能比较

预测提前时间/min	方法	ECP/%	ACD/%	AW
30	SBL	86.88	−3.12	0.1823
	MLLP	87.82	−2.18	0.2040
	GKDE	92.15	2.15	0.2715
	CCELM	89.27	−0.73	0.1970
60	SBL	85.43	−4.57	0.2459
	MLLP	87.92	−2.08	0.2767
	GKDE	85.81	−4.19	0.2740
	CCELM	89.45	−0.55	0.2605
90	SBL	85.21	−4.79	0.3057
	MLLP	87.91	−2.09	0.3114
	GKDE	83.32	−6.68	0.2771
	CCELM	89.74	−0.26	0.3022
120	SBL	84.69	−5.31	0.3041
	MLLP	88.00	−2.00	0.3569
	GKDE	80.23	−9.77	0.2779
	CCELM	88.87	−1.13	0.3304

6.4.6　预测区间分位水平分析

传统基于分位数回归或概率分布的区间预测方法在构建预测区间时需指定固定的区间分位水平，为了简便，通常采用关于中位数对称的分位水平构造中心预测区间。尽管 MLLP 方法可通过对概率质量偏差进行灵敏度分析获得不同分位水平的预测区间，但该方法所产生的预测区间仍受限于固定的分位水平。以提前时间为 1h，标称置信水平为 90%的冬季预测区间为例，图 6.14 的实线标识了不同概率质量偏差下 MLLP 方法的平均区间宽度和平均覆盖误差。可以看到当概率质量偏差为 2%时，预测区间的平均区间宽度最小，对应的区间上下边界分位水平分别为 94%和 4%。图 6.14 的虚线标示了 CCELM 方法所得预测区间的相应指标，可以看到 CCELM 的平均区间宽度仍低于 MLLP 方法所得最短的预测区间，这是由于 CCELM 方法在构建预测区间的过程中无需将上述的分位水平固定为特定常数值，不同时刻预测区间所对应的分位水平可以不同，从而在同样的置信水平下具有更大的优化空间，以缩短区间宽度。

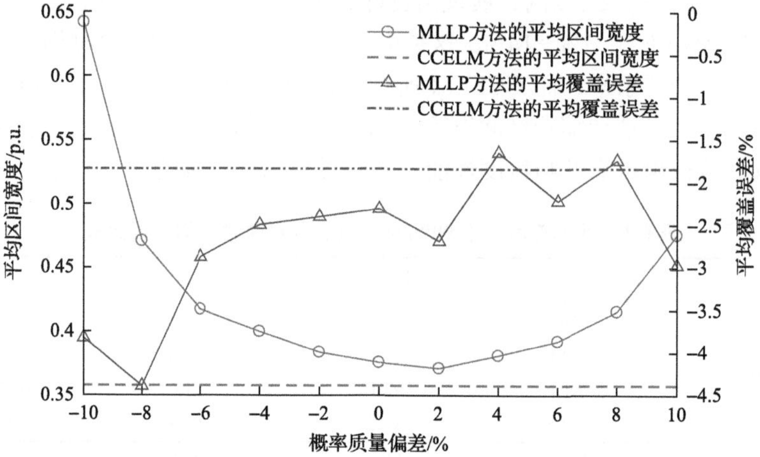

图 6.14 固定分位水平预测区间与基于 CCELM 方法的预测区间性能对比

6.4.7 求解算法分析

1. 计算效率比较分析

对电力系统预测而言，输入特征与其待预测目标值的映射关系通常是随时间变化的。为了提高机器学习预测模型的预测精度，需要不断利用最新数据更新预测模型，因而训练预测模型所需的时间决定着其应用场景。本节对不同预测模型的训练时间展开测试，不失一般性，表 6.3 给出了冬季数据集下提前时间为 1h、标称置信水平为 90%的各区间预测模型所需的计算时间。参数化的 SBL 方法和非参数化的 MLLP 方法具有极高的运算效率，但 CCELM 具有更优的可靠性。CCELM 方法将复杂的机器学习模型构建问题转化为求解有限次线性优化的问题，训练模型用时不足半分钟，比 GKDE 方法快 4.4 倍，具有优越的计算效率，能够有力支撑预测模型的在线构建与实时更新。

表 6.3 构建不同预测模型所需计算时间

方法	SBL	MLLP	GKDE	CCELM
时间/s	0.07	0.58	37.12	20.64

为了验证所提基于二分查找的凸差优化法的优势，分别利用不同的机会约束规划求解算法构建 CCELM 模型，并对比其性能。采用的对比算法包括交替方向法(alternating direction method)[24]、基于采样的梯度下降法(sample based descent algorithm)[25]和条件风险值(conditional value at risk，CVaR)[26]内近似法。其中，交替方向法是一种基于增广拉格朗日分解的迭代算法，该方法通过交替求解凸二次规划子问题和 0-1 线性背包子问题获得机会约束规划的局部最优解。基于采样的梯度下降法首先构造对数障碍罚函数，形成无约束优化问题，然后通过样本数据计算目标函数梯度的下降方向，通过迭代计算求得无约束优化问题的驻点。CVaR 内近似法将问题中的机会约束重构为 CVaR 形式的凸约束，重构的可行域是原始可行域的内近似凸多面体，可采用线性规划求解器直接求解得到的内近似问题。

表 6.4 展示了上述优化算法求解 CCELM 模型的性能，用于对比的性能指标包括各算法的计算时间、各算法输出最优解所达到目标值及其对应的机会约束违反概率。不失一般性，表中结果对应提前时间为 1h 的冬季预测区间，取标称置信度为 90%，则可行解违反机会约束的概率不应超过 10%。观察表 6.6，可知四种算法均成功输出一组可行解，其机会约束的违反概率均未超过 10%。交替方向法需要近半小时的迭代计算后才收敛，难以被实际应用。尽管基于采样的梯度下降法和 CVaR 方法计算用时不足 1s，但这两种方法所获得的解对应的目标函数过高，牺牲了最优性。本章所提的基于二分查找的凸差优化算法所达目标值比三种对比算法均小 50%以上，且计算时间不足半分钟，能在较短时间内获得比其他方法优质的最优解，具有显著优势。

表 6.4　不同优化算法求解 CCELM 模型的性能

优化算法	所达目标值	机会约束违反概率/%	计算时间/s
交替方向法	1123.00	0.95	1638.70
基于采样的梯度下降法	1211.39	9.97	0.11
CVaR 内近似法	1202.20	0.32	0.50
基于二分查找的凸差优化法	522.36	9.91	20.64

2. 斜率参数影响分析

在利用基于二分查找的凸差优化算法构建 CCELM 模型时，需采用凸差函数 $L_{\mathrm{DC}}(x;m)$ 对 0-1 损失 $\mathbb{I}(x)$ 进行近似，合理确定其中的斜率参数 m 取值至关重要。斜率参数 m 取值越大，凸差函数 $L_{\mathrm{DC}}(x;m)$ 对 0-1 损失 $\mathbb{I}(x)$ 的近似精度越高，但过高的斜率参数 m 会给数值计算带来较大误差。图 6.15 展示了不同斜率参数 m 取值下算法的优化性能差异，相关性能指标除了算法收敛解所达到的目标函数值以外，还包括凸差函数对 0-1 损失函数的近似误差平方范数 $\|r\|_2$，定义如下：

$$\|r\|_2 = \sqrt{\sum_{t\in\mathcal{T}}\left[\mathbb{I}\left(f\left(\boldsymbol{x}_t,\bar{\boldsymbol{\omega}}_\ell\right)\leqslant y_t\leqslant f\left(\boldsymbol{x}_t,\bar{\boldsymbol{\omega}}_u\right)\right)-L_{\mathrm{DC}}\left(\bar{\gamma}_t;m\right)\right]^2} \tag{6-65}$$

式中，$\left(\bar{\boldsymbol{\omega}}_\ell,\bar{\boldsymbol{\omega}}_u,\bar{\gamma}_t\right)$为使用基于二分查找的凸差优化算法求解 CCELM 模型所得的收敛解。从图 6.15 中可以得知，当斜率参数 m 在 10^2～10^3 间时，数值计算的最优性和近似精度之间可以达到较好的均衡。当 m 小于 10^2 时，算法达到的目标函数值随着 m 的增大而减小，与近似误差的变化趋势一致。而当 m 高于 10^2 时，算法达到的目标函数值并不随着近似误差减小而减小，而是呈现略有上升的趋势，说明因参数过大导致的数值计算误差增大。但总体而言该目标函数值将稳定在 500 左右，远远优于表 6.6 中其他优化算法所达的目标函数值，验证了所提算法能在较大范围的参数配置下保持显著优势。

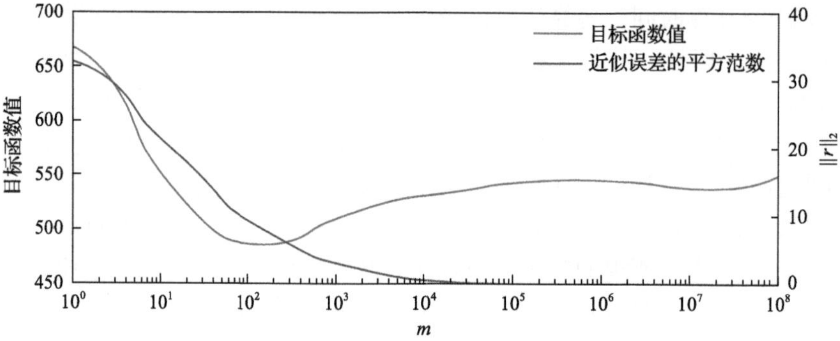

图 6.15　基于凸差优化的二分查找算法在不同斜率参数下的优化性能

6.5　本 章 小 结

可靠性与锐度是区间预测的两大核心评价指标，传统的预测区间构建方法通常不直接考虑性能评价指标，部分方法仅考虑可靠性而忽视了锐度的重要性。本章从可靠性与锐度的帕累托最优性出发，介绍了区间预测的多目标优化模型，通过非支配排序算法实现了可靠性-锐度帕累托最优前沿的有效构建，合理均衡可靠性与锐度这一对互相制衡的预测性能。遵循概率预测的最终目标，本章提出了机会约束的极限学习机区间预测方法，在保证预测可靠性的前提下最大化预测锐度，并应用于风电功率概率预测。该方法通过机会约束对预测区间的可靠性进行限制，通过最小化区间总体宽度引导机器学习模型的构建，避免了传统方法对参数化概率分布的假设及对区间端点特定分位水平的限制，能够显著提升区间预测的总体性能，具有极高的灵活性。基于凸差优化的二分查找算法仅需求解有限次线性规划问题即可完成 CCELM 模型的训练，具有秒级的计算效率，可有力支撑区间预测模型的在线更新。

参 考 文 献

[1] Taylor J W, Mcsharry P E, Buizza R. Wind power density forecasting using ensemble predictions and time series models [J]. IEEE Transactions on Energy Conversion, 2009, 24(3): 775-782.

[2] Papadopoulos G, Edwards P J, Murray A F. Confidence estimation methods for neural networks: a practical comparison [J]. IEEE Transactions on Neural Networks, 2001, 12(6): 1278-1287.

[3] Chryssolouris G, Lee M, Ramsey A. Confidence interval prediction for neural network models [J]. IEEE Transactions on Neural Networks, 1996, 7(1): 229-232.

[4] Ding A A, Xiali H. Backpropagation of pseudo-errors: neural networks that are adaptive to heterogeneous noise [J]. IEEE Transactions on Neural Networks, 2003, 14(2): 253-262.

[5] Giordano F, La Rocca M, Perna C. Forecasting nonlinear time series with neural network sieve bootstrap [J]. Computational Statistics & Data Analysis, 2007, 51(8): 3871-3884.

[6] Heskes T. Practical Confidence and Prediction Intervals [M]. Cambridge: MIT Press, 1996.

[7] Hwang J T G, Ding A A. Prediction intervals for artificial neural networks [J]. Journal of the American Statistical Association, 1997, 92(438): 748-757.

[8] Mackay D J C. The evidence framework applied to classification networks [J]. Neural Computation, 1992, 4(5): 720-736.

[9] Wan C, Niu M, Song Y, et al. Pareto optimal prediction intervals of electricity price [J]. IEEE Transactions on Power Systems, 2017, 32(1): 817-819.

[10] Wan C, Zhao C, Song Y. Chance constrained extreme learning machine for nonparametric prediction intervals of wind power generation [J]. IEEE Transactions on Power Systems, 2020, 35(5): 3869-3884.

[11] Gneiting T, Balabdaoui F, Raftery A E. Probabilistic forecasts, calibration and sharpness [J]. Journal of the Royal Statistical Society: Series B (Statistical Methodology), 2007, 69(2): 243-268.

[12] Deb K, Pratap A, Agarwal S, et al. A fast and elitist multiobjective genetic algorithm: NSGA-II [J]. IEEE Transactions on Evolutionary Computation, 2002, 6(2): 182-197.

[13] Gneiting T, Raftery A E. Strictly proper scoring rules, Prediction, and estimation [J]. Journal of the American Statistical Association, 2007, 102(477): 359-378.

[14] Askanazi R, Diebold F X, Schorfheide F, et al. On the comparison of interval forecasts [J]. Journal of Time Series Analysis, 2018, 39(6): 953-965.

[15] Poggio T, Rifkin R, Mukherjee S, et al. General conditions for predictivity in learning theory [J]. Nature, 2004, 428(6981): 419-422.

[16] Luedtke J. A branch-and-cut decomposition algorithm for solving chance-constrained mathematical programs with finite support [J]. Mathematical Programming, 2014, 146(1): 219-244.

[17] Perez-Cruz F, Navia-Vazquez A, Figueiras-Vidal A R, et al. Empirical risk minimization for support vector classifiers [J]. IEEE Transactions on Neural Networks, 2003, 14(2): 296-303.

[18] Wu Y, Liu Y. Robust truncated hinge loss support vector machines [J]. Journal of the American Statistical Association, 2007, 102(479): 974-983.

[19] An L T H, Tao P D. The DC (difference of convex functions) programming and DCA revisited with DC models of real world nonconvex optimization problems [J]. Annals of Operations Research, 2005, 133(1): 23-46.

[20] Yang M, Fan S, Lee W. Probabilistic short-term wind power forecast using componential sparse bayesian learning [J]. IEEE Transactions on Industry Applications, 2013, 49(6): 2783-2792.

[21] Wan C, Xu Z, Pinson P. Direct interval forecasting of wind power[J]. IEEE Transactions on Power Systems, 2013, 28(4): 4877-4878.

[22] Khorramdel B, Chung C Y, Safari N, et al. A fuzzy adaptive probabilistic wind power prediction framework using diffusion kernel density estimators[J]. IEEE Transactions on Power Systems, 2018, 33(6): 7109-7121.

[23] Wan C, Wang J, Lin J, et al. Nonparametric prediction intervals of wind power via linear programming [J]. IEEE Transactions on Power Systems, 2018, 33(1): 1074-1076.

[24] Bai X, Jie S, Zheng X, et al. An alternating direction method for chance-constrained optimization problems with discrete distributions[J]. Optimization-Online, 2012.

[25] Li P, Jin B, Wang D, et al. Distribution system voltage control under uncertainties[J]. IEEE Transactions on Power Systems. 2019, 34(6): 5208-5216.

[26] Nemirovski A, Shapiro A. Convex approximations of chance constrained programs: SIAM journal on optimization [J]. SIAM Journal on Optimization, 2007, 17(4): 969-996.

第 7 章 直接分位数回归非参数概率预测方法

7.1 概 述

经典的概率预测方法往往假设预测误差服从一定的参数化概率分布假设，而在新能源电力系统中，由于预测对象间歇波动性显著，预测误差存在异方差特性，现有的参数化概率分布模型难以实现对预测对象真实概率分布的准确表征。区间预测方法忽略了部分概率信息，未能实现对预测概率分布的总体量化。因此，需要研究非参数化的概率预测方法，从而实现对预测不确定性的有效量化。分位数回归是一种经典的非参数概率估计方法，但其线性映射结构难以适应新能源电力系统概率预测问题的多维复杂特征。此外，在应对不同分位水平的分位数回归问题时，经典的分位数回归模型面临着分位数交叉问题，即输出分位数并不能按照分位水平的递增而严格单调递增。同时，尽管神经网络模型具有良好的非线性映射能力，但传统的基于神经网络模型的概率预测的区间构建方法又受到建模复杂度高和训练时间长的制约。

本章提出一种直接分位数回归(direct quantile regression，DQR)非参数概率预测方法，该方法利用极限学习机优越的训练效率与非线性关系学习能力，通过分位数回归对不同水平下的分位数进行估计，且不依赖特定概率分布模型假设[1]。极限学习机的单隐层前馈神经网络结构具有简单清晰的模型结构，在与分位数回归的结合中，极限学习机通过隐藏层神经元实现了低维预测输入向高维特征的映射，充分发挥其模型结构优势，将复杂的神经网络建模等价转化为线性优化问题，并保证了模型训练效率。直接分位数回归方法无需获知预测对象的先验分布知识，无需构建确定性点预测和预测误差分布，可以直接生成非参数的分位数估计结果。该方法能精确回归不同分位水平对应的分位数，并通过增加非交叉分位数的模型约束，有效避免了分位数交叉问题。

7.2 分位数回归理论

7.2.1 参数化与非参数化概率预测

概率预测的目标是利用已知信息对预测对象在未来某时刻取值的概率分布进行估计，其数学本质为构建从已知信息到概率分布函数的复杂映射关系[2]。根据估计过程是否假设预测对象服从特定参数化类型的概率分布，可以将概率预测分为参数化方法和非参数化方法。参数概率预测方法需要预先假定风电功率的概率密度函数形式，例如正态分布、对数正态分布、贝塔分布等[3,4]。在参数化概率预测方法中，随机变量的预测分布由不同分布的特性参数决定，例如通过位置参数 μ 和尺度参数 σ^2 确定正态分布的分布函数。参数化预测方法的优点是能根据几个参数就确定待预测对象的概率分布形状，计算简易。然而，电力系统中预测对象的概率分布通常较为复杂，其非平稳、异方差、多峰的分布特性难以用参数化的概率分布准确描述[5]。此外，预测对象概率密度函数的形状通常随着时间的推移而改变，所属分布类型并非单一类型的参数化模型。非参数概率预测不对随机变量的概率密度函数做出先验假设，而是根据数据自适应获得任意形式的概率分布函数，在对概率分布的建模上具有更高的灵活性。参数概率预测方法和非参概率预测方法的对比如表 7.1 所示。

表 7.1　参数化与非参数化概率预测方法对比

分类	方法特点	缺点
参数方法	基于简单的分布假设，易于建模，计算量小，更加适用于超短期	误差难以避免，不能处理多峰形式的分布
非参数方法	不需要假设分布形状，更加适用于短期、中期预测	需要大量样本数据，计算量较大，建模复杂

7.2.2　分位数与概率预测

用 y_t 表示 t 时刻的预测目标，x_t 表示预测模型的输入向量，数据集可表示为

$$D=\{x_t, y_t\}_{t=1}^{T} \tag{7-1}$$

式中，x_t 由历史量测、气象因素、数值天气预报等组成；T 表示数据集的大小。这里使用的待预测目标按归一化系数 P_n 进行归一化，其取值范围为 $[0,1]$。

令 f_t 和 F_t 分别表示概率密度函数和对应的累积分布函数。假设 F_t 是一个严格递增函数，则标称分位水平 $\alpha \in [0,1]$ 下的随机变量 y_t 的分位数 q_t^{α} 为满足下式的最小值[6]：

$$\Pr(y_t \leqslant q_t^{\alpha})=\alpha \tag{7-2}$$

该式可以等价表示为

$$q_t^{\alpha}=F_t^{-1}(\alpha) \tag{7-3}$$

如图 7.1 所示，分位水平 α 及其对应的分位数 q_t^{α} 构成了累积概率分布曲线 F_t 上的一个点，当分位水平 $\{\alpha_i\}_{i=1}^{r}$ 在区间[0,1]上的采样足够密集时，即可利用其对应的分位数描述概率分布的全貌。

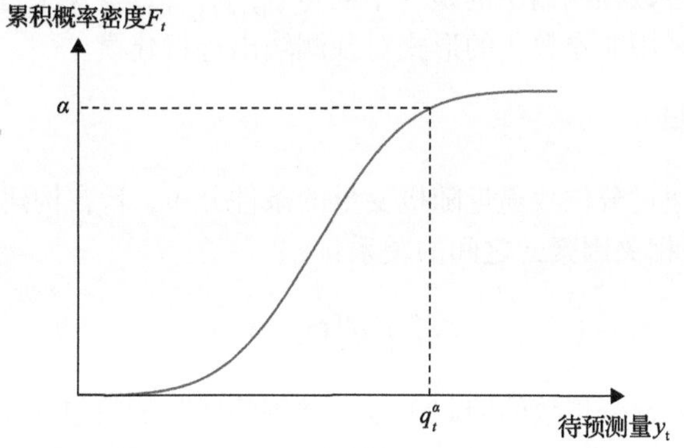

图 7.1　分位数与累积概率分布函数的关系

标称分位水平 α 处的分位数预测值 $\hat{q}_{t+k|t}^{\alpha}$ 被认为是在时间 t 形成的对时间 $t+k$ 的分位数 $q_{t+k|t}^{\alpha}$ 的一个近似。不难理解，在电力系统中，单个分位数无法满足相关决策优化的要求。此外，由于电力系统预测的不确定性高度复杂，很难给出概率密度分布的全部信息。根据式(7-2)和式(7-3)中分位数的定义，概率密度函数 $f_{t+k|t}$ 和累积分布函数 $F_{t+k|t}$ 可以用非参数概率预测所产生的一组分位数进行近似，表示为

$$\hat{F}_{t+k|t}=\left\{\hat{q}_{t+k|t}^{\alpha_i}\middle|0\leqslant\alpha_1<\cdots<\alpha_i<\cdots<\alpha_r\leqslant 1\right\} \tag{7-4}$$

对概率预测而言，需要构建从输入特征 $x_t\in\mathcal{X}$ 到待预测量概率分布 $\hat{F}_t\in\mathcal{P}$ 的映射关系 $\mathcal{M}_{\mathrm{p}}$：

$$\mathcal{M}_{\mathrm{p}}:\mathcal{X}\mapsto\mathcal{P} \tag{7-5}$$

$$y_t\sim\hat{F}_t(y_t;x_t)=\mathcal{M}_{\mathrm{p}}(y_t;x_t) \tag{7-6}$$

式中，$\mathcal{X}$ 和 $\mathcal{P}$ 分别为特征空间和概率分布函数构成的集合。由于映射 $\mathcal{M}_{\mathrm{p}}$ 的输出是一个概率分布而非数值向量，对复杂映射 $\mathcal{M}_{\mathrm{p}}$ 进行参数化或非参数化建模均十分困难。分位数预测 $\hat{q}_{t+k|t}$ 通过式(7-4)将概率分布预测 $\hat{F}_{t+k|t}$ 离散化为累积概率 α 及其对应的随机变量取值 $F_t^{-1}(\alpha)$ 的组合，构建从输入特征 $x_t\in\mathcal{X}$ 到预测分位数向量 $\{\hat{q}_{t+k|t}^{\alpha_i}\}_{i=1}^{r}$ 的映射 $\widehat{\mathcal{M}}_{\mathrm{p}}$：

$$\widehat{\mathcal{M}}_{\mathrm{p}}:\mathcal{X}\mapsto\mathbb{R}^r \tag{7-7}$$

$$\{\hat{q}_{t+k|t}^{\alpha_i}(x_t)\}_{i=1}^{r} = \widehat{\mathcal{M}}_{\mathrm{p}}(x_t) \tag{7-8}$$

与构建从输入特征到分布函数的映射相比，构建从输入特征到向量的映射关系显然更加简易。分位数预测输出的是一个向量 $\{\hat{q}_{t+k|t}^{\alpha_i}\}_{i=1}^{r}$，避免了直接对分布函数进行拟合，更便于采用非参数化的形式对预测输出进行建模。

7.2.3 分位数回归

分位数回归通过分位数逼近随机变量的条件分布，旨在构建随机变量 y_t 的分位数 q_t^{α} 与一系列相关因素 x_t 之间的关系：

$$q_t^{\alpha} = q_t^{\alpha}(x_t, \gamma) \tag{7-9}$$

式中，$q_t^{\alpha}(x_t, \gamma)$ 为 α 分位数的回归函数，常用的回归函数包括线性函数、多项式函数和神经网络等[7]；影响分位数估计的因素 x_t 在回归模型中也被称为解释变量；γ 为回归函数中的参数。由于分位数回归模型的输出不仅取决于模型参数 γ，而且取决于解释变量 x_t，因而该方法可以实现对分位数的条件估计。

在回归问题中，通常采用最小化特定的损失函数构建回归模型。考察如下的损失函数：

$$\rho_{\alpha}(x) = \begin{cases} \alpha x, & x \geqslant 0 \\ (\alpha - 1)x, & x < 0 \end{cases} \tag{7-10}$$

该损失函数对正负变量给予不同的权重因子，为一个非对称的分段线性函数，如图 7.2 所示。设待预测量 y_t 的估计值为 $\hat{y}_t$，y_t 的概率分布为 $F(y_t)$。将损失函数 $\rho_{\alpha}(x)$ 中的自变量用估计偏差 $y_t - \hat{y}_t$ 替代，并最小化其期望值，有

$$\begin{aligned} \min_{\hat{y}_t} E[\rho_{\alpha}(y_t - \hat{y}_t)] &= \min_{\hat{y}_t} \int_{-\infty}^{+\infty} \rho_{\alpha}(y_t - \hat{y}_t)\,\mathrm{d}F(y_t) \\ &= \min_{\hat{y}_t} E\left[(\alpha - 1)\int_{-\infty}^{\hat{y}_t} (y_t - \hat{y}_t)\,\mathrm{d}F(y_t) + \alpha \int_{\hat{y}_t}^{+\infty} (y_t - \hat{y}_t)\,\mathrm{d}F(y_t)\right] \end{aligned} \tag{7-11}$$

对式(7-11)中的损失期望 $E[\rho_{\alpha}(y_t - \hat{y}_t)]$ 关于估计值 $\hat{y}_t$ 取微分，并令该微分等于 0，得到

$$0 = \frac{\mathrm{d}\rho_{\alpha}(y_t - \hat{y}_t)}{\mathrm{d}\hat{y}_t} = (1 - \alpha)\int_{-\infty}^{\hat{y}_t} \mathrm{d}F(y_t) - \alpha \int_{\hat{y}_t}^{+\infty} \mathrm{d}F(y_t) = F(\hat{y}_t) - \alpha \tag{7-12}$$

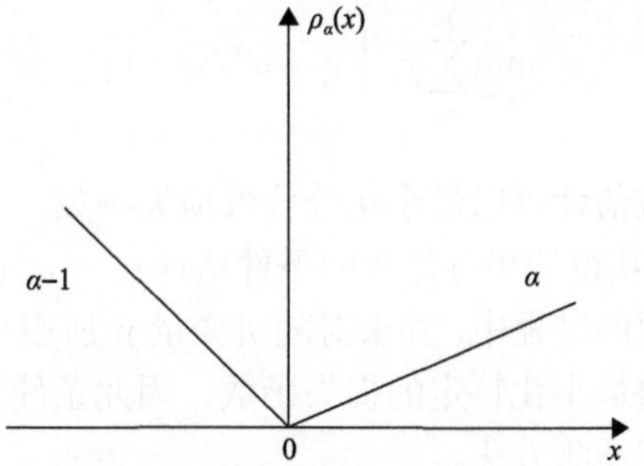

图 7.2　分位数回归损失函数

若概率分布函数 $F(y_t)$ 为严格单调递增的，则可以求解出唯一估计值 $\hat{y}_t$：

$$\hat{y}_t = F^{-1}(\alpha) \tag{7-13}$$

式(7-13)与分位数的定义式(7-3)是一致的，因而随机变量 y_t 的 α 分位水平分位数 q_t^α 恰好是最小化损失函数期望值的解，$\rho_\alpha(x)$ 被称为分位数损失函数。$\rho_\alpha(x)$ 的图像类似弹球撞击反射的运动轨迹，因此该损失函数也被称为弹球损失(pinball loss)。

给定训练集数据 $\{x_t, y_t\}_{t=1}^T$，在利用最小二乘法估计随机变量的均值时，通过最小化各样本预测残差的平方和估计样本 y_t 的均值 $\overline{y}_t$：

$$\min_{\overline{y}_t \in \mathbb{R}} \sum_{t=1}^{T} (y_t - \overline{y}_t)^2 \tag{7-14}$$

式中，T 为构建模型所需的数据集的大小。将均值 $\overline{y}_t$ 用其回归函数 $\overline{y}(x_t, \gamma)$ 代替，得到

$$\min_{\overline{y}_t \in \mathbb{R}} \sum_{t=1}^{T} \left[y_t - \overline{y}(x_t, \gamma)\right]^2 \tag{7-15}$$

求解出决策变量 γ 的最优解后，即可采用回归函数获得 y_t 的条件均值估计 $\overline{y}_t = \overline{y}(x_t, \gamma)$。与最小二乘法估计随机变量的均值类似，可以通过最小化各样本的分位数损失和来估计样本 y_t 的分位数 q_t^α：

$$\min_{q_t^\alpha \in \mathbb{R}} \sum_{t=1}^{T} \rho_\alpha(y_t - q_t^\alpha) \tag{7-16}$$

用回归函数 $q^\alpha(x_t, \gamma)$ 代替式(7-16)中的 q_t^α，即可以得到条件分位数回归模型，表示为

$$\min_{\gamma \in \mathbb{R}} \sum_{t=1}^{T} \rho_\alpha \left[y_t - q^\alpha (x_t, \gamma) \right] \tag{7-17}$$

由于理想的分位数估计可以最小化分位数损失函数，通过求解最小化分位数损失问题(7-17)，即可获得理想分位数的条件估计 $q_t^\alpha = q^\alpha(x_t, \gamma)$。值得注意的是，在构造分位数回归方程的过程中，并未对随机变量 y_t 所服从的分布类型 F_t 做任何参数化假设，而是直接最小化特定的损失函数，因此条件分位数回归可以是一种极为灵活的非参数概率预测方法。

7.2.4　分位数回归的评价

非参数概率预测得到的分位数需要从可靠性和锐度两个角度进行综合评价，不恰当的评价指标会导致不准确的预测分布与系统误差。

可靠性被认为是检验非参数概率预测方法正确性的主要特性。可靠性指标可通过预测得到的概率分布与预测对象的实际分布之间的偏差体现，是概率预测模型评估的主要指标。如果可靠性不达标，将会影响电力系统的科学决策，增加决策风险。预测分位数的可靠性可以用式(2-26)的平均比例偏差 APD 表示。

除了可靠性外，非参数概率预测还需要考虑锐度。利用适当的评分规则来评估非参数概率预测的整体性能是至关重要的。锐度指标用于衡量概率预测结果集中于实际值的程度。在概率密度预测中，预测概率分布呈现出的尖峰薄尾特征越明显，且尖峰越接近实际值时，锐度性能更优；在区间预测和分位数预测中，通常利用预测区间的宽窄反映锐度[8]。过于保守的锐度指标将增加决策者应对不确定性所带来的决策成本，降低系统运行的经济性。预测分位数的综合性能可用式(2-36)的分位数性能分数 S_{Q} 表示。

7.3　极限学习机直接分位数回归

7.3.1　直接单分位数回归

原始分位数回归技术将线性函数作为回归函数，即认为分位数 q_t^α 与输入特征 x_t 呈线性关系：

$$q_t^\alpha = q(x_t, \beta) = x_t^{\mathrm{T}} \beta \tag{7-18}$$

式中，β 为线性回归函数的参数向量，其维度与输入向量 x_t 一致。根据式(7-17)中的分位数回归，可通过求解如下的最优化问题获得参数向量[9,10]：

$$\min_{\beta}\sum_{t=1}^{T}\rho_{\alpha}(y_t-\boldsymbol{x}_t^{\mathrm{T}}\beta) \tag{7-19}$$

然而，电力系统中的预测对象会受到多种因素的共同作用，例如风电与光伏功率受到气象因素影响，电价与负荷受到人的行为、经济、社会等因素影响，这些因素与分位数可能存在非常复杂的非线性关系，这种非线性关系难以通过参数化的线性函数准确反映，即线性函数的拟合能力极其有限，需要采用复杂度更高的非线性函数作为回归模型。

由于神经网络模型理论上能够逼近任何连续的非线性映射[11]，本章采用极限学习机作为待预测条件分位数的回归函数，得到如下基于极限学习机[12,13]的分位数回归问题：

$$\min_{\boldsymbol{w}_{\alpha}}\sum_{t=1}^{T}\rho_{\alpha}\left[y_t-g(x_t,\boldsymbol{w}_{\alpha})\right] \tag{7-20}$$

s.t.

$$0\leqslant g(x_t,\boldsymbol{w}_{\alpha})\leqslant 1 \tag{7-21}$$

式中，$g(x_t,\boldsymbol{w}_{\alpha})$表示极限学习机的函数；$\boldsymbol{w}_{\alpha}$为优化问题的决策变量向量，即极限学习机的输出权重。约束式(7-21)旨在保证极限学习机的输出在归一化范围[0,1]。由于极限学习机模型结构为线性系统，能够仅通过一次矩阵计算获得模型参数，计算速度极快，克服了传统基于梯度训练算法的局部最优、过训练(overtraining)、计算成本高昂等局限性，极限学习机的模型结构特点使其便于直接应用于线性优化模型中。式(7-20)和式(7-21)直接对单一分位水平α下的分位数进行回归，因而称为直接单分位数回归。

7.3.2　直接多分位数回归

为了精确描述新能源发电功率的概率分布，需要通过尽可能密集的条件分位数来估计完整的分布函数，这些分位数对应不同的分位水平：

$$0\leqslant\alpha_1\leqslant\cdots\alpha_i\leqslant\cdots\alpha_r\leqslant 1 \tag{7-22}$$

在直接单分位数回归方法中，若需要获得不同分位水平下的分位数回归函数，则应分别针对各分位水平独立构建不同的优化模型并逐一求解，过程较为繁琐且无法考虑这些分位数之间的联系。例如，对同一随机变量而言，其低分位水平对应的分位数估计应当小于高分位水平对应的分位数估计，即

$$\forall 0 \leqslant \alpha_i \leqslant \alpha_j \leqslant 1, \quad \hat{q}_t^{\alpha_i} \leqslant \hat{q}_t^{\alpha_j} \tag{7-23}$$

若独立构建与求解不同分位水平下的分位数回归模型，难以保证所得分位数估计满足式(7-23)，即发生分位数交叉现象[14]。如图 7.3 所示，点划线右侧对应分位数交叉的区域。分位数交叉现象发生的原因仍然是分位数估计的失准。因此，对不同分位水平分位数同步估计，构建多分位数回归模型，有利于提升预测结果的合理性和精确性。

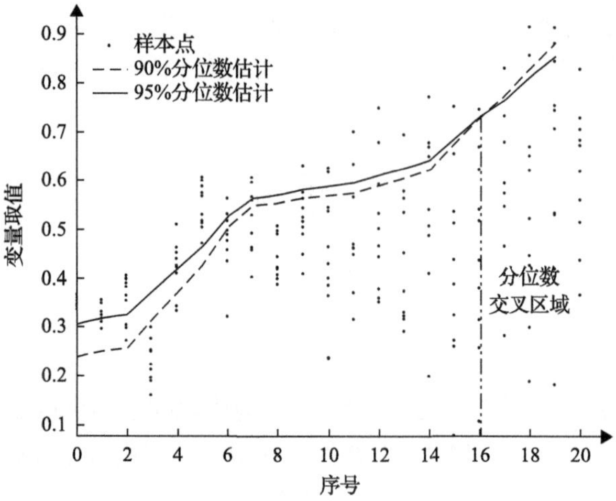

图 7.3 分位数交叉现象示意图

参照单一条件分位数回归的模型构建，将不同标称分位水平对应的单条件分位数回归损失函数相加，即可获得基于极限学习机的多条件分位数回归损失函数。为了避免出现分位数交叉的问题，可通过约束条件限制高分位水平对应的分位数不小于低分位水平对应的分位数，得到如下的优化模型：

$$\min_{\boldsymbol{w}_{\alpha_i}} \sum_{i=1}^{r} \sum_{t=1}^{T} \rho_{\alpha_i} \left[y_t - g(x_t, \boldsymbol{w}_{\alpha_i}) \right] \tag{7-24}$$

s.t.

$$g(x_t, \boldsymbol{w}_{\alpha_i}) \leqslant g(x_t, \boldsymbol{w}_{\alpha_i+1}), \quad 1 \leqslant i \leqslant r-1, \quad \forall t \tag{7-25}$$

$$0 \leqslant g(x_t, \boldsymbol{w}_{\alpha_i}) \leqslant 1, \quad \forall i, t \tag{7-26}$$

其中目标函数(7-24)将多个单分位数回归的损失函数相加，构成了多分位数回归的损失函数；约束(7-25)保证了不同分位水平对应的分位数不发生交叉；约束(7-26)保证了输出的分位数估计位于归一化范围[0,1]内。

7.3.3　基于线性规划的训练算法

由于直接单分位数回归的损失函数(7-20)中含有逻辑值，无法直接通过传统算法进行求解，需要对含逻辑判断关系的损失函数进行转化。为此，引入辅助变量 ϕ_t^α 将优化问题式(7-20)和式(7-21)进行如下的等价变换：

$$\min_{w_\alpha,\phi_t^\alpha}\sum_{t=1}^{T}\phi_t^\alpha \tag{7-27}$$

s.t.

$$\phi_t^\alpha \geqslant \alpha[y_t-g(x_t,w_\alpha)],\quad \forall t \tag{7-28}$$

$$\phi_t^\alpha \geqslant (\alpha-1)[y_t-g(x_t,w_\alpha)],\quad \forall t \tag{7-29}$$

$$0\leqslant g(x_t,w_\alpha)\leqslant 1,\quad \forall t \tag{7-30}$$

命题 7.1：对最小化非光滑目标函数问题式(7-20)和式(7-21)，引入辅助变量 ϕ_t^α 及其约束式(7-28)和式(7-29)后，所得的线性规划问题式(7-27)～式(7-30)不改变原始问题的最优值[15]。

证明：设线性规划问题式(7-27)～式(7-30)的最优解为 $(w_\alpha^\star,\phi_t^{\alpha\star})$，由约束式(7-28)和式(7-29)在最优解 $(w_\alpha^\star,\phi_t^{\alpha\star})$ 处的可行性，有

$$\phi_t^{\alpha\star} \geqslant \alpha[y_t-g(x_t,w_\alpha^\star)],\quad \forall t \tag{7-31}$$

$$\phi_t^{\alpha\star} \geqslant (\alpha-1)[y_t-g(x_t,w_\alpha^\star)],\quad \forall t \tag{7-32}$$

下面分两种情况进行讨论。

(1) 当 $y_t\geqslant g(x_t,w_\alpha^\star)$ 时，有

$$\phi_t^{\alpha\star} \geqslant \alpha[y_t-g(x_t,w_\alpha^\star)]\geqslant 0\geqslant(\alpha-1)[y_t-g(x_t,w_\alpha^\star)] \tag{7-33}$$

(2) 当 $y_t< g(x_t,w_\alpha^\star)$ 时，有

$$\phi_t^{\alpha\star} \geqslant (\alpha-1)[y_t-g(x_t,w_\alpha^\star)]\geqslant 0\geqslant\alpha[y_t-g(x_t,w_\alpha^\star)] \tag{7-34}$$

由于目标函数(7-27)最小化 $\{\phi_t^\alpha\}_{t=1}^T$ 的加和，且 ϕ_t^α 不受其他约束，通过反证法，易于证明 $\phi_t^{\alpha\star}$ 必取 $\alpha[y_t-g(x_t,w_\alpha^\star)]$ 和 $(\alpha-1)[y_t-g(x_t,w_\alpha^\star)]$ 中的较大值，即

$$\phi_t^{\alpha\star}=\begin{cases}\alpha[y_t-g(x_t,\boldsymbol{w}_\alpha^\star)], & y_t \geqslant g(x_t,\boldsymbol{w}_\alpha^\star)\\(\alpha-1)[y_t-g(x_t,\boldsymbol{w}_\alpha^\star)], & y_t<g(x_t,\boldsymbol{w}_\alpha^\star)\end{cases} \tag{7-35}$$

式(7-35)恰好与原问题中的目标函数表达式一致，即

$$\phi_t^{\alpha\star}=\rho_\alpha[y_t-g(x_t,\boldsymbol{w}_\alpha^\star)] \tag{7-36}$$

因此，可以用等式约束(7-36)等价替代不等式约束(7-28)和(7-29)，即得到

$$\min_{\boldsymbol{w}_\alpha,\phi_t^\alpha}\sum_{t=1}^{T}\phi_t^\alpha \tag{7-37}$$

s.t.

$$\phi_t^\alpha=\rho_\alpha[y_t-g(x_t,\boldsymbol{w}_\alpha)] \tag{7-38}$$

$$0\leqslant g(x_t,\boldsymbol{w}_\alpha)\leqslant 1,\quad \forall t \tag{7-39}$$

该问题与原始的最小化非光滑目标函数问题式(7-20)和式(7-21)有共同的目标函数定义与约束条件，故两问题的最优值必相等。

对直接多分位数回归模型也可进行类似的等价变换：

$$\min_{\boldsymbol{w}_\alpha,\phi_t^{\alpha_i}}\sum_{i=1}^{r}\sum_{t=1}^{T}\phi_t^{\alpha_i} \tag{7-40}$$

s.t.

$$\phi_t^{\alpha_i}\geqslant \alpha_i[y_t-g(x_t,\boldsymbol{w}_{\alpha_i})],\quad \forall i,t \tag{7-41}$$

$$\phi_t^{\alpha_i}\geqslant (\alpha_i-1)[y_t-g(x_t,\boldsymbol{w}_{\alpha_i})],\quad \forall i,t \tag{7-42}$$

$$g(x_t,\boldsymbol{w}_{\alpha_i})\leqslant g(x_t,\boldsymbol{w}_{\alpha_i+1}),\quad 1\leqslant i\leqslant r-1,\forall t \tag{7-43}$$

$$0\leqslant g(x_t,\boldsymbol{w}_{\alpha_i})\leqslant 1,\quad \forall i,t \tag{7-44}$$

注意到变形后的优化模型式(7-27)～式(7-30)和式(7-40)～式(7-44)均为线性优化问题，可通过成熟的求解算法进行高效求解，且能保证获得全局最优。

7.3.4 对直接分位数回归方法的讨论

传统概率预测方法通常基于对点预测的结果分析，并依赖对预测误差概率分布的假设，基于人工神经网络的非参数预测方法则需要对复杂的代价函数进行优

化，计算复杂度高，构建模型需要高昂的计算成本[16,17]。

图 7.4 展示了 DQR 非参数概率预测方法框架，该方法集成极限学习机和分位数回归的优势，通过构建基于极限学习机的预测器，在不依赖点预测结果和预测误差概率分布假设的情况下，直接生成预测目标的多条件分位数，对预测不确定性的概率密度进行完整估计。此外，得益于极限学习机强大的回归能力和非线性映射能力，直接分位数拟合方法具有较高的灵活性和泛化能力，对不同的模型输入、模型输出和预测提前时间均有良好的自适应性。基于极限学习机的非参数预测模型具有简洁的数学形式，极大地提升了计算效率，为实际应用提供有力支撑。直接分位数回归概率预测方法将非参数概率预测问题构建为线性优化问题，该模型的损失函数基于成熟的分位数回归技术，保证了模型的正确性。尽管前向传播的神经网络包含复杂的模型参数，极限学习机的应用使得机器学习的模型训练可通过线性优化算法实现，从而高效地实现基于神经网络的非参数概率预测，有力支撑所提模型的在线应用。总体而言，极限学习机提供了非参数化概率预测的通用框架，具有极高的应用潜力。

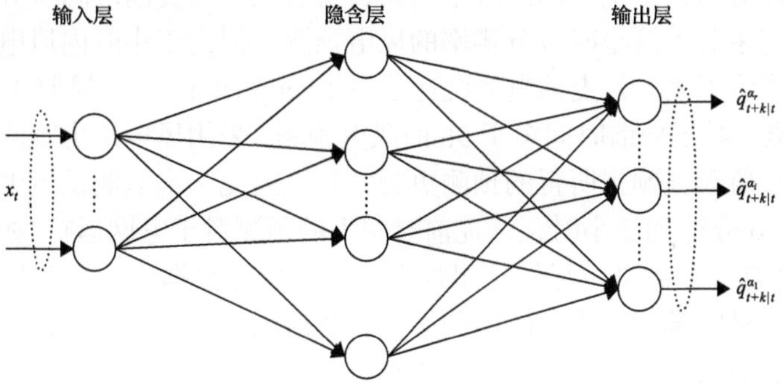

图 7.4　非参数概率预测的直接分位数回归方法框架图

7.4　算例分析

7.4.1　算例描述

为不失一般性，本节利用丹麦 Bornholm 岛上的风电场真实数据对直接分位数回归非参数概率预测方法进行验证，其装机总量约为 30MW。为满足电力系统实际运行的要求，通常采用小时级风电数据进行开展预测。随着风电渗透率的提高，高时间分辨率的风电预测可为电力系统运行控制提供更有价值的信息。研究表明，小时内(如 10min 时间分辨率)风电功率比小时级风电功率波动更为显著，在丹麦电力市场环境下对系统平衡形成较大冲击。此外，伴随智能电网的快速发展，高分辨率的风电预测的重要性也随之增加。因此，本节采用的 Bornholm 岛风电数据的时间分辨率为 10min。考虑到风电出力的季节性特征，所用数据的时间范围涵盖 2012 年 6 月～7 月与 2012 年 11 月～12 月。

为了验证直接分位数回归方法的有效性，采用其他四种概率预测方法与之进行对比，包括参数化的 Persistence 法、基于正态分布的自举极限学习机(BELM-Normal)[18]、基于贝塔分布的自举极限学习机(BELM-Beta)[18]，以及非参数化的径向基函数神经网络(radial basis function neural network，RBFNN)[19]。利用上述方法生成的概率预测结果均来自相同的训练集和测试集数据。作为一种参数化基准预测模型，持续性方法假设正态的概率分布，并将已知最新的量测值作为正态分布函数的均值参数。基于正态分布的自举极限学习机是一种较为先进的参数化概率预测模型，该模型基于正态分布函数假设生成高置信水平的预测区间，具有极高的计算效率。为了分析不同参数化分布假设对预测性能的影响，采用基于贝塔分布的自举极限学习机进行对比。此外，作为一种不需依赖概率分布假设的非参数化概率预测方法，径向基函数神经网络通过优化贝叶斯插值、Stein 无偏风险估计和概率密度偏差生成概率预测，被选为非参数化概率预测的对比算例[19]。

通常，针对电力系统不同的决策场景，所需预测的提前时间从分钟到数日不等。已有研究主要关注小时级分辨率的风电预测，但由于小时内风电波动对于电力系统平衡影响更大，丹麦输电系统运营商 Energinet.dk 认为提前 10min 的风电预测最为重要。对于提前时间短于 3h 的风电预测，采用风电历史观测值作为输入特征比采用数值天气预报所得的预测更为精确。因此，本节测试风电预测的提前时间范围为 10 分钟到 3 小时，该提前时间下的预测对于电网运行(如备用调度和系统控制)具有重要意义。尽管这里仅采用历史风电数据作为预测模型的输入特征，但得益于极限学习机强大的回归能力，数值天气预报等其他特征变量也能纳入所提模型的输入。

为了完整估计风电的概率分布，以 5%为间隔生成 5%～95%分位水平下的分位数，这些分位数两两构成了置信度为 10%、20%、…、90%的预测区间。利用直接分位数回归预测模型式(7-40)～式(7-44)及其他对比模型生成 Bornholm 岛风电概率预测结果，并进行分析与比较。原始数据集的 60%作为构建预测模型的训练集数据，其余的数据用于模型测试。由于风电的季节性差异，两个数据集下的预测模型需分别进行构建。

7.4.2 多置信水平分位数预测

图 7.5 展示了 2012 年 7 月和 12 月提前时间为 10min～3h 的分位数平均分位水平偏差，该偏差大小反映了预测结果的可靠性优劣。从图中可以得知，DQR 方法在 7 月和 12 月的测试集数据上具有显著的可靠性优势。对于 5%～95%分位水平对应的分位数，DQR 方法所达到的经验分位水平均接近其标称值，在 7 月与 12 月的测试集上的分位水平绝对偏差分别低于 2%与 1.5%，显示出极高的可靠性。

DQR 方法在 7 月与 12 月所得的分位数预测分别存在轻微的过估计与欠估计，表明通过适当调整所得分位数能够进一步提升其可靠性，且体现出不同季节下预测性能的差异性。由图 7.5(a)可知，Persistence、BELM-Beta 和 BELM-Normal 方法在 2012 年 7 月数据集下的预测结果存在约 6%的可靠性偏差。由图 7.5(b)可知，Persistence 和 BELM-Beta 生成的标称分位水平为 60%与 20%的分位数存在约 7.5%的可靠性偏差，BELM-Normal 方法能够生成高置信度下的可靠预测区间。一般来说，参数化方法在低于 50%的标称分位水平下倾向于发生欠估计，在更高的标称分位水平下则更容易发生过估计。与参数化方法形成对比，由于 RBFNN 方法将概率分布预测的偏差作为模型训练的目标函数，在两个数据集下均能生成相对可靠的概率预测，但该方法在优化过程中需要极高的计算成本。

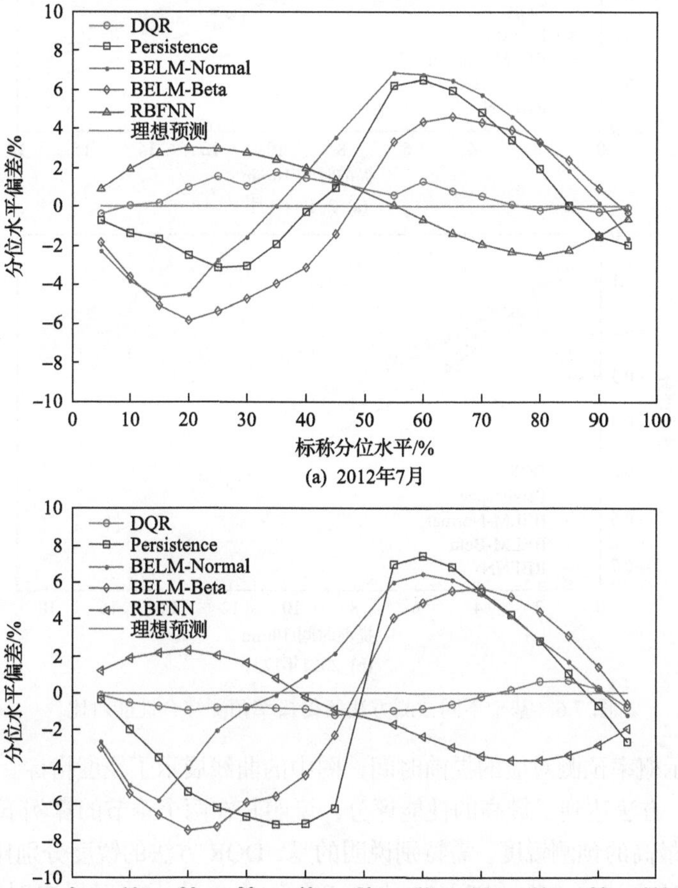

图 7.5　基于不同预测方法所得概率预测的可靠性对比

7.4.3　多提前时间分位数预测

为了评估不同提前时间下概率预测的锐度，图 7.6 展示了 2012 年 7 月和 12 月风电概率预测性能评分。

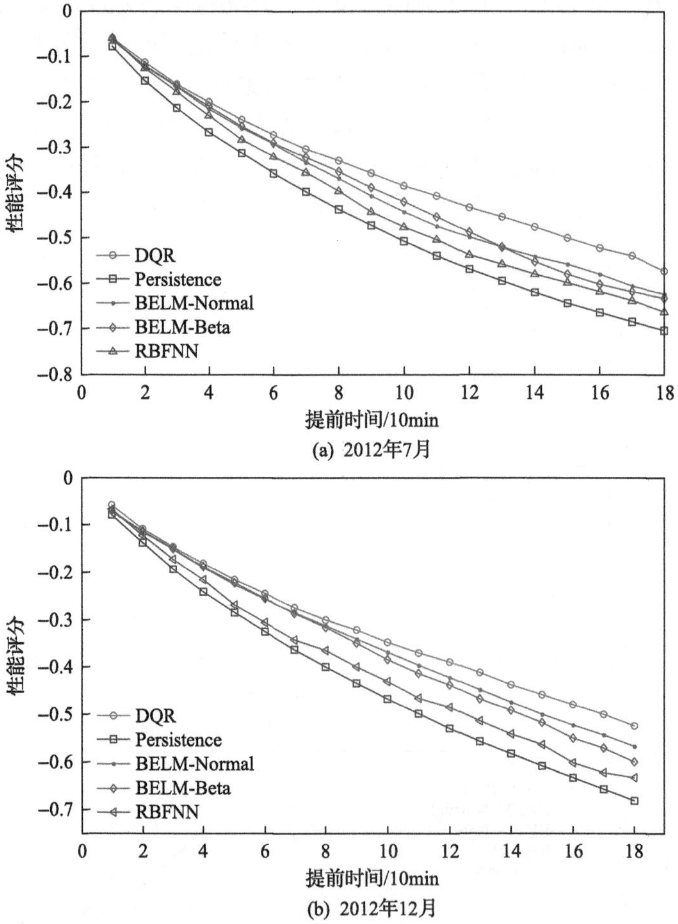

图 7.6　基于不同预测方法所得概率预测综合性能对比

x 轴表示概率预测对应的提前时间，图中的曲线展示了锐度指标。与其他方法相比，DQR 方法达到了最高的性能评分，说明其在两个季节的算例下具有最优的综合性能及最高的预测锐度。需特别说明的是，DQR 方法的锐度分别比 Persistence 法和 RBFNN 方法高 25%和 20%。由于 Persistence 法无法对风电时间序列的非线性精确建模，基于该方法的预测锐度在所有算例中最低。BELM-Normal 与 BELM-Beta 方法在两个算例的表现相近。由于 RBFNN 方法在目标函数构建时仅考虑了可靠性，其所得概率预测的锐度无法保证。此外，可以看出所有方法的性能评分随着预测提前时间的增大而减小，该现象是由较长提前时间下预测的难度与预测的不确定性均增大所导致。

风电概率分布的预测与点预测误差概率分布具有密切的联系，极难被参数化模型精确估计。与依赖分布假设的参数化模型相比，本章所提的 DQR 非参数概率预测方法具有显著的优势。综合考虑概率预测的可靠性与锐度，DQR 方法产生的分位数预测是在所采用对比算例中最优的。

图 7.7 展示了通过直接分位数回归方法得到的多提前时间概率预测，其预测结果于 2012 年 12 月 11 日 18:10 发布。在所示 3 小时的提前时间内，风电功率从装机容量的 56.4%下降到了 33.5%。尽管该时段内的爬坡率相近，但预测区间的宽度随着提前时间的拉长而显著增大。前几个时间点的预测区间尤其狭窄，这一现象与图 7.6 中的结果一致，即预测提前时间的拉长会带来更高的预测不确定性。此外，还可以从图中观察到低置信水平的预测区间能被高置信水平的预测区间所包络。在工程应用中，多提前时间的高分辨率概率预测能为经济调度、最优潮流、需求管理、风场控制、市场出清等电力系统运行决策提供丰富的信息，决策者能基于多提前时间预测，通过连续调整决策更好响应风电出力波动[20-22]。

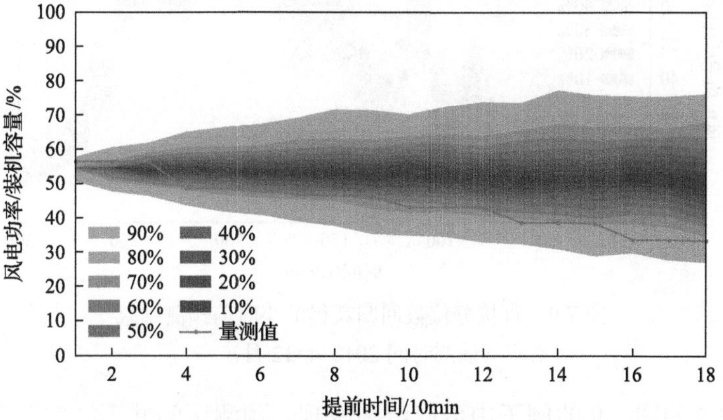

图 7.7　直接分位数回归获得的多提前时间概率预测结果
(预测发布时间 2012 年 12 月 11 日 18:10)

图 7.8 和图 7.9 分别展示了通过直接分位数回归方法获得的 2012 年 7 月和 12 月的小时前风电预测结果，并给出了风电功率的量测值。可以看出真实风电量测值被分位数预测较好地包络，体现出直接分位数回归方法的优异性能。由于极限学习机优异的学习能力，直接分位数回归方法能满足不同场景下的风电预测要求，具有极高的自适应性。容易看出低置信水平的预测区间被高置信水平的预测区间包络，验证了约束(7-43)对避免分位数交叉问题的有效性。

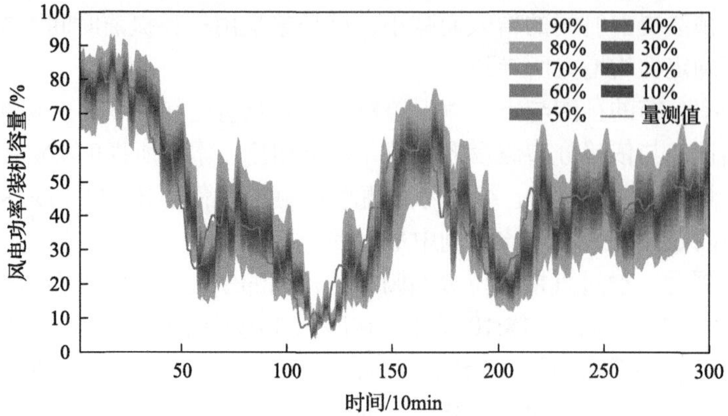

图 7.8　直接分位数回归获得的小时前预测结果
（预测时间 2012 年 7 月）

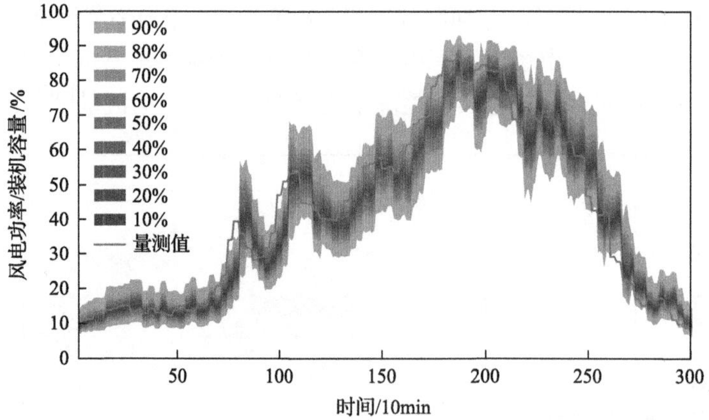

图 7.9　直接分位数回归获得的小时前预测结果
（预测时间 2012 年 12 月）

从图 7.8 和图 7.9 的例子中可以清晰发现，预测区间并不一定关于点预测值对称，这一非对称性在低风电出力和高风电出力的场景下体现得更为明显，也进一步揭示了正态与贝塔分布无法精确拟合风电概率分布的原因。此外，如图 7.9 所示，不同预测条件下的预测区间锐度也各不相同，当风电出力水平较低时，预测区间较为狭窄，这一现象可由该出力水平下的风电波动较小来解释。如图 7.8 所示，当风电出力在其额定容量中间值附近时，预测区间变得较宽。由于风电在额定容量中间值附近时，向上向下均具有较大的波动空间，因而呈现相对较高的不确定性。尽管 DQR 方法具有较好的性能，在图 7.9 中的一些较大正负爬坡事件发生时，会出现风电量测值超出预测区间的现象。由于标称覆盖概率为 90%，理论上应有近 10%的风电序列不能被预测区间包络。尽管如此，所获得的预测区间能尽可能减小预测误差，并降低预测给相应决策事件带来的风险。

图 7.10 展示了通过直接分位数回归方法获得的 2020 年 11 月的日前华东某风电场风电预测结果，同时给出了实际的风电功率量测结果。日前风电预测利用日前获得的数值天气预报作为输入数据，输入的气象要素包括预测风速、风向。通过预测结果可以看出，日前预测所得到的置信区间与提前 1h 的预测相比宽度较大，且在出力波动较大部分的预测区间宽度更大，这表明由于大气系统混沌特性的影响，日前预测不确定性更高。但所得预测区间成功实现了对预测不确定性的量化。

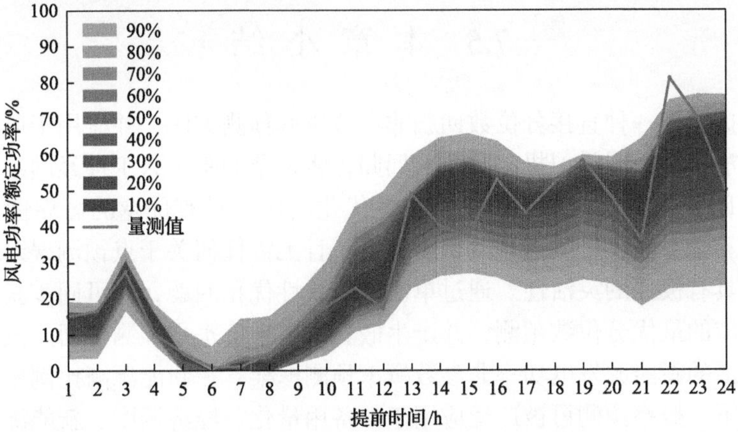

图 7.10　直接分位数回归获得的日前预测结果

7.4.4　计算效率分析

表 7.2 列出了所提 DQR 方法的计算时间，并将其与 BELM 和 RBFNN 方法进行比较。所用仿真平台为配置有 Intel Core Duo i7-4790 CPU @ 3.6GHz CPU 和 16GB 内存的计算机。所列出的平均模型训练时间是基于 2012 年 11 月至 12 月数据、提前时间为 1 小时的算例得到的。

表 7.2　模型构建所需的计算时间

方法	时间/s
DQR	63.89
BELM	4.43
RBFNN	49780.04

从表 7.2 中可知，BELM 方法的模型构建速度极快，仅需 4 秒即可完成模型的构建。作为一种参数化方法，BELM 具有良好的性能，所得到的预测区间具有较高的置信水平，为概率预测的在线应用提供了一种实用方法。DQR 方法比

RBFNN 方法快接近 780 倍，体现出很高的计算效率。对于短于 3 小时的提前时间，RBFNN 模型的训练耗时过长。一般而言，基于神经网络的传统非参数概率预测依赖复杂的损失函数，需通过启发式算法进行训练。由于需要同步产生 18 条分位数估计，决策变量的维度较高。因此，基于神经网络的传统非参数概率预测具有计算成本过高的不足。该算例中，DQR 方法仅需要 64s 的训练时间，能在很大程度上满足在线模型更新的需求。得益于极快的训练速度与优异的预测性能，所提出的 DQR 方法在新能源电力系统中具有很大的应用潜力。

7.5 本章小结

本章提出了一种直接分位数回归非参数概率预测方法，并应用于风电功率预测。该方法结合极限学习机与分位数回归，将复杂的基于人工神经网络的非参数概率预测问题创新地构建为简易的线性优化问题，具有优越的可靠性与计算效率。此外，该方法不依赖点预测作为输入，且无需任何关于点预测误差的概率分布信息，具有极强的灵活性。通过单次求解线性优化问题，即可同步获得不同分位水平对应的最优分位数预测，并产生嵌套的多置信水平预测区间。该方法提供了高效灵活的新能源发电功率非参数概率预测框架，在新能源高比例接入电力系统的背景下，概率预测可被广泛应用于如备用量化、经济调度、新能源发电交易等电力系统决策行为。

参考文献

[1] Wan C, Lin J, Wang J, et al. Direct quantile regression for nonparametric probabilistic forecasting of wind power generation[J]. IEEE Transactions on Power Systems, 2017, 32(4): 2767-2778.
[2] Keller G. Statistics for Management and Economics[M]. Stanford: Cengage Learning, 2014.
[3] Tewari S, Geyer C J, Mohan N. A statistical model for wind power forecast error and its application to the estimation of penalties in liberalized markets[J]. IEEE Transactions on Power Systems, 2011, 26(4): 2031-2039.
[4] Bludszuweit H, Dominguez-Navarro J A, Llombart A. Statistical analysis of wind power forecast error[J]. IEEE Transactions on Power Systems, 2008, 23(3): 983-991.
[5] Freedman D A. Statistical Models: Theory and Practice[M]. Cambridge: Cambridge University Press, 2009.
[6] Tanner M A. Tools for Statistical Inference[M]. New York: Springer-Verlag, 2012.
[7] Mackay D J C. A practical Bayesian framework for backpropagation networks[J]. Neural Comput, 1992, 4(3): 448-472.
[8] Hwang J T G, Ding A A. Prediction intervals for artificial neural networks[J]. Journal of the American Statistical Association, 1997, 92(438): 748-757.
[9] Koenker R, Bassett G. Regression quantiles[J]. Econometrica, 1978, 46(1): 33-50.
[10] Koenker R. Quantile Regression[M]. Cambridge: Cambridge University Press, 2005.

[11] Hornik K, Stinchcombe M, White H. Multilayer feedforward networks are universal approximators[J]. Neural Networks, 1989, 2(5): 359-366.

[12] Liang N, Huang G, Saratchandran P, et al. A fast and accurate online sequential learning algorithm for feedforward networks[J]. IEEE Transactions on Neural Networks, 2006, 17(6): 1411-1423.

[13] Huang G, Zhou H, Ding X, et al. Extreme learning machine for regression and multiclass classification[J]. IEEE Transactions on Systems, Man, and Cybernetics, Part B (Cybernetics), 2012, 42(2): 513-529.

[14] Chernozhukov V, Fernández-Val I, Galichon A. Quantile and probability curves without crossing[J]. Econometrica, 2010, 78(3): 1093-1125.

[15] David G. Luenberger, Yinyu Y. Linear and Nonlinear Programming[M]. New York: Springer.

[16] Haykin S. Neural Networks and Learning Machines[M]. 3rd ed. New York: Pearson Education India, 2009.

[17] Papadopoulos G, Edwards P J, Murray A F. Confidence estimation methods for neural networks: A practical comparison[J]. IEEE Transactions on Neural Networks, 2001, 12(6): 1278-1287.

[18] Wan C, Xu Z, Pinson P, et al. Probabilistic forecasting of wind power generation using extreme learning machine[J]. IEEE Transactions on Power Systems, 2013, 29(3): 1033-1044.

[19] Sideratos G, Hatziargyriou N D. Probabilistic wind power forecasting using radial basis function neural networks[J]. IEEE Transactions on Power Systems, 2012, 27(4): 1788-1796.

[20] Zhao C, Wan C, Song Y. Operating reserve quantification using prediction intervals of wind power: An integrated probabilistic forecasting and decision methodology[J]. IEEE Transactions on Power Systems, 2021, 36(4): 3701-3714.

[21] Lorca Á, Sun X A. Adaptive robust optimization with dynamic uncertainty sets for multi-period economic dispatch under significant wind[J]. IEEE Transactions on Power Systems. 2014, 30(4): 1702-1713.

[22] Botterud A, Zhou Z, Wang J, et al. Wind power trading under uncertainty in LMP markets[J]. IEEE Transactions on Power Systems, 2011, 27(2): 894-903.

第 8 章　数据驱动非参数概率预测

8.1　概　　述

概率预测的目的是利用已有的历史数据信息，实现对预测目标的不确定性量化。常用的非参数概率预测方法是构建监督学习模型。该类方法基于机器学习方法，拟合输入变量和预测目标之间的复杂关系，得到广泛的研究拓展和算例验证。然而，该方法往往需要经过多次迭代寻优才得到预测模型，在计算复杂度和效率上具有明显不足。非监督数据驱动的概率预测方法是实现不确定性量化的另一有效途径[1]，该方法能够避免监督学习模型的迭代参数寻优或最优化求解等复杂步骤。数据驱动方法从历史记录数据中挖掘与预测目标不确定性相关的信息，以实现对未来预测目标的概率信息估计，此方法实施的理论支撑是预测变量历史数据中蕴含与该变量未来取值的相似数值。本章提出了一种新的数据驱动非参数概率预测方法，进一步丰富了概率预测理论，并可应用于电力系统负荷概率预测。

本章首先介绍数据驱动方法理论支撑、条件历史数据集构造过程和密度估计的典型方法。然后考虑不同历史样本与预测目标之间的相似性差异，提出加权组合的集成概率预测方法。所提方法在新能源电力系统负荷预测实际数据中得到验证。

8.2　基础理论与总体框架

8.2.1　理论支撑

传统的点预测是一种确定性预测，只能提供预测量未来可能出现的一个估计值 y_t^{D}，与实际值 y_t 之间存在一定误差，其数学形式可以表示为

$$y_t = y_t^{\mathrm{D}} + \varepsilon_t = f_{\mathrm{D}}(x_t) + \varepsilon_t \tag{8-1}$$

式中，$f_{\mathrm{D}}(\cdot)$ 为确定性预测模型；ε_t 为确定性预测误差。

与确定性预测相比，概率预测包含预测量的更多信息。然而，现有的概率预测方法大多是模型驱动的，旨在构建输入与输出之间的映射关系，存在模型复杂、计算耗时等特点。数据驱动的非监督方法基于历史数据与预测目标未来的相似性，采用数据分析方法挖掘数据本身蕴含的不确定性，实现预测不确定性量化。

对于给定的确定性预测 $f_{\mathrm{D}}(\cdot)$，相同的输入 x_t 将得到相同的输出 y_t^{D}，这意味着相似的输入 $\tilde{x}_t$ 将产生相似的输出 $\tilde{y}_t^{\mathrm{D}}$，可表示为

$$y_t^{\mathrm{D}} = \tilde{y}_t^{\mathrm{D}} + \tilde{\varepsilon}_t = f_{\mathrm{D}}(\tilde{x}_t) + \tilde{\varepsilon}_t \tag{8-2}$$

式中，$\tilde{\varepsilon}_t$ 为相似输入 $\tilde{x}_t$ 和预测目标输入 x_t 直接差别引起的输出偏差。显然，$\tilde{x}_t$ 和 x_t 越相似，偏差 $\tilde{\varepsilon}_t$ 就越小。

在实际应用中，历史预测目标序列会蕴含大量相似的输入 $\tilde{x}_t$，从而产生一系列相似的输出 $\tilde{y}_t^{\mathrm{D}}$。因此，这些相似的输出 $\tilde{y}_t^{\mathrm{D}}$ 可以看作是预测目标 y_t^{D} 的可能值。

8.2.2　总体预测框架

本节首先给出了所提非监督数据驱动概率预测方法，自适应集成数据驱动非参数概率预测方法(adaptive ensemble data driven，AEDD)的总体框架流程，如图 8.1 所示。首先，该方法自适应地构造条件相似模式数据集，包括基于互信息

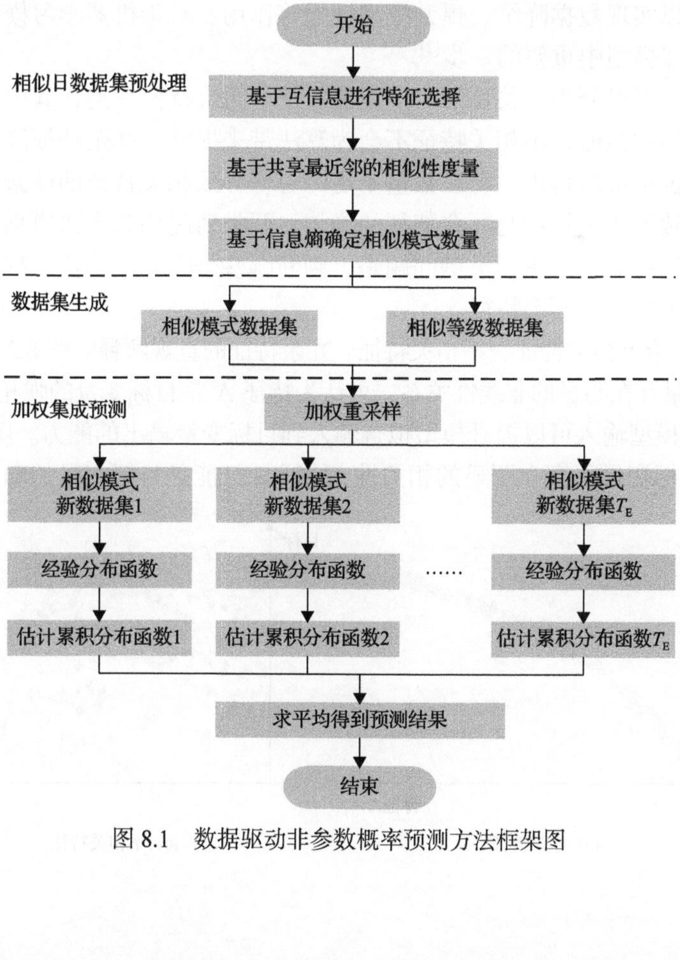

图 8.1　数据驱动非参数概率预测方法框架图

的特征选择、基于共享最近邻的相似性度量和基于信息熵的相似模式数量确定。然后，根据相似模式与预测条件的相似程度不同，为每个相似模式分配不同的权重。最后，根据上一步的权重通过重采样生成多个相似数据集，并进一步生成集成累积分布函数，得到最终的概率预测结果。

总的来说，通过条件相似数据集的构造和自适应加权集成的实施，本章提出的非监督数据驱动非参数概率预测方法具有良好的适应性和灵活性，并且无需模型回归过程。因此，所提非监督数据驱动概率预测方法是一种有效的非参数概率预测方法。

8.3 相似模式挖掘

8.3.1 特征选择

特征选择的含义是指从候选特征中进一步筛选出用作模型输入的特征，通过特征筛选可以实现数据降维、提升模型性能等作用。对于机器学习模型而言，特征选择是构建模型中重要的一步[2]。

特征一般可以分为相关特征、不相关特征与冗余特征三类，其中相关特征可以提升学习器的性能，不相关特征不会为算法带来提升，冗余特征隐含的信息可以从其他特征中推断得出。特征数量不足时容易导致相关特征的遗漏，特征数量过多则会导致不相关特征与冗余特征的增加，两类情况均会导致模型性能下降。因此，特征选择需要解决的关键问题是，判断哪些是强相关特征，哪些是弱相关特征、不相关特征或冗余特征。

图 8.2 中给出相关特征、不相关特征、冗余特征的直观解释。图 8.2(a) 中，特征 A 与目标变量存在明显的非线性关系，可认为特征 A 是目标变量的强相关特征，将特征 A 作为模型输入可以提升模型拟合输入到目标变量输出的能力。图 8.2(b) 中，特征 B 与目标变量不存在明显的相关性，特征 B 可能是目标变量的弱相关特征或

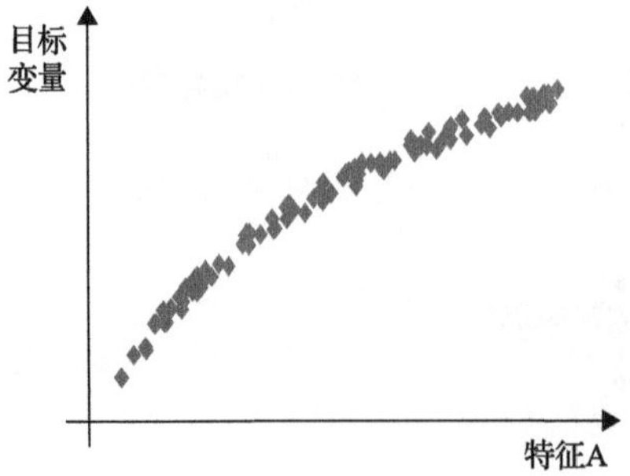

(a) 相关特征

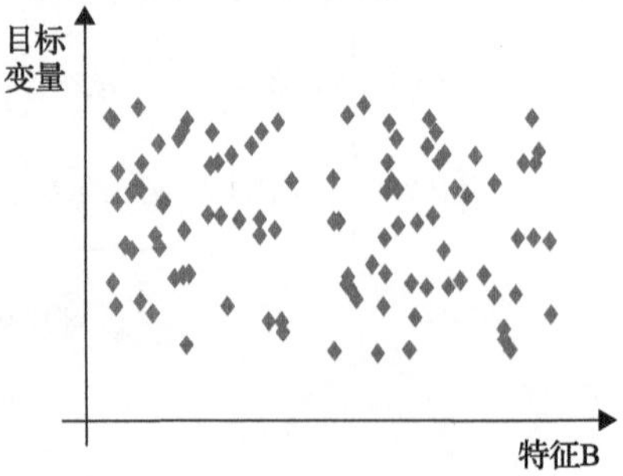

(b) 不相关特征

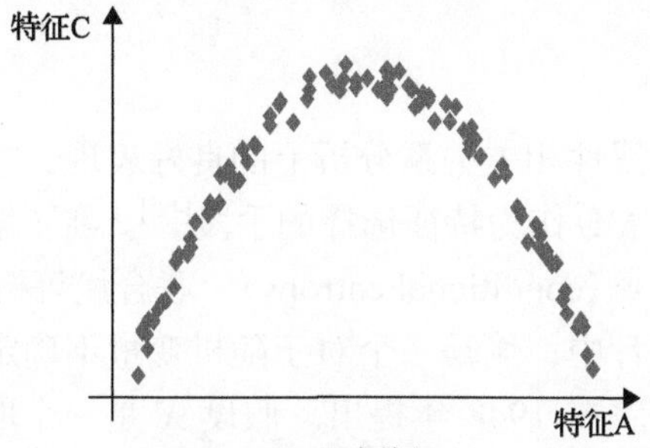

(c) 冗余特征

图 8.2　相关特征、不相关特征与冗余特征

不相关特征，将特征 B 作为模型输入不会为算法模型带来明显提升。图 8.2(c) 中，特征 A 与特征 C 存在明显的非线性关系，特征 C 中隐含的信息均可从特征 A 大致推断得出，因此特征 C 属于冗余特征。当已经有特征 A 作为模型输入时，特征 C 的输入不一定能为数据带来新的信息，难以给模型带来提升。

工程实践中较为常见的特征选择方法包括皮尔逊相关系数和互信息等方法。

1. 皮尔逊相关系数法

皮尔逊相关系数是一个由卡尔·皮尔逊提出的统计指标，被广泛用于度量两个随机变量之间的线性相关程度[3]。皮尔逊相关系数是过滤式方法的一种，这类方法通过判断单项特征与目标变量之间的关系进行特征过滤，过滤式特征选择的过程与后序学习过程无关。假设对于一个观测样本集合，其变量 X 与变量 Y 的取值分别为 $\{x_1, x_2, \cdots, x_m\}$ 与 $\{y_1, y_2, \cdots, y_m\}$，则 X 与 Y 的皮尔逊相关系数如式(8-3)所示：

$$c_{\text{pcc}}(X,Y) = \frac{\sum_{i=1}^{m}(x_i - \mu_X)(y_i - \mu_Y)}{\sqrt{\sum_{i=1}^{m}(x_i - \mu_X)^2}\sqrt{\sum_{i=1}^{m}(y_i - \mu_Y)^2}} \tag{8-3}$$

式中，μ_X 和 μ_Y 分别为变量 X 与变量 Y 的样本均值。

皮尔逊相关系数 c_{pcc} 的变化范围为[−1, 1]，其中 $c_{\text{pcc}} > 0$ 表示两个变量呈正相关，$c_{\text{pcc}} < 0$ 表示两个变量呈负相关，$|c_{\text{pcc}}|$ 越大表示两个变量相关性越强，$|c_{\text{pcc}}| = 1$ 表示两个变量的联合分布线性相关，$|c_{\text{pcc}}| = 0$ 表明两个变量不存在线性相关关系。皮尔逊相关系数的缺点是无法反映变量的非线性相关关系。

2. 互信息法

考虑到互信息在非线性相关关系分析上的良好表现，本章所提算法采用互信息(mutual information，MI)作为特征选择的手段[4,5]。在了解互信息之前，需要先理解熵(entropy)、条件熵(conditional entropy)、联合熵等概念。

在信息论与概率统计中，熵是一个对于随机变量不确定性的数学化度量，由信息论之父克劳德·香农在 1948 年提出。假设 X 是一个取值有限的离散随机变量，则其熵定义如式(8-4)所示：

$$H(X) = -\sum_{i=1}^{n} p(X = x_i)\log_{\mathrm{b}} p(X = x_i) \tag{8-4}$$

式中，n 表示随机变量 X 可能存在的取值数。式中的对数一般以 2 或 e 为底数。若存在 $p(X = x_i) = 0$，则定义 $p(X = x_i)\log_{\mathrm{b}} p(X = x_i) = 0$。熵越大，表示随机变量的不确定性越大。

条件熵 $H(Y|X)$ 表示在已知随机变量 X 的条件下，随机变量 Y 的不确定性，其定义为给定 X 的条件下 Y 的条件概率分布的熵对 X 的数学期望，如式(8-5)所示：

$$\begin{aligned} H(Y|X) &= \sum_{i=1}^{n} p_i H(Y|X = x_i) \\ &= \sum_{i=1}^{n} p_i \left(-\sum_{j}^{m} p_{ij} \log_{\mathrm{b}} p_{ij} \right) \end{aligned} \tag{8-5}$$

式中，$p_i = p(X = x_i)$；$p_{ij} = p(X = x_i, Y = y_j)$；$m$ 表示随机变量 Y 可能存在的取值数。

联合熵 $H(X,Y)$ 定义了随机变量 X 与 Y 的联合分布的不确定性，具体计算如式(8-6)所示：

$$H(X,Y) = -\sum_{i=1}^{n}\sum_{j=1}^{m} p_{ij} \log_{\mathrm{b}} p_{ij} \tag{8-6}$$

随机变量 X 与 Y 的互信息 $I(X;Y)$ 及随机变量 Y 对 X 的信息增益 $g(X,Y)$，均表示随机变量 Y 中包含的关于随机变量 X 的信息量，即随机变量 X 由于已知随机变量 Y 而减小的不确定性，具体计算如式(8-7)所示：

$$I(X;Y) = g(X,Y) = H(X) - H(X|Y) \tag{8-7}$$

从概率角度，互信息可以通过随机变量 X 与 Y 的联合概率分布 $p(x,y)$ 与边缘概率分布 $p(x)$、$p(y)$ 计算得出

$$I(X;Y)=\sum_{i=1}^{n}\sum_{j=1}^{m}p_{ij}\log_{\mathrm{b}}\frac{p(x_i|y_j)}{p_i} \tag{8-8}$$

图 8.3 给出以上几个概念的关系。

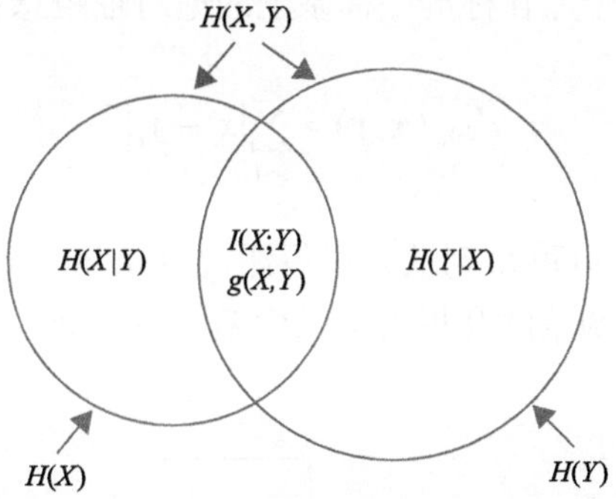

图 8.3　熵、条件熵、联合熵、互信息的关系图

将互信息用于预测前的特征选择时，需要计算特征 X 与数据集参考输出 Y 的互信息 $I(X;Y)$。具体而言，计算数据集参考输出 Y 的经验熵 $H(Y)$ 与给定特征 X 的条件下数据集参考输出 Y 的经验条件熵 $H(Y|X)$ 的差，其中经验熵与经验条件熵分别表示通过数据估计得到概率的熵与条件熵。

特征 X 与数据集参考输出 Y 的互信息越大，说明给定特征 X 时，数据集参考输出 Y 的不确定性减少得越多。一般而言，在采用互信息进行特征选择的过程中，需要计算每个特征与目标变量的互信息并比较大小，选择其中互信息最大的特征。

8.3.2　相似性度量

相近的样本可能具有较为一致的变化规律，因而可以采用相似性度量方法测算不同样本之间的相似程度，筛选相近的样本可以作为预测模型的有效输入，以提升预测性能[6]。本节介绍两种相似性度量方法：闵可夫斯基距离和共享最近邻方法。

1. 闵可夫斯基距离

闵可夫斯基距离又称闵氏距离，是对定义在闵氏空间中的一组距离的概括性表述。假设存在样本 $\boldsymbol{x}$ 与 $\boldsymbol{y}$ 分别表示成特征向量的形式：$\boldsymbol{x}=[x_1,x_2,\cdots,x_m]$，$\boldsymbol{y}=[y_1,y_2,\cdots,y_m]$，则其相互之间的闵氏距离如式(8-9)所示。

$$d_{\text{mks}}(\boldsymbol{x},\boldsymbol{y})=\left(\sum_{i=1}^{m}\left|x_i-y_i\right|^p\right)^{\frac{1}{p}} \tag{8-9}$$

式中，m 为样本 $\boldsymbol{x}$、$\boldsymbol{y}$ 的特征维度数；x_i 与 y_i 分别为样本 $\boldsymbol{x}$ 与样本 $\boldsymbol{y}$ 的第 i 个特征维度的数值；p 为常数，可取不同值。

当 p=1 时，由式(8-9)可得到曼哈顿距离(Manhattan distance)。曼哈顿距离也称城市街区距离，指两个点在标准坐标系上的绝对轴距总和，计算如下：

$$d_{\text{mht}}(\boldsymbol{x},\boldsymbol{y})=\sum_{i=1}^{m}\left|x_i-y_i\right| \tag{8-10}$$

当 p=2 时，由式(8-9)可得到欧几里得距离(Euclidean distance)。欧几里得距离，即欧氏距离，可以衡量欧几里得空间中两个点之间的真实距离，其计算公式如下：

$$d_{\text{eu}}(\boldsymbol{x},\boldsymbol{y})=\sqrt{\sum_{i=1}^{m}(x_i-y_i)^2} \tag{8-11}$$

当 $p\to\infty$时，由式(8-9)可得到切比雪夫距离(Chebyshev distance)，其定义为坐标数值差的绝对值的最大值，具体计算如下：

$$d_{\text{che}}(\boldsymbol{x},\boldsymbol{y})=\max_{i}\left|x_i-y_i\right| \tag{8-12}$$

需要注意的是，闵可夫斯基距离度量受各特征维度量纲的影响较大，当各特征维度量纲不一致时，计算所得的闵可夫斯基距离往往是没有意义的。

2. 共享最近邻(shared nearest neighbors，SNN)

经典的相似性度量方法通过直接计算对象之间的距离值来得到两个样本的相似度，常用距离是上文介绍的欧氏距离等。但是，这些直接的相似性度量方式并未考虑度量对象的周围环境，度量结果无法反映全面的相似性关系。本章引入了一种间接的相似性度量方式——共享最近邻[7]。

在了解共享最近邻前，应当先了解一下 k-最近邻(k-nearest neighbors，kNN)算法[8]。给定独立同分布的随机变量集合 $\boldsymbol{X}=\{x_1,x_2,\cdots,x_n\}$，人为设定 k 值，以样本点 x_1 为中心，找到离其距离最近的 k 个样本点，这些样本点可定义为样本点 x_1 的 k-最近邻。kNN 算法的简要示意图如图 8.4 所示，图中位于虚线内的样本集合即为样本 x 对应 k 值的 k-最近邻。k-最近邻算法可以用于分类或密度估计等场景。

当应用于分类问题时，对于样本点 x_1，通过其 k-最近邻的样本投票来决定 x_1 的分类归属。

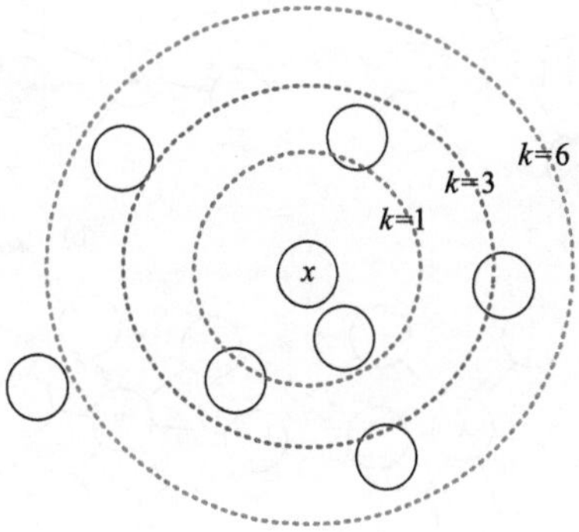

图 8.4　kNN 算法示意图

基于 SNN 的相似性度量的基本思想则是：当两个样本点都与某一部分样本相似时，反映了这两个样本点存在一定的相似性。具体而言，SNN 将两个样本的相似性量化为两个样本的 k-最近邻共享的样本数，其相似度计算见算法 8.1。

算法 8.1　SNN 算法

```
为所有样本找到其 k-最近邻
if 样本 x与样本 y在彼此的 k-最近邻中 then
  相似度 s_SNN(x, y) ←两个样本的 k-最近邻共享的样本数
else
  相似度 s_SNN(x, y) ← 0
end if
```

可以得到两个样本的相似度计算如下式所示：

$$s_{\mathrm{SNN}}(\boldsymbol{x},\boldsymbol{y})=\begin{cases}\left|\mathrm{knn}(\boldsymbol{x})\bigcap\mathrm{knn}(\boldsymbol{y})\right|, & \boldsymbol{x}\in\mathrm{knn}(\boldsymbol{y}),\ \boldsymbol{y}\in\mathrm{knn}(\boldsymbol{x})\\ 0, & 其他\end{cases} \tag{8-13}$$

式中，$\mathrm{knn}(\cdot)$表示求函数输入的样本的 k-最近邻样本集合；$|\cdot|$表示求集合中的样本数。

以下通过一个实例来直观解释共享最近邻的含义，具体可以见图 8.5，其中 k=6。

在图 8.5(a)中，样本 $\boldsymbol{x}$ 与 $\boldsymbol{y}$ 在彼此的 k-最近邻中，且两个样本的 k-最近邻有 3 个共同样本，因而两个样本的共享近邻相似度等于 3；在图 8.5(b)与图 8.5(c)中，样本 $\boldsymbol{x}$ 与 $\boldsymbol{y}$ 不在彼此的 k-最近邻中，因而两个样本的共享近邻相似度等于 0，

即使图 8.5(b)中两个样本的 k-最近邻有 3 个共同样本。

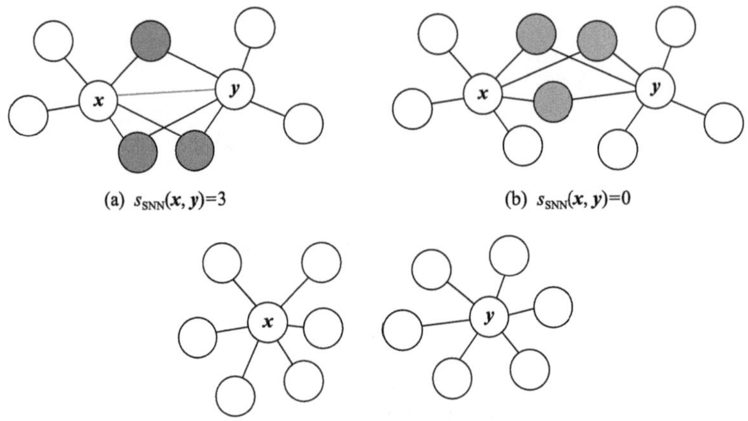

(a) $s_{\mathrm{SNN}}(\boldsymbol{x},\boldsymbol{y})=3$　(b) $s_{\mathrm{SNN}}(\boldsymbol{x},\boldsymbol{y})=0$

(c) $s_{\mathrm{SNN}}(\boldsymbol{x},\boldsymbol{y})=0$

图 8.5　共享近邻相似性度量示例图

经过相似性度量后，可得到与预测样本相似的用于密度估计的样本集：

$$\boldsymbol{D}_{\mathrm{SNN}}=\{(\boldsymbol{x}_i,\boldsymbol{y}_i)\}_{i=1}^{K_{\mathrm{S}}} \tag{8-14}$$

式中，K_{S} 为相似样本，即相似模式的数量。

8.3.3　相似模式数目确定

相似模式的数目 K_{S} 对所提出的数据驱动非参数概率预测方法的预测性能至关重要，预测目标的不确定性程度将影响相似模式数目的合适值。直观地说，那些不确定度较高的预测目标需要更多的相似模式。因此，本节提出了一种考虑不确定度差异的自适应方法来确定最佳相似模式数。

传统的预测模型参数，对于所有预测样本都是常数，并根据已知历史样本组成的同一个验证数据集来确定，没有考虑不同预测点的不确定性差异。为了获得合适的相似模式数量，本节提出一种基于不确定度计算的自适应模式数确定方法，根据具有相同不确定性程度历史数据的预测表现，得到符合预测目标状态的相似模式的数量 K_{S}。首先，根据不确定性程度将历史数据集分为不同子集，其中历史模式的不确定性程度由其相似模式和信息熵计算得到；其次，根据不确定性程度分别组成特定验证集，以确定不同不确定性程度下的相似模式数量 K_{S}；最后，计算预测目标相似模式的信息熵结果，以确定其不确定性程度，从而得到对应不确定性程度的验证集及合适的相似模式的数量 K_{S}。对于不确定性程度的度量，本节采用信息熵(information entropy，IE)来计算。IE 是香农提出的确定信息量的方法，

其计算公式为

$$H = -\sum_{i}^{N_{\mathrm{D}}} p(X_{\mathrm{D},i})\log_b p(X_{\mathrm{D},i}) \tag{8-15}$$

式中，$X_{\mathrm{D}} = \{X_{\mathrm{D},i}\}_{i=1}^{N_{\mathrm{D}}}$ 是不确定性度量目标及其 N_{D} 个所有的取值；$p(X_{\mathrm{D}}) = \{p(X_{\mathrm{D},i})\}_{i=1}^{N_{\mathrm{D}}}$ 是对应的概率质量函数；b 是所用对数的底，一般取值为 2。

根据式(8-15)可知，为了计算 IE，需要得到不确定性度量目标的可能取值集合，这些取值通过相邻点获取，相邻点则可以通过解释变量和相似性度量 SNN 得到。新能源电力系统预测对象 $X_C = \{X_{C,j}\}_{j=1}^{N_C}$，如负荷、风电等是连续变量，需要经过等宽离散化转化为离散变量 X_{D} 及其概率质量函数 $p(X_{\mathrm{D}})$。

此外，通过计算每个数据对 $(\boldsymbol{x}_i, \boldsymbol{y}_i)$ 的 IE，从历史数据样本中分别抽取三个验证数据集 $\{S_{\mathrm{LU}}, S_{\mathrm{MU}}, S_{\mathrm{HU}}\}$ 表示低、中、高三种不确定度，数据验证集如下：

$$\begin{cases} (\boldsymbol{x}_i, \boldsymbol{y}_i) \in S_{\mathrm{LU}}, & \mathrm{H}(i) \leqslant T_{\mathrm{LU}},\ i = 1,2,\cdots,K_{\mathrm{O}} \\ (\boldsymbol{x}_i, \boldsymbol{y}_i) \in S_{\mathrm{MU}}, & T_{\mathrm{LU}} < \mathrm{H}(i) < T_{\mathrm{HU}},\ i = 1,2,\cdots,K_{\mathrm{O}} \\ (\boldsymbol{x}_i, \boldsymbol{y}_i) \in S_{\mathrm{HU}}, & \mathrm{H}(i) \geqslant T_{\mathrm{HU}},\ i = 1,2,\cdots,K_{\mathrm{O}} \end{cases} \tag{8-16}$$

式中，T_{LU} 和 T_{HU} 为划分数据集的两个门槛值，其数值为数据集信息熵的三等分点。

对于 $\{S_{\mathrm{LU}}, S_{\mathrm{MU}}, S_{\mathrm{HU}}\}$ 中的每个数据集，相似模式数目 K_{S} 通过验证来确定，不断改变相似模式数目 K_{S} 并将其应用于预测模型得到对应的预测表现，最优的预测表现对应的相似模式数目被确定为合适的 K_{S} 数值。具体而言，在得到目标预测值后，整合其相邻点，用式(8-15)计算其不确定度。接着通过验证不确定度隶属的数据子集来适应性地确定 K_{S}。考虑到预测对象的动态特性，根据最新的历史数据确定每个预测案例的 K_{S}，从而得到现实模式数据集 $\boldsymbol{D}_{\mathrm{SNN}} = \{(\boldsymbol{x}_i, \boldsymbol{y}_i)\}_{i=1}^{K_{\mathrm{S}}}$。

8.4　自适应集成密度估计

8.4.1　密度估计

密度估计技术基于观测数据实现对不可观测的潜在概率密度函数的估计，普遍应用于无监督学习、特征工程与数据建模[9]。密度估计技术包括参数估计和非参数估计。其中，参数估计会假定数据样本服从特定的分布，但参数模型的这种基本假定与实际的物理模型之间常常存在较大差距，参数估计方法并非总能取得令人满意的结果。非参数估计则对数据分布不附加任何假定，克服了参数设置的局限性，结果更具灵活性和适应性[10]。

本节详细介绍经验分布函数和核密度估计两种非参密度估计方法。

1. 经验分布函数

在统计学中，经验分布函数(empirical distribution functions，EDF)是与样本的经验测度相关联的分布函数[11]。经验分布函数是一个阶跃函数，给定独立同分布的随机变量集合 $\boldsymbol{X}=\{x_1,x_2,\cdots,x_n\}$，假设其存在共同的累积分布函数(cumulative distribution functions，CDF) $F(x)$，则经验分布函数可定义为

$$\hat{F}_n(x)=\frac{1}{n}\sum_{i=1}^{n}I(x_i\leqslant x) \tag{8-17}$$

式中，函数 $I(\cdot)$ 为指示器函数，在括号内等式成立时等于 1，否则等于 0。

EDF 是对生成样本点的 CDF 的估计。Glivenko-Cantelli 定理给出了 EDF 会收敛于 CDF 的证明，即

$$\left\|\hat{F}_n-F\right\|_\infty=\sup_{t\in\mathbb{R}}\left|\hat{F}_n(x)-F(x)\right|\xrightarrow{\text{a.s.}}0 \tag{8-18}$$

根据该定理可知：随着样本数量 n 的增长，EDF 会逼近 CDF。

对一个均值为 0，标准差为 2 的高斯分布函数，分别从中随机采样 100 个样本与 500 个样本，绘出相应的经验分布函数 EDF 与该高斯分布的累积分布函数 CDF 如图 8.6 所示。

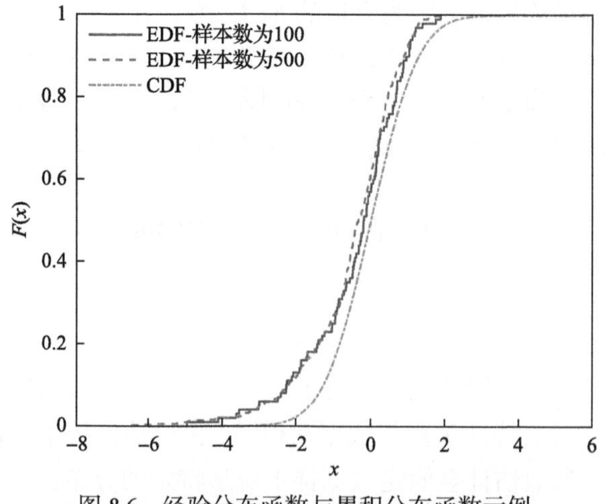

图 8.6　经验分布函数与累积分布函数示例

由图 8.6 可见，当观测样本数增加时，通过样本得到的经验分布会更加逼近真实的累积分布，与 Glivenko-Cantelli 定理相符。

2. 核密度估计

在统计学中，核密度估计(KDE)是一种由给定样本集合求解随机变量的概率密度函数的非参数估计方法[12]。核密度估计是一个基本的数据平滑问题，它基于有限的数据样本对总体进行推断。在信号处理与计量经济学领域，它也被称为 Parzen–Rosenblatt 窗方法。由于核密度估计方法不利用有关数据分布的先验知识，对数据分布不附加任何假定，是一种从数据样本本身出发研究数据分布特征的方法，因而在统计学理论和应用领域均受到高度的重视。

给定独立同分布的随机变量集合 $\boldsymbol{X}=\{x_1,x_2,\cdots,x_n\}$ ，假设该集合的概率密度函数为 $f(x)$ ，则核密度估计定义如式(8-19)所示：

$$\hat{f}_h(x)=\frac{1}{n}\sum_{i=1}^{n}K_h(x-x_i)=\frac{1}{nh}\sum_{i=1}^{n}K\left(\frac{x-x_i}{h}\right) \tag{8-19}$$

式中，$K(\cdot)$ 表示核函数，具有非负、积分为 1、均值为 0 的性质；h 表示带宽，是一个平滑参数，大于 0。带宽 h 的选择需要考虑非参数估计中偏差与方差的折中，取值太大时用于计算的点较多，方差较小但偏差较大；取值太小时用于计算的点较少，偏差较小但方差较大。$K_h(\cdot)$ 表示缩放核函数，其满足

$$K_h(x)=\frac{1}{h}K\left(\frac{x}{h}\right) \tag{8-20}$$

常用的核函数包括 uniform、triangular、quartic、triweight、Gaussian、epanechnikov 和一些其他函数，其中一些核函数形状具体可见图 8.7。

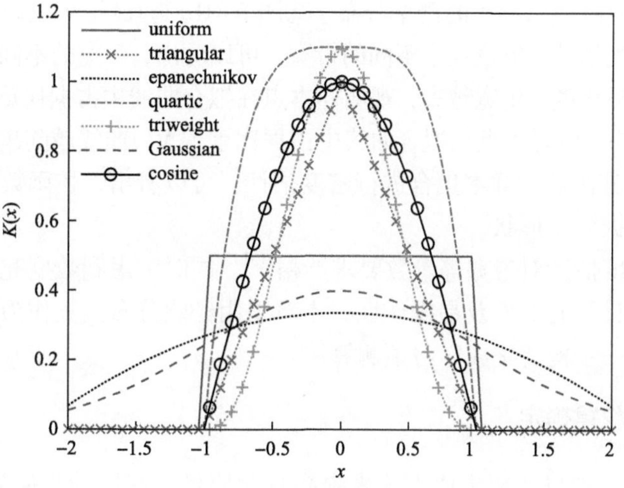

图 8.7　常见核函数

以下给出一个核密度估计的实例，如图 8.8 所示。

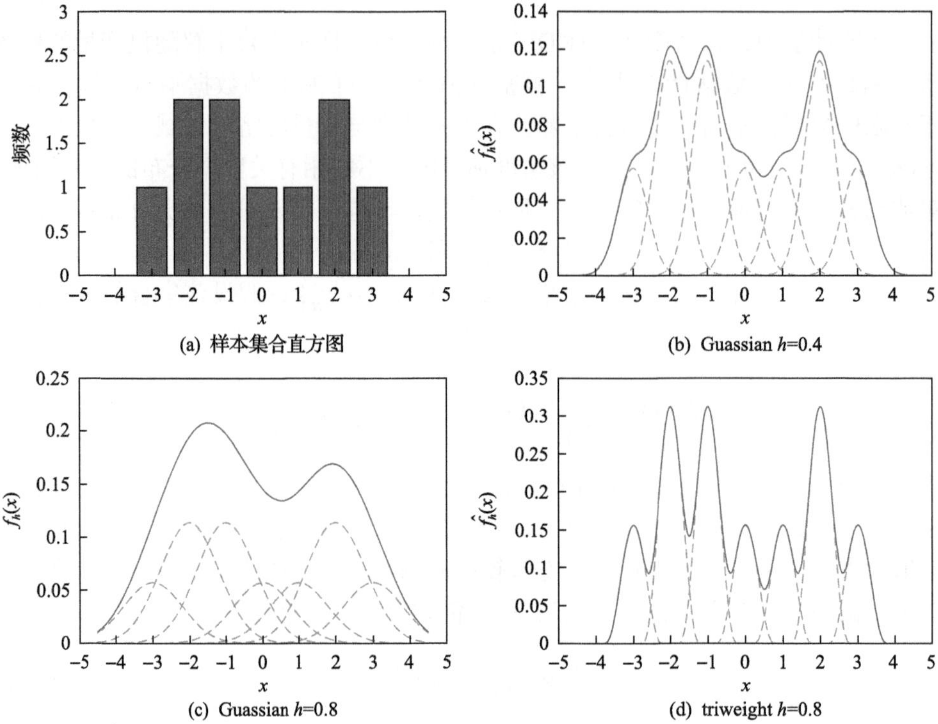

图 8.8　核密度估计实例

由图 8.8 可以分析得出如下结论。①核密度估计采用平滑的核函数来拟合观测样本点，从而模拟出真实的概率分布。②图 8.8(b)与(c)均采取高斯核函数对样本集合进行密度估计，但设置了不同的带宽。可以看出，带宽的不同影响拟合所得分布曲线的平滑程度，带宽越大，观测样本点在拟合曲线中占据比重越小，曲线越平坦；带宽越小，测样本点在拟合曲线中占据比重越大，曲线越陡峭。③图 8.8(d)采取 triweight 核函数对样本集合进行密度估计，可以看出，核函数的选取会影响拟合所得的数据分布形状。

由于核密度估计对带宽等参数要求严格[13]，同时考虑到数据充足时经验分布函数在密度估计的有效性及易操作性，本章采用经验分布函数作为基础密度估计方法，用于进一步构建集成学习预测算法。

8.4.2　自适应权重确定

本节提出一种自适应集成方法来提高预测质量。在原始相似数据集 $\boldsymbol{D}_{\mathrm{SNN}}=\{(\boldsymbol{x}_i,\boldsymbol{y}_i)\}_{i=1}^{K_{\mathrm{S}}}$ 的基础上，考虑不同相似模式相似度差异，进行加权重采样。

重采样是一种统计方法，它可以从原始数据集中有放回地抽取样本，生成一系列新的数据集[14]。本章抽取的样本对象是相似模式，在传统的重采样方法中，每个样本被抽取的可能性是相等的。等概率抽样法不考虑与预测目标的相似度差异。模式与预测对象的相似度对预测性能极为关键，相似度越高的相似模式越能反映预测目标真实的不确定性信息。相似模式数据集与预测样本的匹配程度提升将提高预测对象不确定性估计的准确性。因此，本节提出一种加权重采样方法，以提高这些相似模式在集合密度估计中的重要性。通过所提出的加权重采样，可以更容易地选择相似度较高的候选模式，构成新的相似数据集进行密度估计，从而使新的子预测分布函数更接近实际情况，使由所有子预测结果组成的最终结果更为准确。

样本抽样的权重 W_s 由与预测样本的相似程度计算得到，公式为

$$W_s(i) = S_{SNN}(i) / \sum_{i=1}^{K_S} S_{SNN}(i), \quad i = 1,2,\cdots,K_S \tag{8-21}$$

式中，$S_{SNN}(i)$ 为第 i 个样本与预测样本的共有的最近邻数量。基于抽样权重，可得到新的相似模式数据集为

$$\Omega_{SNN} = \{\boldsymbol{D}_{SNN}^{(1)}, \boldsymbol{D}_{SNN}^{(2)}, \cdots, \boldsymbol{D}_{SNN}^{(T_E)}\} \tag{8-22}$$

式中，T_E 为重采样重复次数，也是新的相似模式数据集个数。

得到新的相似模式数据集后，采用经验分布函数(8-17)对其开展密度估计，得到预测目标的经验分布函数 CDF。

根据上述讨论，经过 T_E 次加权重采样可得到 T_E 个新的相似样本集，从而利用经验分布函数得到 T_E 个 CDF 估计结果，可以进一步转化为对应的分位数形式，公式为

$$q_{t_E}^{\alpha_i} = \hat{F}^{(t)}(\alpha_i)^{-1}, \quad t_E = 1,2,\cdots,T_E, i = 1,2,\cdots, N_q \tag{8-23}$$

式中，$\hat{F}^{(t)}(\cdot)$ 为第 t 个子预测模型的 CDF 估计结果；N_q 为设定的分位数数量。

本节采用常用的集成组合策略——平均组合，作为最后预测结果的计算方式，最后的分位数预测结果可以采用下式计算：

$$q_E^{\alpha_i} = \frac{1}{T_E} \sum_{t_E=1}^{T_E} q_{t_E}^{\alpha_i}, \quad i = 1,2,\cdots, N_q \tag{8-24}$$

8.5 算例分析

8.5.1 算例描述

以华东地区某城市配电网低压变电站实际负荷数据和开源数据[15]为例，验证上述方法的有效性。低压侧变电站的线电压值为380V，接近输电过程的终点，覆盖低容量用户。由于低压负荷在电力系统中的终端位置和智能电网中的运行控制越来越复杂，低压负荷的高不确定性越来越明显。为了综合评价概率预测，预测分位数集的取值范围为 1%～99%，增量为 1%。华东地区时间序列的分辨率为5min，利用 6 天内的 1764 个电力负荷点对预测性能进行检验，并利用最近连续60 天的历史负荷选择相似点，影响变量从历史负荷序列中选取。开源数据包含负荷和温度，分辨率为 1 小时，测试集长度为 15 天，相似点选择范围为 150 天[15]。为了验证该方法的适应性，分别进行春季、夏季、秋季和冬季的电力负荷预测。值得注意的是，该预测方法是实时更新的，每个点都是基于最新的历史负荷预测的。

8.5.2 多提前时间多季节概率预测

通过与一系列涵盖多个提前时间的对比算例进行比较，对所提出的数据驱动非参数概率预测方法进行有效性分析。基准方法包括持续法(Persistence)、混合卡尔曼滤波器训练的神经网络(neural networks trained by hybrid Kalman filters，NNHKF)[16]、bootstrap 极限学习机(BELM)[17]、分位数回归神经网络(quantile regression neural networks，QRNN)[18]和核密度估计(KDE)[19]。现有的五种概率方法可分为参数化方法和非参数化方法。前三种方法需要事先假设概率分布，采用最常用的高斯分布假设。另外两种方法 QRNN 和 KDE 都是非参数方法。为不失一般性，预测时间尺度包含超短期和短期，其中超短期以 5min 为间隔，提前时间从 5min 到 1h，短期预测提前时间为 24h。电力系统中的各种决策需要在不同的提前时间内得到多个预测结果，准确量化负荷预测的不确定性有助于运行人员进行优化决策，保证电力系统的安全经济运行。采用可靠性和综合性能分数(skill score，SS)两个评价指标来评估所提出的 AEDD 方法和对比模型的性能[20]。

1. 基于中国数据的算例分析

图 8.9～图 8.12 分别显示了本章所提 AEDD 方法和对比方法在四季中获得的概率预测可靠性和综合性能分数结果。图 8.13～图 8.16 展示了预测提前时间为1h 时不同方法得到的平均比例偏差 APD 值。AEDD 概率预测方法在可靠性和综合性能分数方面均优于其他对比方法，表明了其显著的有效性和优越性。

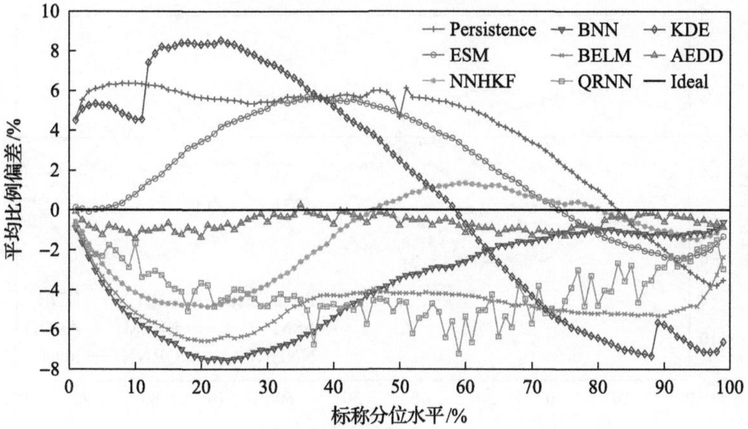

图 8.9　春季电负荷不同置信度、提前时间 1h 的预测分位数可靠性比较

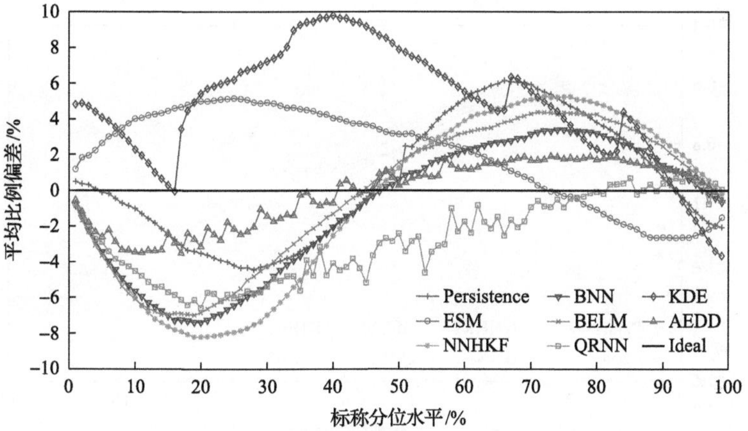

图 8.10　夏季电负荷不同置信度、提前时间 1h 的预测分位数可靠性比较

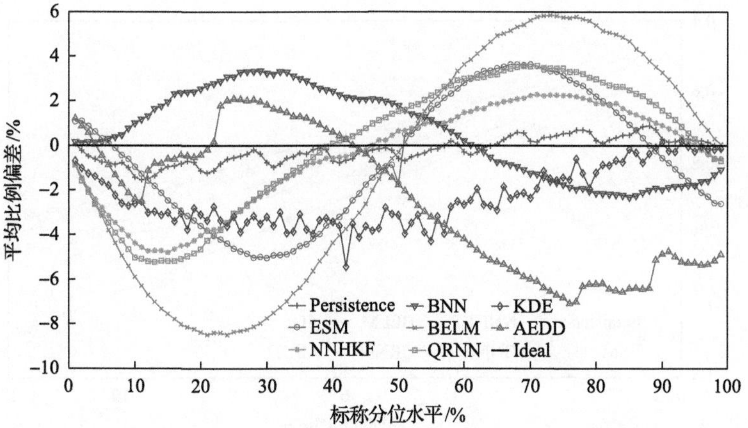

图 8.11　秋季电负荷不同置信度、提前时间 1h 的预测分位数可靠性比较

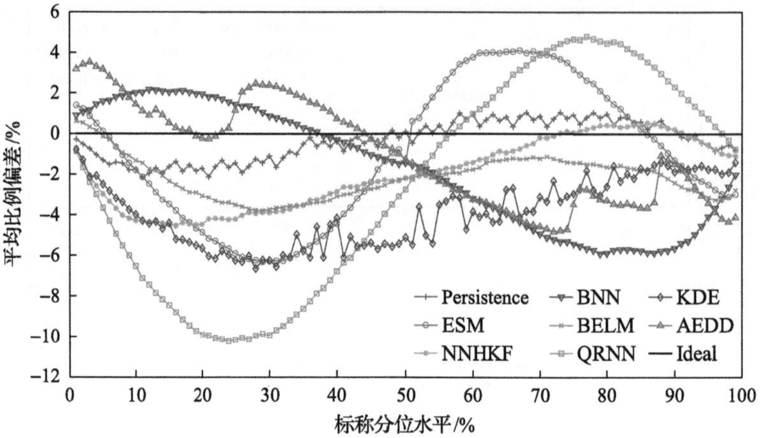

图 8.12　冬季电负荷不同置信度、提前时间 1h 的预测分位数可靠性比较

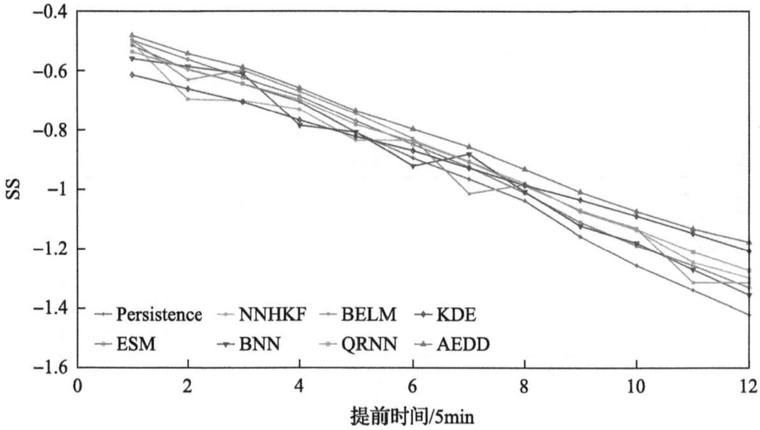

图 8.13　春季电负荷不同提前时间下的预测分位数综合性能分数比较

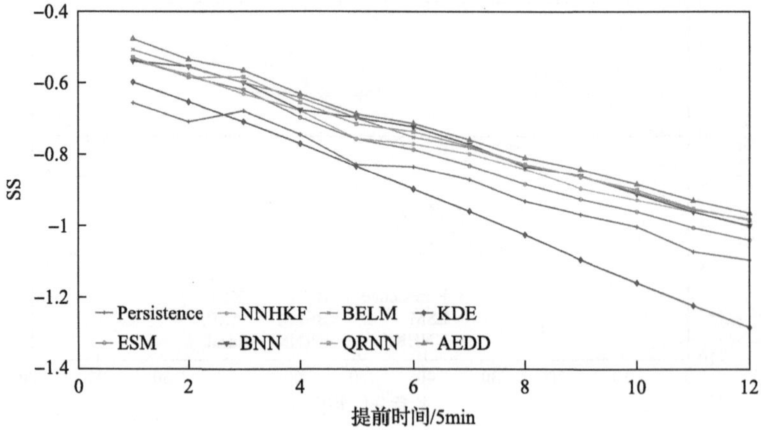

图 8.14　夏季电负荷不同提前时间下的预测分位数综合性能分数比较

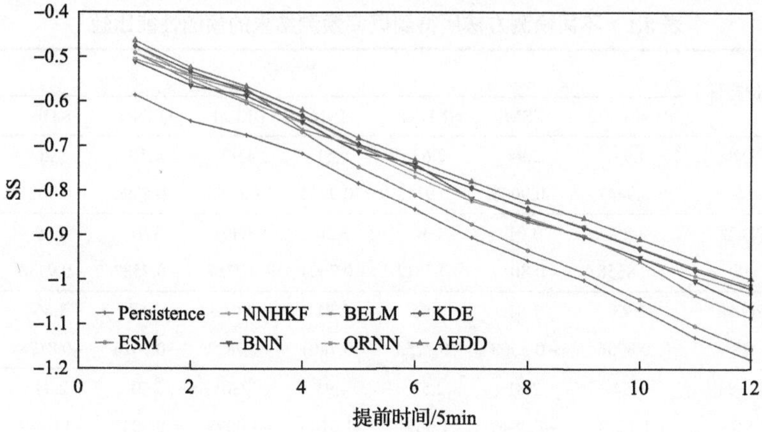

图 8.15　秋季电负荷不同提前时间下的预测分位数综合性能分数比较

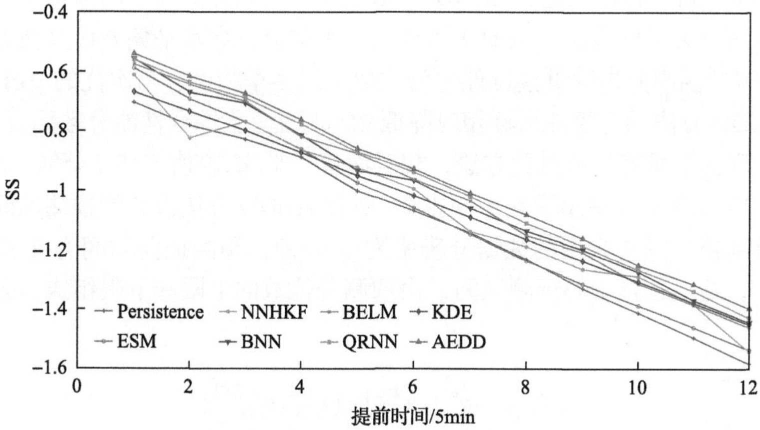

图 8.16　冬季电负荷不同提前时间下的预测分位数综合性能分数比较

为了更好地进行数值比较，本节将所有研究的预测时间的平均预测结果在表 8.1 中显示。算例在所有预测时间间隔下的可靠性和综合性能分数平均值如下：

$$PD=\frac{1}{N_k}\sum_{k=1}^{N_k}PD_k \tag{8-25}$$

$$SS==\frac{1}{N_k}\sum_{k=1}^{N_k}SS_k \tag{8-26}$$

式中，N_k 为预测提前时间的个数；PD_k 和 SS_k 为第 k 个预测时间间隔的可靠性和综合性能分数。

表 8.1　不同预测方法所得到概率预测结果的预测性能比较

季节	评价指标	预测方法							
		Persistence	ESM	NNHKF	BNN	BELM	QRNN	KDE	AEDD
春	PD/%	4.93	2.94	2.63	4.51	4.92	4.10	3.26	1.14
	SS	−0.9447	−0.9003	−0.9113	−0.9234	−0.8995	−0.8890	−0.9021	−0.8364
夏	PD/%	3.28	3.01	4.30	3.20	3.49	3.01	5.39	1.71
	SS	−0.8658	−0.8017	−0.7812	−0.7604	−0.7557	−0.7587	−0.9338	−0.7371
秋	PD/%	2.93	1.87	4.65	2.71	2.01	2.58	3.66	0.73
	SS	−0.8736	−0.8308	−0.7753	−0.7801	−0.7823	−0.7616	−0.8128	−0.7480
冬	PD/%	3.54	2.81	2.54	4.95	2.30	3.91	2.94	1.71
	SS	−1.1213	−1.0846	−1.0651	−1.0100	−1.0098	−0.9843	−1.0549	−0.9736

从表 8.1 可以得出结论，AEDD 非参数概率预测方法在不同季节下均优于所有对比方法。关于可靠性，AEDD 所得到的平均分位数水平偏差比其他方法更接近于 0，表明预测分位数更接近理想分位数。以冬季为例，与次优的 BELM 方法相比，AEDD 方法的可靠性指标相对降低 25%以上。就综合性能分数而言，AEDD 方法的表现优于所有其他对比方法，相对而言，平均 *SS* 值增加 7.45%。

图 8.17～图 8.20 展示了在不同季节，所提 AEDD 方法得到的预测区间和相应的实测负荷值。其中采用的数据分辨率为 5 分钟，预测提前时间为 1 小时。为方便展示，这里选择中心预测区间，由预测分位数的上限和下限组成，公式如下所示[21]：

$$PI_{1-\beta}=[q_{t+k}^{\alpha},q_{t+k}^{\overline{\alpha}}]=[q_{t+k}^{\beta/2},q_{t+k}^{1-\beta/2}] \tag{8-27}$$

式中，$q_{t+k}^{\overline{\alpha}}$ 和 q_{t+k}^{α} 为区间上下边界的分位数；β 为区间覆盖的概率。

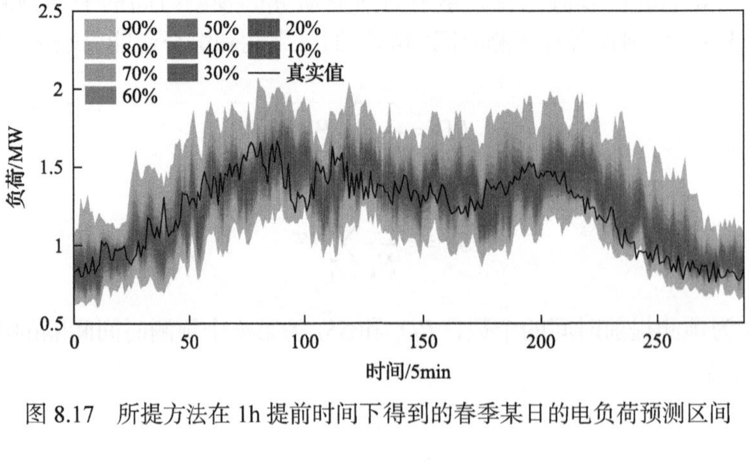

图 8.17　所提方法在 1h 提前时间下得到的春季某日的电负荷预测区间

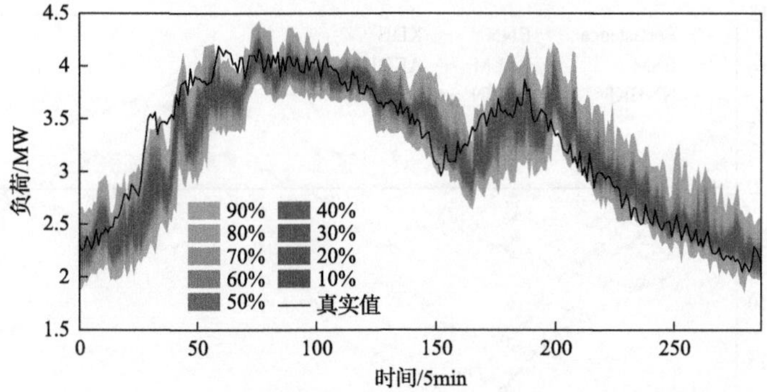

图 8.18　所提方法在 1h 提前时间下得到的夏季某日电负荷预测区间

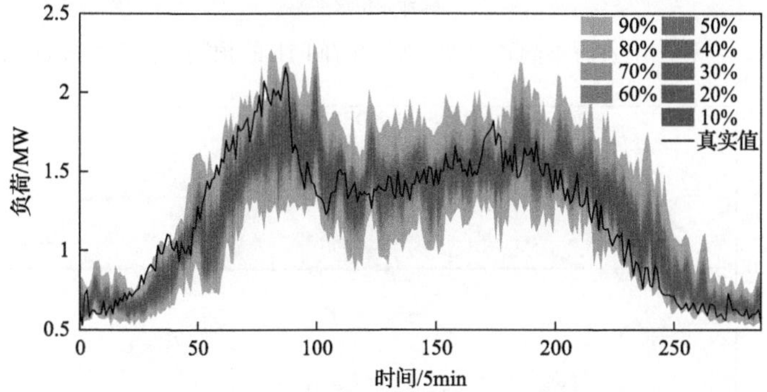

图 8.19　所提方法在 1h 提前时间下得到的秋季某日电负荷预测区间

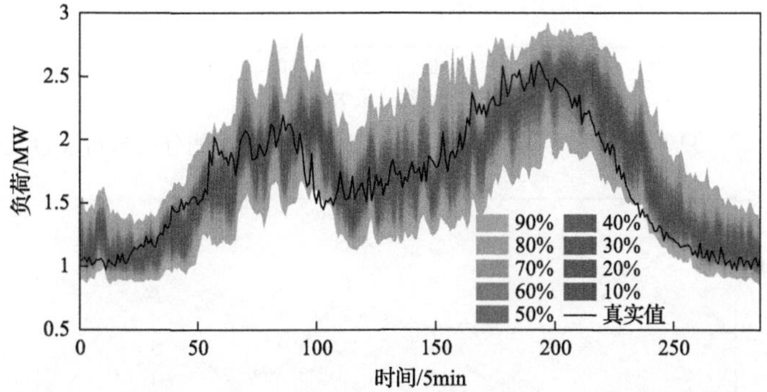

图 8.20　所提方法在 1h 提前时间下得到的冬季某日电负荷预测区间

2. 基于开源数据的算例分析

同样基于 GEFCom2012 的开源数据进行预测，该数据集记录了 2004 年 1 月 1 日～2008 年 7 月 1 日分辨率为 1h 的电力负荷数据和温度数据，不同方法的可靠性比较如图 8.21～图 8.24，以一天为预测提前时间得到的预测区间如图 8.25～图 8.28 所示。

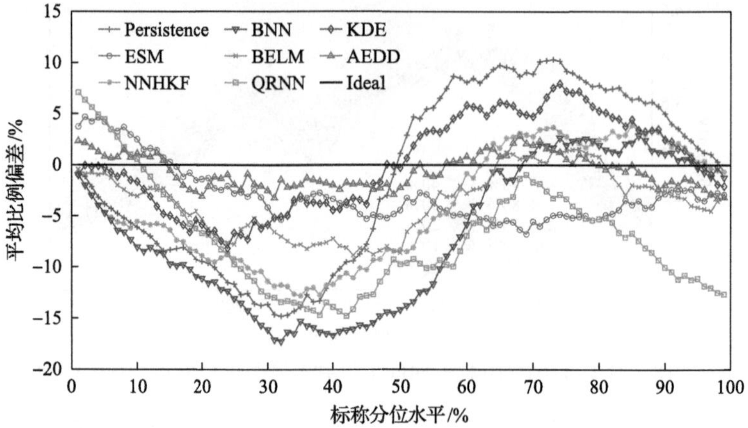

图 8.21 春季电负荷不同置信度、提前时间 1h 的预测分位数可靠性比较

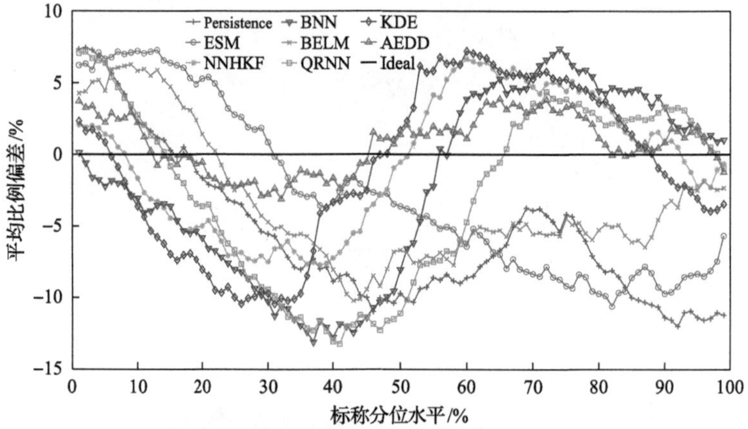

图 8.22 夏季电负荷不同置信度、提前时间 1h 的预测分位数可靠性比较

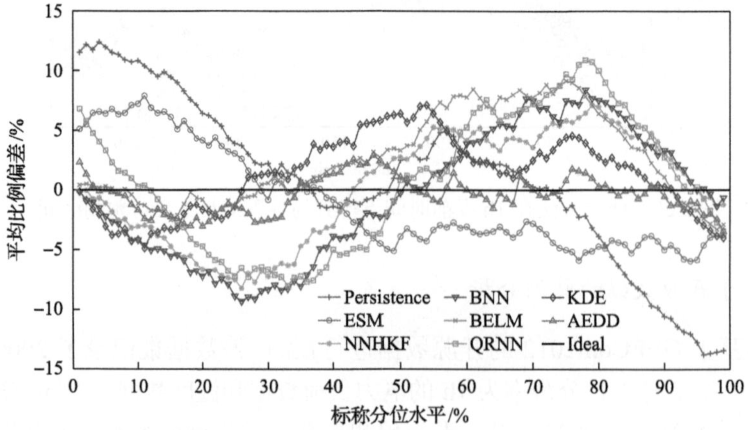

图 8.23 秋季电负荷不同置信度、提前时间 1h 的预测分位数可靠性比较

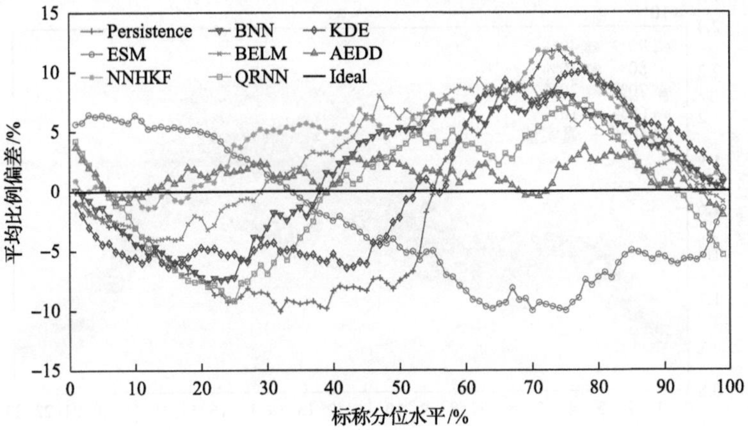

图 8.24　冬季电负荷不同置信度、提前时间 1h 的预测分位数可靠性比较

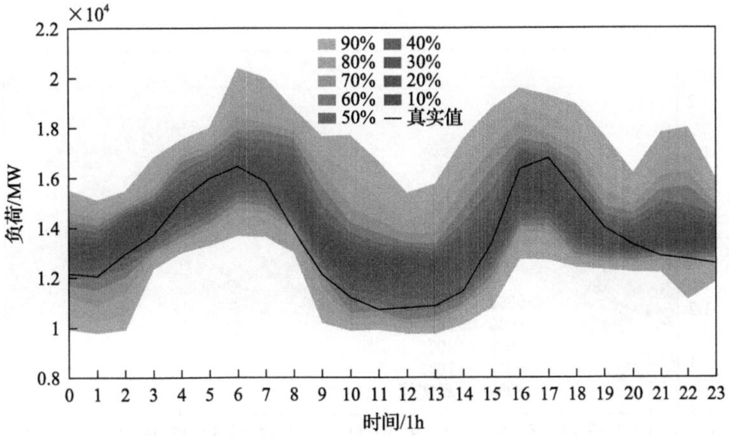

图 8.25　所提方法在一天提前时间下得到的春季某日电负荷预测区间

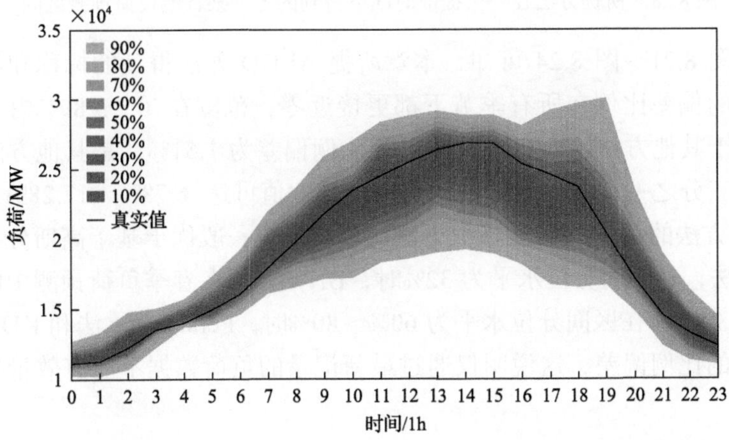

图 8.26　所提方法在一天提前时间下得到的夏季某日电负荷预测区间

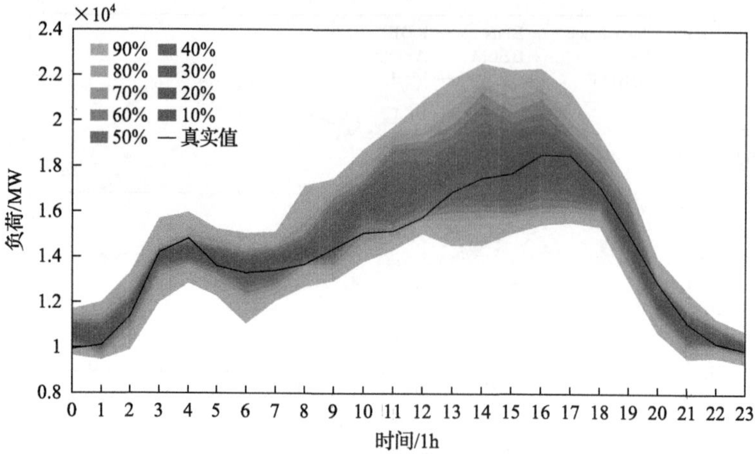

图 8.27　所提方法在一天提前时间下得到的秋季某日电负荷预测区间

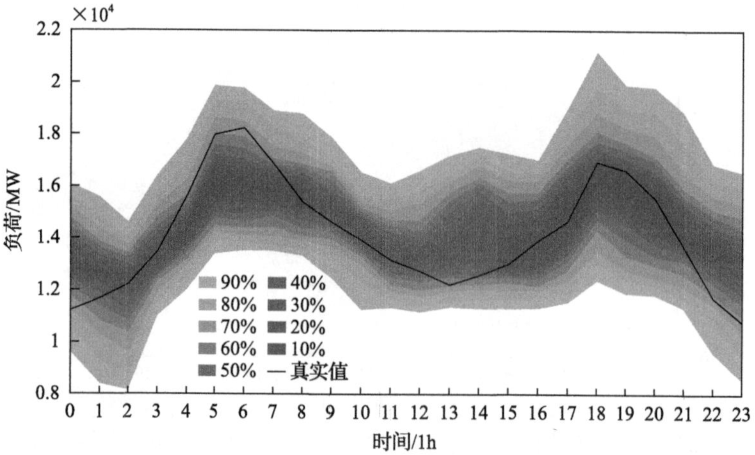

图 8.28　所提方法在一天提前时间下得到的冬季某日电负荷预测区间

根据图 8.21～图 8.24 可知，本章所提 AEDD 方法得到的标称和经验分位水平之间的偏差比例在所有季节下都更接近零，范围在 0～3.89%内，其绝对值明显小于其他方法。四个季节的平均比例偏差为 1.51%，是其他方法平均比例偏差的三分之一。其他方法的比例偏差最大值可达 6.78%～17.28%，约为所提 AEDD 方法的 2～5 倍。非参数方法的预测表现一般优于基于高斯分布假设的参数化方法，在区间分位水平为 32%时，BNN 方法在春季负荷预测中的比例偏差达到 17.28%。在区间分位水平为 60%～80%时，Persistence 法和 KDE 法约有 5%～10%的比例偏差，这说明仅通过最新记录的负荷数据不能有效量化未来的不确定性。

8.5.3 计算效率比较

除了预测精度外，本节还使用低压电力负荷数据进一步分析所提 AEDD 方法的计算效率。预测算法在 Intel(R) Core(TM) i5-7300HQ 2.50GHz 4 核 CPU 和 8.00GB RAM 的计算机上进行。不失一般性，AEDD 方法和对比方法在秋季提前时间为 5min 的数据上展开测试，计算时间如表 8.2 所示。

表 8.2　不同预测方法所得到点预测结果的预测性能比较

方法	Persistence	ESM	NNHKF	BNN
时间/s	0.0008	0.3804	88.6191	1852.0062
方法	BELM	QRNN	KDE	AEDD
时间/s	1.7923	186.0900	0.2315	0.2205

根据表 8.2，AEDD 方法具有最高的计算效率，计算时间只需 0.2205s，是除了持续性模型外最快速的概率预测方法。持续性模型虽然计算效率高，但由于只线性地利用最近的历史负荷，不能保证预测的准确性。而且 AEDD 方法比典型的非参数概率预测方法 QRNN 快 800 多倍。BNN、QRNN 和 NNHKF 的计算时间最长，主要原因是传统神经网络的训练过程耗时较长。由于 ELM 算法具有计算效率高的优点，BELM 算法的运行时间明显缩短，比 BNN 算法快 1033 倍左右。结果表明，提出的数据驱动非参数概率预测方法运行速度快，可用于实时预测，满足电力系统运行控制的在线决策的需求。

总体而言，本章提出的 AEDD 非参数概率预测方法具有优越的精度和计算效率，在电力系统在线应用中具有很大的潜力。

8.6 本章小结

本章首先从动机和合理性方面论述数据驱动概率预测的理论支撑，并给出完整的预测流程和框架。然后介绍相似模式挖掘的详细流程，包括特征选择、相似性度量、相似模式数目确定等。在得到相似模式数据集的基础上，介绍密度估计方法以完成预测目标的不确定性量化。此外，为进一步提高预测精度和鲁棒性，本章提出考虑相似模式相似度差异的自适应加权集成方法，可提高相似程度较高的样本在预测目标概率分布估计中的重要性，实现自适应的条件概率分布估计。所提的数据驱动非参数概率预测方法进一步丰富了概率预测理论，算例分析验证了非监督数据驱动方法在新能源电力系统概率预测领域的良好性能。

参 考 文 献

[1] Wan C, Cao Z, Lee W J, et al. An Adaptive Ensemble Data Driven Approach for Nonparametric Probabilistic Forecasting of Electricity Load[J]. IEEE Transactions on Smart Grid, 2021.

[2] Guyon I, Elisseeff A. An introduction to variable and feature selection[J]. Journal of machine learning research, 2003, 3: 1157-1182.

[3] Benesty J, Chen J, Huang Y, et al. Pearson correlation coefficient[M]. Berlin: Springer, 2009: 1-4.

[4] Battiti R. Using mutual information for selecting features in supervised neural net learning[J]. IEEE Transactions on neural networks, 1994, 5(4): 537-550.

[5] Shannon C E. A mathematical theory of communication[J]. ACM SIGMOBILE mobile computing and communications review, 2001, 5(1): 3-55.

[6] Santini S, Jain R. Similarity measures[J]. IEEE Transactions on pattern analysis and machine Intelligence, 1999, 21(9): 871-883.

[7] Jarvis R A, Patrick E A. Clustering using a similarity measure based on shared near neighbors[J]. IEEE Transactions on computers, 1973, 100(11): 1025-1034.

[8] Cover T, Hart P. Nearest neighbor pattern classification[J]. IEEE transactions on information theory, 1967, 13(1): 21-27.

[9] Silverman B W. Density estimation for statistics and data analysis[M]. London: Routledge, 2018.

[10] Izenman A J. Review papers: Recent developments in nonparametric density estimation[J]. Journal of the American Statistical Association, 1991, 86(413): 205-224.

[11] Turnbull B W. The empirical distribution function with arbitrarily grouped, censored and truncated data[J]. Journal of the Royal Statistical Society: Series B (Methodological), 1976, 38(3): 290-295.

[12] Scott D W. Multivariate Density Estimation: Theory, Practice, and Visualization[M]. New York: John Wiley & Sons, 2015.

[13] Sheather S J, Jones M C. A reliable data-based bandwidth selection method for kernel density estimation[J]. Journal of the Royal Statistical Society: Series B (Methodological), 1991, 53(3): 683-690.

[14] Polikar R. Ensemble learning[M]. Boston: Springer, 2012: 1-34.

[15] Hong T, Pinson P, Fan S. Global Energy Forecasting Competition 2012[J]. International Journal of Forecasting, 2014, 30(2): 357-363.

[16] Guan C, Luh P B, Michel L D, et al. Hybrid Kalman filters for very short-term load forecasting and prediction interval estimation[J]. IEEE Transactions on Power Systems, 2013, 28(4): 3806-3817.

[17] Wan C, Xu Z, Pinson P, et al. Probabilistic forecasting of wind power generation using extreme learning machine[J]. IEEE Transactions on Power Systems, 2013, 29(3): 1033-1044.

[18] Bracale A, Caramia P, De Falco P, et al. Multivariate quantile regression for short-term probabilistic load forecasting[J]. IEEE Transactions on Power Systems, 2019, 35(1): 628-638.

[19] Jeon J, Taylor J W. Using conditional kernel density estimation for wind power density forecasting[J]. Journal of the American Statistical Association, 2012, 107(497): 66-79.

[20] Gneiting T, Raftery A E. Strictly proper scoring rules, prediction, and estimation[J]. Journal of the American Statistical Association, 2007, 102(477): 359-378.

[21] Heskes T M, Wiegerinck W, Kappen H J. Practical confidence and prediction intervals for prediction tasks[J]. Progress in Neural Processing, 1997: 128-135.

第 9 章　概率预测-决策一体化

9.1　概　　述

作为新能源电力系统决策的信息支撑，预测需要对未来新能源出力、负荷水平、电力价格等不确定因素做出精准可靠的定量估计。点预测通常关注预测精度的提升，即降低预测值与实际值之间的偏差。类似地，概率预测致力于改善所得概率分布的可靠性和锐度性能，即在满足预测与观测统计一致性的前提下使预测分布更为紧凑。然而，预测者不应仅追求提升预测的质量，包括较小的预测误差或良好的统计指标。由于预测最终服务于决策，理想的预测还应最大限度地提升决策质量，进而体现出预测对于决策的价值，例如采用某一预测能够显著降低电力系统的运行成本或提升其经济效益。如何实现预测质量和预测价值的同步提升，是新能源电力系统预测者与决策者共同关心的问题[1]。

在传统电力系统中，预测与决策是序贯分立进行的，预测作为输入量提供给决策必要的信息，所带来决策的优劣并不会反馈给预测人员。这种序贯框架导致预测者和决策者之间存在明显的信息壁垒，预测者无法利用决策信息进一步调整预测结果以改善预测价值。因此，本章介绍新能源电力系统的预测-决策一体化理论[2]，该理论在考虑决策约束的前提下，将基于预测的决策成本作为机器学习的损失函数[3]，把预测与决策集成至一个机器学习模型中，构建成本驱动的预测(cost-oriented prediction intervals，COPI)，提升预测的价值[4]。为了展示预测-决策一体化理论在新能源电力系统中的应用，本章提出概率预测-决策一体化(integrated probabilistic forecasting and decision，IPFD)的新能源电力系统运行备用量化方法。该方法利用备用可靠性与预测区间置信度的关系，通过预测区间边界估计正负备用容量需求，以备用预留成本和备用缺额惩罚作为损失函数权衡备用量化决策带来的成本效益，在输入具有良好可靠性的预测区间的同时，有效降低系统运行成本，实现了风电概率预测与备用量化决策性能的协同提升。

9.2　成本驱动的预测区间

9.2.1　预测区间的价值

一般而言，预测的评价维度包括统计性能(statistical quality)和应用价值

(operational value)。其中，统计性能可仅利用预测与观测信息进行独立评估，而应用价值则还需依赖决策信息才能实现评估量化。对于区间预测而言，其统计性能主要包括区间的概率可靠性和锐度，而其应用价值强调的则是预测能给决策者带来的效益，这种效益主要通过具体决策所需支付的成本或获得的收益来衡量。假设决策者获得了待预测量 w_t 的预测区间 $\mathcal{I}_t^{(\beta)}=[\ell_t,u_t]$，并依赖该预测信息通过某种机制 π_t 产生了一系列未来的决策计划 $\pi_t(\ell_t,u_t)$。当待预测量可被观测后，决策者即可对决策计划所带来的事后成本 J_{oc} 进行评估：

$$J_{\text{oc}}=\sum_{t\in\mathcal{E}}J(\pi_t(\ell_t,u_t),w_t) \tag{9-1}$$

其中，$\mathcal{E}$ 表示评估数据集索引的集合；$J(\cdot)$ 将决策计划 $\pi_t(\ell_t,u_t)$ 和待预测量观测值 w_t 映射为决策者关心的成本指标。在同一预测对象与决策机制下，不同的预测区间 $\mathcal{I}_t^{(\beta)}$ 会导致不同的事后成本，从而反映出预测价值的差异性。

9.2.2 成本驱动预测区间的构建

传统的区间预测方法大多仅关注预测统计性能的提升，这些方法通常以优化区间分数或其他损失函数的方式构建预测模型，而目前主流的区间分数或损失函数往往采用对称区间的假设，对区间统计性能的提升作用有限。此外，作为电力系统决策的信息输入，预测的价值需要通过预测所导致的决策成本或收益来反映，仅提升区间预测统计性能并不能保证决策性能的改善。事实上，预测质量、决策规则、决策空间等因素均会对预测的价值造成影响，以优化统计性能为目标的区间预测忽视了决策信息的影响，限制了其应用价值的提升。

为了解决上述问题，本节提出成本驱动的区间预测理论，利用预测给决策者带来的成本引导区间的构建，该理论框架的数学描述如下：

$$\min_{\ell_t,u_t} J(\pi_t(\ell_t,u_t),w_t) \tag{9-2}$$

s.t.

$$\mathbb{P}(\ell_t\leqslant w_t\leqslant u_t)\geqslant 1-\beta \tag{9-3}$$

式中，目标函数(9-2)描述了预测区间 $\mathcal{I}_t^{(\beta)}=[\ell_t,u_t]$ 给决策者带来的成本，约束条件(9-3)规定预测区间 $\mathcal{I}_t^{(\beta)}=[\ell_t,u_t]$ 对待预测对象的覆盖概率不得低于其标称置信度 $100(1-\beta)\%$。由于预测区间构建过程同时考虑了预测与决策的信息，且未对区间对称性和概率分布做出任何先验假设，成本驱动的预测区间得以在保证良好概率可靠性的前提下降低决策成本，实现预测性能与决策性能的协同优化。

9.3　电力系统运行备用的确定性量化方法

9.3.1　电力系统运行备用基本概念

电力系统在运行过程中充满各种不确定因素的干扰，为保证系统运行的安全可靠性，电力系统中往往需要常规机组预留一定的备用容量来应对电网运行中出现的随机扰动。

按照《电力系统技术导则》的定义可知，备用分为运行备用和检修备用。运行备用容量是在保证供应系统负荷之外的备用容量，用以满足除每小时计划系统负荷调整量外的负荷波动、负荷预计误差、设备的意外停运和为保证本地区负荷等所需的额外有功容量。检修备用是规划与设计电力系统时必须为生产运行准备的备用容量，用以满足周期性地检修所有运行机组的要求。

运行备用按用途可分为“负荷备用”和“事故备用”，按特性可分为“旋转备用”和“非旋转备用”。负荷备用是指接于母线且立即可以带负荷的旋转备用容量，用以平衡瞬间负荷波动与负荷预计误差。事故备用是指在规定的时间内，可供调用的备用，其中至少有一部分是在系统频率下降时能够自动投入工作的旋转备用发电容量。旋转备用容量是指已经接在母线上，随时准备带上负荷的备用发电容量。非旋转备用容量是指可以接在母线上并在规定的时间内带上负荷的备用发电容量，必要情况下可包括在规定时间内可切除的负荷。

在电力系统备用容量配置中，需要解决的关键问题是如何配置常规机组的最优备用容量。一般来说，备用配置越多，电力系统的安全性和可靠性就越高，但系统运行的经济性就越低；相反，备用配置越少，系统运行的经济性越好，但系统的可靠性也相应降低。因此，在电力系统的备用容量配置中存在着可靠性与经济性的矛盾，如何在系统备用容量配置中兼顾可靠性与经济性是一个关键问题。当大规模风电并网时，风电的随机性和波动性会使系统备用容量的优化配置变得更为困难。电网备用容量配置的常用方法有确定性方法、不确定性方法和基于成本效益的方法。

9.3.2　基于某一准则的确定性分析方法

确定性方法基于长期积累的电力系统运行经验，按照确定性准则(如 N-1 准则、负荷百分比准则等)预留一定的备用容量，以应对系统中可能出现的功率波动及缺失等问题。确定性的备用配置方法简单、易实现，但是确定性备用容量配置方法难以完全满足系统的备用需求，容易造成备用的浪费或不足问题。

按照电网稳定导则有关定义，N-1 准则是指正常运行方式下电力系统中任一元件(如线路、发电机、变压器等)无故障或因故障断开后，电力系统应能保持稳定运行和正常供电，其他元件不发生过负荷现象，电压和频率均在允许范围内。目前，确定性备用容量确定方法通常是将备用容量确定为系统总装机容量的某一百分数、系统最大负荷的固定百分比(一般取值范围为 5%～10%)或者是电力系统中最大单机容量，如表 9.1 所示。确定性备用容量确定方法主要是基于经验给定比例，容易出现备用配置过多或不足的情况，造成资源浪费或增大停电损失，无法适应不确定因素带来的波动影响。在新能源发展初期，新能源发电装机容量占比较小，发电侧和负荷侧不确定性影响较小，如果按照确定性方法配置电力系统备用容量，仍可保证系统的可靠性和经济性。但是随着我国新能源发电装机不断扩大，新能源发电渗透率不断上升，电力系统对备用容量的需求不断加大，采用这种方式确定电力系统的备用容量是极不经济的。

表 9.1 我国电网常用的备用确定性方法

备用类型	确定性方法
负荷备用	一般为最大负荷的 2%～5%，大系统采用较小数值，小系统采用较大数值
事故备用	一般约为最大负荷，但不得小于系统中最大机组的有功容量
检修备用	只在负荷季节性低落和节假日安排不下所有机组的大小修时才需设置

9.3.3 基于可靠性的不确定性分析方法

基于可靠性的概率方法从备用需求的角度出发，计及系统中存在的不确定性因素(发电能力、计划检修、负荷特性等)，并考虑各种不确定性因素所具有的概率特性，判断出系统的可靠性水平。通过选定某一可靠性指标，对系统所需备用容量进行合理配置。

可靠性指标主要用于衡量电力系统的可靠性，目前电力系统可靠性评估的研究主要集中在充裕度方面。表 9.2 列出了系统中一些较常用的可靠性指标。

表 9.2 可靠性指标

发输电系统可靠性指标	
电力不足概率	loss of load probability，LOLP
切负荷概率	expected frequency of load curtailments，EFLC
切负荷持续时间	expected duration of load curtailments，EDLC
负荷切除期望值	expectation of load curtailments，ELC
电量不足期望值	expected energy not supplied，EENS
系统削减电量指标	bulk power energy curtailment index，BPECI

电力系统中需要的备用容量与可靠性密切相关，留取足够的备用容量可保证系统运行在较高的可靠性水平，否则电力系统将以较低的可靠性水平运行。对于电力系统而言，其最大的特点就是无论何时发电量和系统负荷能够处于动态平衡：

$$P_{g,t} + P_{w,t} = P_{l,t} \tag{9-4}$$

式中，$P_{g,t}$ 为机组 t 时段的出力安排；$P_{w,t}$ 为 t 时段预测的新能源发电功率；$P_{l,t}$ 为 t 时段负荷的预测值。然而，由于预测方法的不同及预测误差难以消除的问题，电力系统的发电量和负荷之间可能难以达到功率平衡，系统也存在功率缺额。

电力不足概率 LOLP 是用于衡量系统发电量充裕度水平的一个重要指标，表示系统在发电量小于负荷需求时，系统切除负荷的概率，可表示为

$$\text{LOLP} = \Pr[P_{l,t} - P_{g,t} - P_{w,t} > R_t] \tag{9-5}$$

式中，LOLP 为系统的失负荷率；R_t 为 t 时段配置的备用容量。

由式(9-5)可以看出，系统中配置的备用容量与可靠性之间的关系密切，系统中所配置备用容量的多少，直接决定系统可靠性水平的高低。

需要说明的是，基于可靠性的概率方法在确定备用容量时仅考虑了系统的可靠性约束，未考虑系统运行的经济性问题。

9.3.4 基于成本效益的不确定性分析方法

成本效益法引入了经济学理论，通过分析电力系统备用的成本及经济价值，以社会总成本最小化或社会福利最大化为目标函数，构建备用模型，进而配置系统的最优备用容量。不同于概率性方法，该类方法不需要设定系统的可靠性指标，而是将可靠性要求转换为系统稳定安全运行的经济成本，从而实现所配置备用结果满足可靠性与经济性之间的平衡。综上所述，不同备用分析方法的特点及优缺点对比如表 9.3 所示。

表 9.3 不同备用分析方法的对比

计算方法	特点	优点	缺点
确定性方法	按照一定的经验常识或为了特定的目的按照固定的备用系数来配置	简单，易于实施	不能最好地满足系统的备用需求，可能会导致备用配置过剩或不足
风险概率法	用概率统计来确定系统的可靠性指标，通过调整备用容量以满足指标	在选定的风险指标下可以实现一定的可靠性	决策时没有考虑备用成本
基于成本效益的方法	通过计算比较备用的经济成本从而确定备用容量	备用容量制定结果可保证良好的可靠性和经济性	计算复杂度较高

9.4　基于概率预测的电力系统运行备用量化

当前，以风电和光伏为代表的间歇性新能源大规模接入电力系统。与灵活可调的火电机组相比，新能源机组的发电功率受风速、光照等气象因素影响显著，无法被精准预测与有效调节，呈现显著的不确定性和不可控性。电力系统运行人员通常依据对源荷水平的确定性预估，在保证电能供需平衡的基础上制定未来的发电计划，尽管负荷预测具有较高精度，但新能源的发电功率的缺额或过剩威胁着电力系统的实时功率平衡。传统意义上，为了预防重要电源或线路故障导致的供需失衡，电力系统运行备用一般参照系统最大机组容量或负荷水平的特定百分比来确定，例如常见的“N-1”原则[2,5]。与上述大型故障相比，新能源出力预测偏差具有较强的连续性与时变性，导致的失衡功率数值相对较小，传统确定性的备用量化方法难以适应新能源电力系统，需要专门针对因新能源出力不确定性导致的运行备用需求进行量化。概率预测理论的发展使新能源预测不确定性的量化成为可能，为电力系统运行人员提供新能源出力更为丰富的信息，使运行人员能更好预估特定备用容量对应的系统可靠性及运行成本，通过均衡系统可靠性与运行成本确定最优的备用容量[6,7]。

9.4.1　备用需求与概率预测的关系

预测区间 $\hat{\mathcal{I}}_t^{(\beta)}$ 可以对风电功率 w_t 的预测不确定性进行量化，定义如下：

$$\hat{\mathcal{I}}_t^{(\beta)} = \left[\hat{q}_t^{\underline{\alpha}}, \hat{q}_t^{\overline{\alpha}}\right] \tag{9-6}$$

式中，t 为时间索引；$\hat{q}_t^{\underline{\alpha}}$ 和 $\hat{q}_t^{\overline{\alpha}}$ 分别为预测区间的下界与上界。

风电功率 w_t 落在区间 $\hat{\mathcal{I}}_t^{(\beta)}$ 中的期望概率被定义为标称覆盖率(NCP)，具体如下：

$$\mathbb{P}(w_t \in \hat{\mathcal{I}}_t^{(\beta)}) = 100(1-\beta)\% \tag{9-7}$$

预测区间 $\hat{\mathcal{I}}_t^{(\beta)}$ 的下界 $\hat{q}_t^{\underline{\alpha}}$ 和上界 $\hat{q}_t^{\overline{\alpha}}$ 分别对应着标称分位水平为 $\underline{\alpha}$ 和 $\overline{\alpha}$ 的预测分位数。标称分位水平 α 对应的分位数 $\hat{q}_t^{\alpha}$ 可以定义为

$$\hat{q}_t^{\alpha} = \inf\left\{w_t \mid \hat{F}_t(w_t) \geqslant \alpha\right\} \tag{9-8}$$

式中，$\hat{F}_t$ 为风电功率 w_t 的预测累积分布函数。最常使用的分位数分位水平组合 $\underline{\alpha}$ 和 $\overline{\alpha}$ 关于中位数对称，具体定义为

$$\underline{\alpha} = 1 - \overline{\alpha} = \beta / 2 \tag{9-9}$$

由此可以引出风电中心预测区间。此外，预测模型还可以确定令预测区间宽度最小的分位水平组合，从而构造出最短可靠预测区间[8]。关于非中心化预测区间，概率质量偏差(probability mass bias，PMB)描述了区间边界分位水平的概率不对称性[9]，具体定义如下：

$$\mathrm{PMB} = (1-\overline{\alpha}) - \underline{\alpha} \tag{9-10}$$

一般来说，决策者可以根据偏好来设置标称覆盖率 NCP 与分位水平组合。

由于风力发电功率期望值与实际值存在偏差，因而风电并网有额外的备用容量要求。风电预测出现上偏差与下偏差时，分别要求系统提供正备用与负备用。

在实践中，系统运行人员通常假设系统备用容量应当以预定义的置信等级 $100(1-\varepsilon)\%$补偿可能存在的功率偏差，其中 ε 表示备用不足的风险等级[10]。图 9.1 中的阴影部分表示标称覆盖率 $100(1-\beta)\%$的风电功率预测区间。为了补偿预测区间上下界对应的最大功率偏差，正备用与负备用容量分别需要满足

$$r_t^{\mathrm{u}} = \hat{w}_t - \hat{q}_t^{\underline{\alpha}}, \forall t \tag{9-11}$$

$$r_t^{\mathrm{d}} = \hat{q}_t^{\overline{\alpha}} - \hat{w}_t, \forall t \tag{9-12}$$

式中，$\hat{w}_t$ 为风电的点预测值。

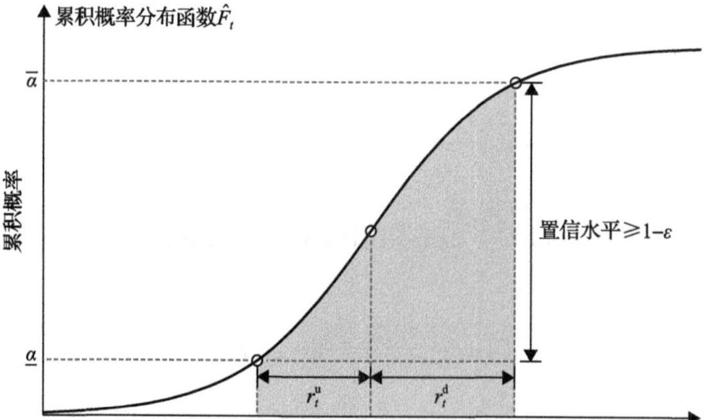

图 9.1　风电预测区间与系统备用需求的关系

为了保证系统备用容量配置满足预定义的置信度，预测区间边界的标称分位水平组合 $\underline{\alpha}$ 和 $\overline{\alpha}$ 需要满足

$$\overline{\alpha} - \underline{\alpha} = 1-\beta \geqslant 1-\varepsilon \tag{9-13}$$

$$0 \leqslant \underline{\alpha} \leqslant \overline{\alpha} \leqslant 1 \tag{9-14}$$

但显然有多组标称覆盖率 NCP 与分位水平组合 $\underline{\alpha}$ 和 $\overline{\alpha}$ 可以满足式(9-13)和式(9-14)的约束。在利用预测区间确定备用容量时，NCP 与分位水平需根据运行人员对功率失衡风险的承受能力进行自适应调整，以提升正负备用的综合经济效益。

9.4.2　备用量化的评估

备用容量配置可以从可靠性与经济性两方面进行评估。可靠性是备用评估的主要指标，它可以反映备用是否能以规定的置信度补偿功率偏差[11]。经济性反映了备用决策的价值，可以从备用容量与运行成本两方面计算。

(1) 可靠性。备用可靠性的含义是备用容量足以补偿功率失衡的概率[12,13]。经验覆盖率反映了备用补偿风电预测偏差的实际可靠性等级，具体如下：

$$\mathrm{ECP} = \frac{1}{|\mathcal{E}|} \sum_{t \in \mathcal{E}} \mathbb{I}(-r_t^{\mathrm{d}} \leqslant \hat{w}_t - \overline{w}_t \leqslant r_t^{\mathrm{u}}) \tag{9-15}$$

式中，$\mathcal{E}$ 为评估数据集索引的集合；$|\cdot|$和$\mathbb{I}(\cdot)$分别为集合基数与指示函数；$\overline{w}_t$ 为风电的真实值。预定义的置信等级 $100(1-\varepsilon)\%$即为系统备用的预设可靠性[14]。因此，ECP 与预定义置信等级的偏差反映了系统备用实际可靠性与预设可靠性的差异，这个差异称作置信度裕度(confidence margin，CM)，可用以表示备用可靠性优度，具体如下：

$$\mathrm{CM} = \mathrm{ECP} - 100(1-\varepsilon)\% \tag{9-16}$$

一般地，CM 越大表征备用可靠性越高。

(2) 备用容量。备用容量可以用一段时期内的平均正备用(average upward reserve，AUR)和平均负备用(average downward reserve，ADR)来表示，具体如下：

$$\mathrm{AUR} = \frac{1}{|\mathcal{E}|} \sum_{t \in \mathcal{E}} r_t^{\mathrm{u}} \tag{9-17}$$

$$\mathrm{ADR} = \frac{1}{|\mathcal{E}|} \sum_{t \in \mathcal{E}} r_t^{\mathrm{d}} \tag{9-18}$$

尽管在可靠性满足要求的前提下，AUR 和 ADR 越小越能节省备用成本，但这样也可能导致输电系统运行人员因为处理不了风电预测高偏差造成的功率失衡而受到严厉处罚。

(3) 运行成本。运行成本可以用一段时期内的备用提供的成本与备用缺额的惩罚来表示，具体如下：

$$C_{\mathcal{E}} = \sum_{t \in \mathcal{E}} \left(\pi^{\mathrm{u}} r_t^{\mathrm{u}} + \pi^{\mathrm{d}} r_t^{\mathrm{d}} + \pi_-^{\mathrm{u}} r_{t,-}^{\mathrm{u}} + \pi_-^{\mathrm{d}} r_{t,-}^{\mathrm{d}} \right) \tag{9-19}$$

式中，π^{u}、π^{d}、π_-^{u}、π_-^{d}分别表示正备用成本价格、负备用成本价格、正备用缺额的惩罚成本价格与负备用缺额的惩罚成本价格。正备用缺额$r_{t,-}^{\mathrm{u}}$和负备用缺额$r_{t,-}^{\mathrm{d}}$可以通过以下公式计算：

$$r_{t,-}^{\mathrm{u}} = \max\left\{ \hat{w}_t - \overline{w}_t - r_t^{\mathrm{u}}, 0 \right\}, \quad \forall t \tag{9-20}$$

$$r_{t,-}^{\mathrm{d}} = \max\left\{ \overline{w}_t - \hat{w}_t - r_t^{\mathrm{d}}, 0 \right\}, \quad \forall t \tag{9-21}$$

备用容量越大，会导致备用成本越高，但也可能减小备用缺额的惩罚成本，反映了备用容量配置的成本效益权衡。

9.5 备用量化的概率预测-决策一体化模型

9.5.1 基于极限学习机的预测区间

作为一种单隐层前馈神经网络，极限学习机 ELM 具有简洁的数学公式、强大的非线性映射能力及极高的模型训练效率，可以用来对输入特征与风电功率区间的映射关系进行建模[15]。图 9.2 展示了用来预测风电功率区间的 ELM 模型结构。训练数据集$\{(\boldsymbol{x}_t, \overline{w}_t)\}_{t \in \mathcal{T}}$由输入特征$\boldsymbol{x}_t \in \mathbb{R}^I$和风电功率实际值$\overline{\omega}_t \in \mathbb{R}$组成，其中$\mathcal{T}$表示训练样本的索引集合。假设 ELM 模型有$H$个隐藏层神经元，激活函数为$\phi(\cdot)$，则 ELM 的隐藏层可以生成一个向量$\boldsymbol{h} \in \mathbb{R}^H$，具体如下：

$$\boldsymbol{h}\left(\boldsymbol{x}_t ; \left\{ \left(\boldsymbol{a}_j, b_j \right) \right\}_{j=1}^{H} \right) = \begin{bmatrix} \phi\left(\boldsymbol{a}_1^{\mathrm{T}} \boldsymbol{x}_t + b_1 \right) \\ \vdots \\ \phi\left(\boldsymbol{a}_H^{\mathrm{T}} \boldsymbol{x}_t + b_H \right) \end{bmatrix} \tag{9-22}$$

式中，输入权重向量$\boldsymbol{a}_j \in \mathbb{R}^I$与偏置$b_j$对应着隐藏层第$j$个神经元。ELM 模型的输入权重与隐藏层偏置都是随机初始化，不需要额外调整。因此，隐藏层的输出函数中只有输入特征向量是自变量，可将其表示成$\boldsymbol{h}(\boldsymbol{x}_t)$。

图 9.2 中 ELM 模型的两个输出层神经元分别生成风电功率区间的下界$\hat{q}_t^{\underline{\alpha}}$和上界$\hat{q}_t^{\overline{\alpha}}$，具体如下：

$$\hat{q}_t^{\alpha} = q(\boldsymbol{x}_t ; \boldsymbol{v}_\alpha) = \boldsymbol{h}(\boldsymbol{x}_t)^{\mathrm{T}} \boldsymbol{v}_\alpha, \quad \forall \alpha \in \{\underline{\alpha}, \overline{\alpha}\} \tag{9-23}$$

式中，$\boldsymbol{v}_\alpha \in \mathbb{R}^H$表示在模型训练过程中需要进行优化的输出权重向量。在给定输

入特征 $\boldsymbol{x}_t$ 时，ELM 模型与输出权重具有线性关系，因此具有极高的训练效率。

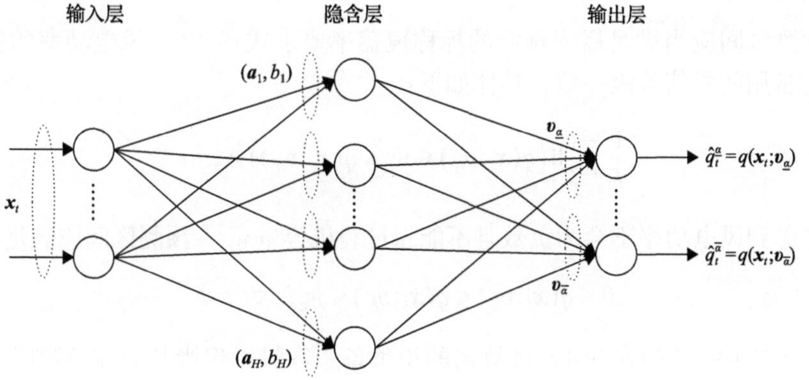

图 9.2　基于极限学习机构建预测区间的示意图

在概率预测中，模型的设计是为了提升概率预测的可靠性与锐度，但仅仅提升预测的质量并不能保证提升决策输出的性能。为了解决这个问题，本节建立概率预测与决策一体化模型 IPFD。

9.5.2　目标函数

备用量化的操作成本由备用配置成本与备用缺额惩罚成本组成。备用配置成本在决策结果生成后就可以评估得到，备用缺额惩罚成本则需要等到不确定性实现之后才能确定。机器学习模型建立在训练集上[16-18]，而训练集的输入特征与输出参考值都是可以获得的。因此，可以评估得到事前与事后决策成本，具体如下：

$$C_{\mathcal{T}} = \sum_{t \in \mathcal{T}} \left(\pi^{\mathrm{u}} r_t^{\mathrm{u}} + \pi^{\mathrm{d}} r_t^{\mathrm{d}} + \pi_{-}^{\mathrm{u}} r_{t,-}^{\mathrm{u}} + \pi_{-}^{\mathrm{d}} r_{t,-}^{\mathrm{d}} \right) \tag{9-24}$$

式中，前两项表示事前的备用配置成本费用，后两项表示事后的备用缺乏惩罚费用。

当直接最小化在训练集上的决策成本时，模型存在过拟合的风险。为避免过拟合，可以将最小绝对值收敛和选择算子(least absolute shrinkage and selection operator，LASSO)正则化项添加到损失函数中[19]，具体如下：

$$\ell = C_{\mathcal{T}} + \lambda \left(\left\| \boldsymbol{v}_{\underline{\alpha}} \right\|_1 + \left\| \boldsymbol{v}_{\overline{\alpha}} \right\|_1 \right) \tag{9-25}$$

式中，λ 为 LASSO 正则项的权重系数。LASSO 正则项通过控制输出权重 $\boldsymbol{v}_{\underline{\alpha}}$ 和 $\boldsymbol{v}_{\overline{\alpha}}$ 的稀疏度来限制模型的复杂性，可以起到减少过拟合、提升泛化能力的作用。权重系数 λ 对模型复杂性与模型拟合度进行平衡，通过采取交叉验证的方式来确定系数取值。

9.5.3 概率预测与运行备用约束

预测区间应当满足概率预测的标称覆盖率要求式(9-13)，风电功率的覆盖率应当与备用的置信等级一致，具体如下：

$$\frac{1}{\mathcal{T}}\sum_{t\in\mathcal{T}}\mathbb{I}\left(q(\boldsymbol{x}_t;\boldsymbol{v}_{\underline{\alpha}})\leqslant\overline{w}_t\leqslant q(\boldsymbol{x}_t;\boldsymbol{v}_{\overline{\alpha}})\right)\geqslant 1-\varepsilon \tag{9-26}$$

考虑到风电功率不会为负数且不能超过装机容量 w_{c}，预测区间应满足

$$0\leqslant q(\boldsymbol{x}_t;\boldsymbol{v}_{\underline{\alpha}})\leqslant q(\boldsymbol{x}_t;\boldsymbol{v}_{\overline{\alpha}})\leqslant w_{\mathrm{c}},\quad \forall t\in\mathcal{T} \tag{9-27}$$

对于式(9-11)和式(9-12)计算出的正负备用容量，仅当其为非负数时，才有必要部署该备用容量决策，因此

$$r_t^{\mathrm{u}}=\max\left\{\hat{w}_t-q(\boldsymbol{x}_t;\boldsymbol{v}_{\underline{\alpha}}),0\right\},\qquad \forall t\in\mathcal{T} \tag{9-28}$$

$$r_t^{\mathrm{d}}=\max\left\{q(\boldsymbol{x}_t;\boldsymbol{v}_{\overline{\alpha}})-\hat{w}_t,0\right\},\qquad \forall t\in\mathcal{T} \tag{9-29}$$

此外，备用缺额定义可见式(9-20)与式(9-21)。

总而言之，训练用于概率预测与决策的 ELM 模型相当于求解以下最小化问题并获得最优的输出权重向量 $\boldsymbol{v}_{\underline{\alpha}}^*$、$\boldsymbol{v}_{\overline{\alpha}}^*$ 与备用配置容量及缺额量 $r_t^{\mathrm{u}*}$、$r_t^{\mathrm{d}*}$、$r_{t,-}^{\mathrm{u}*}$、$r_{t,-}^{\mathrm{d}*}$：

$$\begin{Bmatrix}\boldsymbol{v}_{\underline{\alpha}}^* & \boldsymbol{v}_{\overline{\alpha}}^*\\ r_t^{\mathrm{u}*} & r_t^{\mathrm{d}*}\\ r_{t,-}^{\mathrm{u}*} & r_{t,-}^{\mathrm{d}*}\end{Bmatrix}\in\arg\min_{\substack{\boldsymbol{v}_{\underline{\alpha}}\ \boldsymbol{v}_{\overline{\alpha}}\\ r_t^{\mathrm{u}}\ r_t^{\mathrm{d}}\\ r_{t,-}^{\mathrm{u}}\ r_{t,-}^{\mathrm{d}}}} C_{\mathcal{T}}+\lambda\left(\left\|\boldsymbol{v}_{\underline{\alpha}}\right\|_1+\left\|\boldsymbol{v}_{\overline{\alpha}}\right\|_1\right) \tag{9-30}$$

s.t.

$$r_{t,-}^{\mathrm{u}}=\max\left\{\hat{w}_t-\overline{w}_t-r_t^{\mathrm{u}},0\right\},\qquad \forall t \tag{9-31}$$

$$r_{t,-}^{\mathrm{d}}=\max\left\{\overline{w}_t-\hat{w}_t-r_t^{\mathrm{d}},0\right\},\qquad \forall t \tag{9-32}$$

$$\frac{1}{\mathcal{T}}\sum_{t\in\mathcal{T}}\mathbb{I}\left[q(\boldsymbol{x}_t;\boldsymbol{v}_{\underline{\alpha}})\leqslant\overline{w}_t\leqslant q(\boldsymbol{x}_t;\boldsymbol{v}_{\overline{\alpha}})\right]\geqslant 1-\varepsilon \tag{9-33}$$

$$0\leqslant q(\boldsymbol{x}_t;\boldsymbol{v}_{\underline{\alpha}})\leqslant q(\boldsymbol{x}_t;\boldsymbol{v}_{\overline{\alpha}})\leqslant w_{\mathrm{c}},\qquad \forall t\in\mathcal{T} \tag{9-34}$$

$$r_t^{\mathrm{u}}=\max\left\{\hat{w}_t-q(\boldsymbol{x}_t;\boldsymbol{v}_{\underline{\alpha}}),0\right\},\qquad \forall t\in\mathcal{T} \tag{9-35}$$

$$r_t^{\mathrm{d}}=\max\left\{q(\boldsymbol{x}_t;\boldsymbol{v}_{\overline{\alpha}})-\hat{w}_t,0\right\},\qquad \forall t\in\mathcal{T} \tag{9-36}$$

9.5.4　模型线性化

式(9-30)～式(9-36)的机器学习模型涵盖了概率预测与决策问题的大量逻辑约束，比如指示函数不等式(9-33)及元素最大值不等式(9-31)、式(9-32)、式(9-35)、式(9-36)。此外，损失函数式(9-30)中的 LASSO 正则项是非平滑的。为了解析地表达逻辑关系并线性化非光滑目标函数，可以引入辅助变量和系数将机器学习模型(9-30)～式(9-36)变换为一个混合整数线性规划(mixed integer linear programming，MILP)问题。

(1)指示函数不等式的变换。采用 0-1 变量 $z_t^{\underline{\alpha}}$ 和 $z_t^{\overline{\alpha}}$ 来表示风电功率实际值 $\overline{w}_t$ 相对于预测区间下界与上界的位置，具体如下式所示：

$$\overline{w}_t - \overline{w}_t z_t^{\underline{\alpha}} \leqslant q(\boldsymbol{x}_t;\boldsymbol{v}_{\underline{\alpha}}) \leqslant \overline{w}_t + M_t^{\underline{\alpha}}\left(1 - z_t^{\underline{\alpha}}\right), \quad \forall t \in \mathcal{T} \tag{9-37}$$

$$\overline{w}_t - M_t^{\overline{\alpha}}(1 - z_t^{\overline{\alpha}}) \leqslant q(\boldsymbol{x}_t;\boldsymbol{v}_{\overline{\alpha}}) \leqslant \overline{w}_t + (w_{\mathrm{c}} - \overline{w}_t) z_t^{\overline{\alpha}}, \quad \forall t \in \mathcal{T} \tag{9-38}$$

式中，大 M 系数 $M_t^{\underline{\alpha}}$ 和 $M_t^{\overline{\alpha}}$ 是常数，其取值应足够大以使下列不等式恒成立：

$$M_t^{\underline{\alpha}} \geqslant q(\boldsymbol{x}_t;\boldsymbol{v}_{\underline{\alpha}}) - \overline{w}_t, \quad \forall t \in \mathcal{T} \tag{9-39}$$

$$M_t^{\overline{\alpha}} \geqslant \overline{w}_t - q(\boldsymbol{x}_t;\boldsymbol{v}_{\overline{\alpha}}), \quad \forall t \in \mathcal{T} \tag{9-40}$$

表 9.4 中总结了所有的 0-1 变量取值组合及相应风电功率实际值相对于预测区间边界的位置。仅当 0-1 变量 $z_t^{\underline{\alpha}}$ 和 $z_t^{\overline{\alpha}}$ 均取值为 1 时，风电功率实际值将落在预测区间中，式(9-33)中指示器函数 $\mathbb{I}\left[q(\boldsymbol{x}_t;\boldsymbol{v}_{\underline{\alpha}}) \leqslant \overline{w}_t \leqslant q(\boldsymbol{x}_t;\boldsymbol{v}_{\overline{\alpha}})\right]$ 等于 1。否则，风电功率实际值将落在预测区间外，指示函数等于 0。为了解析地表达指示函数，引入 0-1 变量 z_t 及以下约束：

$$z_t^{\underline{\alpha}} + z_t^{\overline{\alpha}} - 1 \leqslant z_t \leqslant \min\left\{z_t^{\underline{\alpha}}, z_t^{\overline{\alpha}}\right\}, \quad \forall t \in \mathcal{T} \tag{9-41}$$

表 9.4　风电功率实际值相对于预测区间边界的位置与 0-1 变量取值的关系

$z_t^{\underline{\alpha}}$	$z_t^{\overline{\alpha}}$	相对位置关系	z_t
0	0	不存在	不存在
0	1	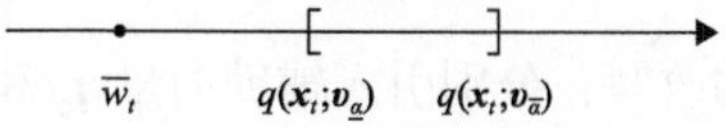	0
1	0	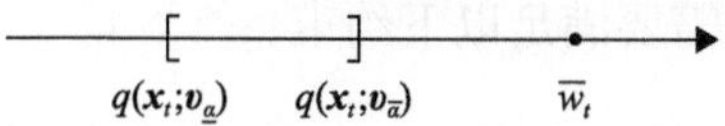	0
1	1	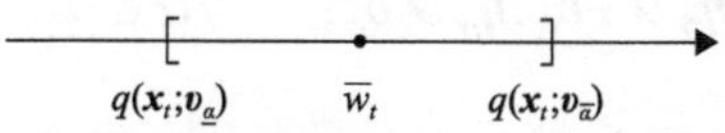	1

容易验证，当 $z_t^{\underline{\alpha}}$ 和 $z_t^{\overline{\alpha}}$ 均取值为 1 时，由约束式(9-41)可得 $z_t=1$。当 $z_t^{\underline{\alpha}}$ 和 $z_t^{\overline{\alpha}}$ 任一项取值为 0 时，由约束(9-41)可得 $z_t=0$。由此可知，变量 z_t 的值能与约束式(9-33)中指示器函数 $\mathbb{I}\left[q(\boldsymbol{x}_t;\boldsymbol{v}_{\underline{\alpha}})\leqslant \overline{w}_t\leqslant q(\boldsymbol{x}_t;\boldsymbol{v}_{\overline{\alpha}})\right]$ 的取值保持一致。因此，指示函数不等式约束式(9-33)可以变换为以下整数约束：

$$\sum_{t\in\mathcal{T}}(1-z_t)\leqslant \varepsilon\left|\mathcal{T}\right| \tag{9-42}$$

(2)元素最大值不等式的改写：通过引入 0-1 变量 z_t^{u} 和 z_t^{d}，可以将限制正备用与负备用容量值为非负数的约束(9-35)和(9-36)变换为混合整数非线性约束，具体如下：

$$0\leqslant r_t^{\mathrm{u}}-\left[\hat{w}_t-q(\boldsymbol{x}_t;\boldsymbol{v}_{\underline{\alpha}})\right]\leqslant M_t^{\mathrm{u}}(1-z_t^{\mathrm{u}}),\qquad \forall t\in\mathcal{T} \tag{9-43}$$

$$0\leqslant r_t^{\mathrm{u}}\leqslant \hat{w}_t z_t^{\mathrm{u}},\qquad \forall t\in\mathcal{T} \tag{9-44}$$

$$0\leqslant r_t^{\mathrm{d}}-\left[q(\boldsymbol{x}_t;\boldsymbol{v}_{\overline{\alpha}})-\hat{w}_t\right]\leqslant M_t^{\mathrm{d}}\left(1-z_t^{\mathrm{d}}\right),\qquad \forall t\in\mathcal{T} \tag{9-45}$$

$$0\leqslant r_t^{\mathrm{d}}\leqslant (w_{\mathrm{c}}-\hat{w}_t)z_t^{\mathrm{d}},\qquad \forall t\in\mathcal{T} \tag{9-46}$$

式中，大 M 系数 M_t^{u} 和 M_t^{d} 需要满足以下不等式约束：

$$M_t^{\mathrm{u}}\geqslant q(\boldsymbol{x}_t;\boldsymbol{v}_{\underline{\alpha}})-\hat{w}_t,\qquad \forall t\in\mathcal{T} \tag{9-47}$$

$$M_t^{\mathrm{d}}\geqslant \hat{w}_t-q(\boldsymbol{x}_t;\boldsymbol{v}_{\overline{\alpha}}),\qquad \forall t\in\mathcal{T} \tag{9-48}$$

考虑到损失函数会偏向于减小备用缺额，备用缺额等式约束(9-31)和(9-32)可以松弛为以下不等式约束且不影响最优解：

$$r_{t,-}^{\mathrm{u}}\geqslant \hat{w}_t-\overline{w}_t-r_t^{\mathrm{u}},\qquad \forall t\in\mathcal{T} \tag{9-49}$$

$$r_{t,-}^{\mathrm{d}}\geqslant \overline{w}_t-\hat{w}_t-r_t^{\mathrm{d}},\qquad \forall t\in\mathcal{T} \tag{9-50}$$

$$r_{t,-}^{\mathrm{u}},r_{t,-}^{\mathrm{d}}\geqslant 0,\qquad \forall t\in\mathcal{T} \tag{9-51}$$

(3)LASSO 正则项的改写：分别引入辅助向量 $\boldsymbol{\eta}_{\underline{\alpha}}$ 和 $\boldsymbol{\eta}_{\overline{\alpha}}$ 来限制 ELM 输出权重向量 $\boldsymbol{v}_{\underline{\alpha}}$ 和 $\boldsymbol{v}_{\overline{\alpha}}$，辅助变量需要满足以下约束：

$$\boldsymbol{\eta}_{\alpha}\geqslant -\boldsymbol{v}_{\alpha},\boldsymbol{\eta}_{\alpha}\geqslant \boldsymbol{v}_{\alpha},\qquad \forall \alpha\in\{\underline{\alpha},\overline{\alpha}\} \tag{9-52}$$

用 $\lambda\vec{1}^{\mathrm{T}}(\boldsymbol{\eta}_{\underline{\alpha}}+\boldsymbol{\eta}_{\overline{\alpha}})$ 来替换损失函数中的 LASSO 正则项，可以得到线性的损失函数如下式所示：

$$\ell = C_{\mathcal{T}} + \lambda\vec{1}^{\mathrm{T}}(\boldsymbol{\eta}_{\underline{\alpha}}+\boldsymbol{\eta}_{\overline{\alpha}}) \tag{9-53}$$

式中 $\vec{1}$ 表示元素值全为 1 的向量。由于损失函数(9-53)在最小化过程中需要满足 ELM 输出权重向量的下界约束(9-52)，所以辅助向量 $\boldsymbol{\eta}_{\underline{\alpha}}$ 和 $\boldsymbol{\eta}_{\overline{\alpha}}$ 的各元素在最优解处等于 ELM 输出权重向量 $\boldsymbol{\upsilon}_{\underline{\alpha}}$ 和 $\boldsymbol{\upsilon}_{\overline{\alpha}}$ 对应元素的绝对值。

因此，可以将含有逻辑判断约束与非平滑目标函数的机器学习模型式(9-30)～式(9-36)变换为以下混合整数线性规划问题：

$$\min_{\mathcal{D}} C_{\mathcal{T}} + \lambda\vec{1}^{\mathrm{T}}(\boldsymbol{\eta}_{\underline{\alpha}}+\boldsymbol{\eta}_{\overline{\alpha}}) \tag{9-54}$$

s.t.

$$0 \leqslant q(\boldsymbol{x}_t;\boldsymbol{\upsilon}_{\underline{\alpha}}) \leqslant q(\boldsymbol{x}_t;\boldsymbol{\upsilon}_{\overline{\alpha}}) \leqslant w_{\mathrm{c}}, \quad \forall t \in \mathcal{T} \tag{9-55}$$

$$\overline{w}_t - \overline{w}_t z_t^{\underline{\alpha}} \leqslant q(\boldsymbol{x}_t;\boldsymbol{\upsilon}_{\underline{\alpha}}) \leqslant \overline{w}_t + M_t^{\underline{\alpha}}\left(1-z_t^{\underline{\alpha}}\right), \quad \forall t \in \mathcal{T} \tag{9-56}$$

$$\overline{w}_t - M_t^{\overline{\alpha}}\left(1-z_t^{\overline{\alpha}}\right) \leqslant q(\boldsymbol{x}_t;\boldsymbol{\upsilon}_{\overline{\alpha}}) \leqslant \overline{w}_t + (w_{\mathrm{c}}-\overline{w}_t)z_t^{\overline{\alpha}}, \quad \forall t \in \mathcal{T} \tag{9-57}$$

$$z_t^{\underline{\alpha}} + z_t^{\overline{\alpha}} - 1 \leqslant z_t \leqslant \min\left\{z_t^{\underline{\alpha}}, z_t^{\overline{\alpha}}\right\}, \quad \forall t \in \mathcal{T} \tag{9-58}$$

$$\sum_{t\in\mathcal{T}}(1-z_t) \leqslant \varepsilon|\mathcal{T}| \tag{9-59}$$

$$0 \leqslant r_t^{\mathrm{u}} - \left[\hat{w}_t - q(\boldsymbol{x}_t;\boldsymbol{\upsilon}_{\underline{\alpha}})\right] \leqslant M_t^{\mathrm{u}}\left(1-z_t^{\mathrm{u}}\right), \quad \forall t \in \mathcal{T} \tag{9-60}$$

$$0 \leqslant r_t^{\mathrm{u}} \leqslant \hat{w}_t z_t^{\mathrm{u}}, \quad \forall t \in \mathcal{T} \tag{9-61}$$

$$0 \leqslant r_t^{\mathrm{d}} - \left[q(\boldsymbol{x}_t;\boldsymbol{\upsilon}_{\overline{\alpha}}) - \hat{w}_t\right] \leqslant M_t^{\mathrm{d}}\left(1-z_t^{\mathrm{d}}\right), \quad \forall t \in \mathcal{T} \tag{9-62}$$

$$0 \leqslant r_t^{\mathrm{d}} \leqslant (w_{\mathrm{c}}-\hat{w}_t)z_t^{\mathrm{d}}, \quad \forall t \in \mathcal{T} \tag{9-63}$$

$$r_{t,-}^{\mathrm{u}} \geqslant \hat{w}_t - \overline{w}_t - r_t^{\mathrm{u}}, \quad \forall t \in \mathcal{T} \tag{9-64}$$

$$r_{t,-}^{\mathrm{d}} \geqslant \overline{w}_t - \hat{w}_t - r_t^{\mathrm{d}}, \quad \forall t \in \mathcal{T} \tag{9-65}$$

$$r_{t,-}^{\mathrm{u}}, r_{t,-}^{\mathrm{d}} \geqslant 0, \quad \forall t \in \mathcal{T} \tag{9-66}$$

$$\boldsymbol{\eta}_\alpha \geqslant -\boldsymbol{v}_\alpha, \boldsymbol{\eta}_\alpha \geqslant \boldsymbol{v}_\alpha, \quad \forall \alpha \in \{\underline{\alpha}, \overline{\alpha}\} \tag{9-67}$$

式中，决策变量集 $\mathcal{D}$ 定义如下：

$$\mathcal{D} = \left\{ \begin{aligned} &\boldsymbol{v}_{\underline{\alpha}}, \boldsymbol{v}_{\overline{\alpha}}, \boldsymbol{\eta}_{\underline{\alpha}}, \boldsymbol{\eta}_{\overline{\alpha}}; \\ &r_t^{\mathrm{u}}, r_t^{\mathrm{d}}, r_{t,-}^{\mathrm{u}}, r_{t,-}^{\mathrm{d}}, z_t^{\underline{\alpha}}, z_t^{\overline{\alpha}}, z_t, z_t^{\mathrm{u}}, z_t^{\mathrm{d}}, \quad \forall t \in \mathcal{T} \end{aligned} \right\} \tag{9-68}$$

9.5.5 模型求解策略

一般来说，分支定界法是 MILP 问题最常用的全局最优化算法。在求解 MILP 问题式(9-54)～式(9-67)时，有以下两项挑战：一方面，含取值过大的大 M 系数的混合整数约束式(9-56)～式(9-57)和式(9-60)～式(9-63)可能会导致较大的线性规划松弛间隙[20,21]；另一方面，MILP 问题式(9-54)～式(9-67)中有多达 $5|\mathcal{T}|$ 个二进制决策变量，这意味着有大量的候选解需要评估。为了减小 MILP 问题的求解运算量，本节提出一种基于收缩大 M 系数和削减冗余 0-1 变量的可行区域收缩策略。

1. 大 M 系数收缩

不等式(9-39)、式(9-40)、式(9-47)和式(9-48)给出了大 M 系数的下界。大 M 系数的最小值可以通过以下公式求得：

$$M_t^{\underline{\alpha}} = \sup\left\{ q(\boldsymbol{x}_t;\boldsymbol{v}_{\underline{\alpha}}) \left| \begin{aligned} &\frac{1}{\mathcal{T}}\sum_{t\in\mathcal{T}} \Im\left[q(\boldsymbol{x}_t;\boldsymbol{v}_{\underline{\alpha}}) \leqslant \overline{w}_t \leqslant q(\boldsymbol{x}_t;\boldsymbol{v}_{\overline{\alpha}}) \right] \geqslant 1-\varepsilon \\ &0 \leqslant q(\boldsymbol{x}_t;\boldsymbol{v}_{\underline{\alpha}}) \leqslant q(\boldsymbol{x}_t;\boldsymbol{v}_{\overline{\alpha}}) \leqslant w_{\mathrm{c}}, \quad \forall t \in \mathcal{T} \end{aligned} \right. \right\} - \overline{w}_t, \quad \forall t \in \mathcal{T} \tag{9-69}$$

$$M_t^{\overline{\alpha}} = \overline{w}_t - \inf\left\{ q(\boldsymbol{x}_t;\boldsymbol{v}_{\overline{\alpha}}) \left| \begin{aligned} &\frac{1}{\mathcal{T}}\sum_{t\in\mathcal{T}} \Im\left[q(\boldsymbol{x}_t;\boldsymbol{v}_{\underline{\alpha}}) \leqslant \overline{w}_t \leqslant q(\boldsymbol{x}_t;\boldsymbol{v}_{\overline{\alpha}}) \right] \geqslant 1-\varepsilon \\ &0 \leqslant q(\boldsymbol{x}_t;\boldsymbol{v}_{\underline{\alpha}}) \leqslant q(\boldsymbol{x}_t;\boldsymbol{v}_{\overline{\alpha}}) \leqslant w_{\mathrm{c}}, \quad \forall t \in \mathcal{T} \end{aligned} \right. \right\}, \quad \forall t \in \mathcal{T} \tag{9-70}$$

$$M_t^{\mathrm{u}} = \sup\left\{ q(\boldsymbol{x}_t;\boldsymbol{v}_{\underline{\alpha}}) \left| \begin{aligned} &\frac{1}{\mathcal{T}}\sum_{t\in\mathcal{T}} \Im\left[q(\boldsymbol{x}_t;\boldsymbol{v}_{\underline{\alpha}}) \leqslant \overline{w}_t \leqslant q(\boldsymbol{x}_t;\boldsymbol{v}_{\overline{\alpha}}) \right] \geqslant 1-\varepsilon \\ &0 \leqslant q(\boldsymbol{x}_t;\boldsymbol{v}_{\underline{\alpha}}) \leqslant q(\boldsymbol{x}_t;\boldsymbol{v}_{\overline{\alpha}}) \leqslant w_{\mathrm{c}}, \quad \forall t \in \mathcal{T} \end{aligned} \right. \right\} - \hat{w}_t, \quad \forall t \in \mathcal{T} \tag{9-71}$$

$$M_t^{\mathrm{d}} = \hat{w}_t - \inf\left\{ q(\boldsymbol{x}_t;\boldsymbol{v}_{\overline{\alpha}}) \middle| \begin{aligned} & \frac{1}{\mathcal{T}}\sum_{t\in\mathcal{T}} \Im\left[q(\boldsymbol{x}_t;\boldsymbol{v}_{\underline{\alpha}}) \leqslant \overline{w}_t \leqslant q(\boldsymbol{x}_t;\boldsymbol{v}_{\overline{\alpha}}) \right] \geqslant 1-\varepsilon \\ & 0 \leqslant q(\boldsymbol{x}_t;\boldsymbol{v}_{\underline{\alpha}}) \leqslant q(\boldsymbol{x}_t;\boldsymbol{v}_{\overline{\alpha}}) \leqslant w_{\mathrm{c}}, \forall t\in\mathcal{T} \end{aligned} \right\}, \quad \forall t\in\mathcal{T} \tag{9-72}$$

需要注意的是，约束(9-27)将预测区间显式地限制到 0 与 w_{c}之间，分别对应了预测区间上界的下确界与下界的上确界。

为了进一步增强混合整型约束松弛后的精度，可以根据预测区间对应的分位数来收缩大 M 系数。将分位水平约束 $\overline{\alpha}-\underline{\alpha}\geqslant 1-\varepsilon$ 分别与 $\overline{\alpha}\leqslant 1$ 、$\underline{\alpha}\geqslant 0$ 结合，可以得到以下不等式：

$$\underline{\alpha}\leqslant\varepsilon, \quad \overline{\alpha}\geqslant 1-\varepsilon \tag{9-73}$$

由于分位数 $\hat{q}_t^{\alpha}$ 关于分位水平 α 单调非减，预测区间的下界与上界需满足以下约束：

$$q(\boldsymbol{x}_t;\boldsymbol{v}_{\underline{\alpha}})=\hat{q}_t^{\underline{\alpha}} \leqslant \hat{q}_t^{\varepsilon}, \quad \forall t\in\mathcal{T} \tag{9-74}$$

$$q(\boldsymbol{x}_t;\boldsymbol{v}_{\overline{\alpha}})=\hat{q}_t^{\overline{\alpha}} \leqslant \hat{q}_t^{1-\varepsilon}, \quad \forall t\in\mathcal{T} \tag{9-75}$$

也就是说，式(9-69)～式(9-72)中预测区间上界的下确界与下界的上确界分别可以通过标称分位水平 ε 和 $1-\varepsilon$ 对应的分位数予以确定。

采用基于分位数回归的 ELM 模型来实现 ε 和 $1-\varepsilon$ 分位水平的非参分位数估计，估计过程只需要求解以下给出的线性规划问题：

$$\min_{\substack{\boldsymbol{v}_{\alpha},\hat{q}_t^{\alpha} \\ \zeta_{t,+}^{\alpha},\zeta_{t,-}^{\alpha}}} \sum_{\alpha\in\{\varepsilon,1-\varepsilon\}} \sum_{t\in\mathcal{T}} \alpha\zeta_{t,+}^{\alpha} + (1-\alpha)\zeta_{t,-}^{\alpha} \tag{9-76}$$

s.t.

$$\overline{w}_t - \hat{q}_t^{\alpha} = \zeta_{t,+}^{\alpha} - \zeta_{t,-}^{\alpha}, \quad \forall\alpha\in\{\varepsilon,1-\varepsilon\}, t\in\mathcal{T} \tag{9-77}$$

$$\zeta_{t,+}^{\alpha},\zeta_{t,-}^{\alpha} \geqslant 0, \quad \forall\alpha\in\{\varepsilon,1-\varepsilon\}, t\in\mathcal{T} \tag{9-78}$$

$$0 \leqslant \hat{q}_t^{\varepsilon} \leqslant \hat{q}_t^{1-\varepsilon} \leqslant w_{\mathrm{c}}, \quad \forall t\in\mathcal{T} \tag{9-79}$$

$$\hat{q}_t^{\alpha} = \boldsymbol{h}(\boldsymbol{x}_t)^{\mathrm{T}}\boldsymbol{v}_{\alpha}, \quad \forall\alpha\in\{\varepsilon,1-\varepsilon\}, t\in\mathcal{T} \tag{9-80}$$

式中，目标函数式(9-76)与约束式(9-77)～式(9-80)对风电功率实际值与分位数估计之间的正负偏差 $\zeta_{t,+}^{\alpha}$ 、$\zeta_{t,-}^{\alpha}$ 进行了非对称加权最小化，在理论上可以产生 α 分位水平的理想风电功率分位数。约束式(9-79)将风电功率的分位数估测值限制到了 0 与装机容量之间。等式(9-80)描述了 ELM 模型的回归函数。通过求解线性规划问题(9-76)～(9-80)，得到的最优分位数 $\hat{q}_t^{\varepsilon}$ 和 $\hat{q}_t^{1-\varepsilon}$ 分别可以用来替换大 M 系数约束式(9-69)～式(9-72)中的 $\sup\left\{q(\boldsymbol{x}_t;\boldsymbol{v}_{\underline{\alpha}})\right\}$ 和 $\inf\left\{q(\boldsymbol{x}_t;\boldsymbol{v}_{\overline{\alpha}})\right\}$。

2. 冗余 0-1 变量削减

获知预测区间下界的上确界与上界的下确界后，可以对一些 0-1 变量的取值进行预判。

显然区间 $\left[\hat{q}_t^{\varepsilon},\hat{q}_t^{1-\varepsilon}\right]$ 是预测区间的子集，具体如下式所示：

$$\left[\hat{q}_t^{\varepsilon},\hat{q}_t^{1-\varepsilon}\right]\subseteq\left[\hat{q}_t^{\underline{\alpha}},\hat{q}_t^{\overline{\alpha}}\right]=\left[q(\boldsymbol{x}_t;\boldsymbol{v}_{\underline{\alpha}}),q(\boldsymbol{x}_t;\boldsymbol{v}_{\overline{\alpha}})\right],\quad \forall t\in\mathcal{T} \tag{9-81}$$

将落入区间 $\left[\hat{q}_t^{\varepsilon},\hat{q}_t^{1-\varepsilon}\right]$ 的风电功率实际值 $\overline{w}_t$ 的下标集合定义为 $\mathcal{S}$：

$$\mathcal{S}=\left\{t\in\mathcal{T}\left|\hat{q}_t^{\varepsilon}\leqslant\overline{w}_t\leqslant\hat{q}_t^{1-\varepsilon}\right.\right\} \tag{9-82}$$

则由集合 $\mathcal{S}$ 索引得到的风电功率实际值都会落入预测区间中，约束式(9-37)、式(9-38)、式(9-41)和式(9-42)中的 0-1 变量取值可以固定为

$$z_t^{\underline{\alpha}}=z_t^{\overline{\alpha}}=z_t^{\alpha}=1,\quad \forall t\in\mathcal{S} \tag{9-83}$$

需要注意的是理论上风电功率实际值 $\overline{w}_t$ 落入区间 $\left[\hat{q}_t^{\varepsilon},\hat{q}_t^{1-\varepsilon}\right]$ 的概率是 $100(1-2\varepsilon)\%$。因此，约束式(9-37)、式(9-38)、式(9-41)和式(9-42)中将近 $100(1-2\varepsilon)\%$ 的 0-1 变量可以被削减掉。

将高于 $\hat{q}_t^{\varepsilon}$ 和低于 $\hat{q}_t^{1-\varepsilon}$ 的风电功率期望值 $\hat{w}_t$ 的下标集合分别定义为 $\mathcal{L}$ 和 $\mathcal{U}$：

$$\mathcal{L}=\left\{t\in\mathcal{T}\left|\hat{w}_t-\hat{q}_t^{\varepsilon}\geqslant 0\right.\right\} \tag{9-84}$$

$$\mathcal{U}=\left\{t\in\mathcal{T}\left|\hat{q}_t^{1-\varepsilon}-\hat{w}_t\geqslant 0\right.\right\} \tag{9-85}$$

可以推断得下式：

$$\hat{w}_t-q(\boldsymbol{x}_t;\boldsymbol{v}_{\underline{\alpha}})\geqslant\hat{w}_t-\hat{q}_t^{\varepsilon}\geqslant 0,\quad \forall t\in\mathcal{L} \tag{9-86}$$

$$q(\boldsymbol{x}_t;\boldsymbol{v}_{\overline{\alpha}})-\hat{w}_t\geqslant\hat{q}_t^{1-\varepsilon}-\hat{w}_t\geqslant 0,\quad \forall t\in\mathcal{U} \tag{9-87}$$

因此，备用容量为非负的约束式(9-43)～式(9-46)中部分 0-1 变量值可以被预先确定，具体如下：

$$z_t^{\mathrm{u}} = 1, \quad \forall t \in \mathcal{L} \tag{9-88}$$

$$z_t^{\mathrm{d}} = 1, \quad \forall t \in \mathcal{U} \tag{9-89}$$

3. 简化后的 MILP 公式

在完成大 M 系数收缩与冗余 0-1 变量削减后，原始的大规模 MILP 问题可以简化成以下公式：

$$\min_{\mathcal{D}_{\mathrm{R}}} \sum_{t\in\mathcal{T}} \left(\pi^{\mathrm{u}} r_t^{\mathrm{u}} + \pi^{\mathrm{d}} r_t^{\mathrm{d}} + \pi_-^{\mathrm{u}} r_{t,-}^{\mathrm{u}} + \pi_-^{\mathrm{d}} r_{t,-}^{\mathrm{d}} \right) + \lambda \vec{1}^{\mathrm{T}} (\boldsymbol{\eta}_{\underline{\alpha}} + \boldsymbol{\eta}_{\overline{\alpha}}) \tag{9-90}$$

s.t.

$$0 \leqslant q(\boldsymbol{x}_t;\boldsymbol{v}_{\underline{\alpha}}) \leqslant q(\boldsymbol{x}_t;\boldsymbol{v}_{\overline{\alpha}}) \leqslant w_{\mathrm{c}}, \quad \forall t \in \mathcal{T} \tag{9-91}$$

$$q(\boldsymbol{x}_t;\boldsymbol{v}_{\underline{\alpha}}) \leqslant \overline{w}_t \leqslant q(\boldsymbol{x}_t;\boldsymbol{v}_{\overline{\alpha}}), \quad \forall t \in \mathcal{S} \tag{9-92}$$

$$\overline{w}_t - \overline{w}_t z_t^{\underline{\alpha}} \leqslant q(\boldsymbol{x}_t;\boldsymbol{v}_{\underline{\alpha}}) \leqslant \overline{w}_t + \left(\hat{q}_t^{\varepsilon} - \overline{w}_t\right)\left(1 - z_t^{\underline{\alpha}}\right), \quad \forall t \in \mathcal{T} \setminus \mathcal{S} \tag{9-93}$$

$$\overline{w}_t - \left(\overline{w}_t - \hat{q}_t^{1-\varepsilon}\right)\left(1 - z_t^{\overline{\alpha}}\right) \leqslant q(\boldsymbol{x}_t;\boldsymbol{v}_{\overline{\alpha}}) \leqslant \overline{w}_t + (w_{\mathrm{c}} - \overline{w}_t) z_t^{\overline{\alpha}}, \quad \forall t \in \mathcal{T} \setminus \mathcal{S} \tag{9-94}$$

$$z_t^{\underline{\alpha}} + z_t^{\overline{\alpha}} - 1 \leqslant z_t \leqslant \min\left\{ z_t^{\underline{\alpha}}, z_t^{\overline{\alpha}} \right\}, \quad \forall t \in \mathcal{T} \setminus \mathcal{S} \tag{9-95}$$

$$\sum_{t\in\mathcal{T}\setminus\mathcal{S}} (1 - z_t) \leqslant \varepsilon \left|\mathcal{T}\right| \tag{9-96}$$

$$r_t^{\mathrm{u}} = \hat{w}_t - q(\boldsymbol{x}_t;\boldsymbol{v}_{\underline{\alpha}}), \quad \forall t \in \mathcal{L} \tag{9-97}$$

$$r_t^{\mathrm{d}} = q(\boldsymbol{x}_t;\boldsymbol{v}_{\overline{\alpha}}) - \hat{w}_t, \quad \forall t \in \mathcal{U} \tag{9-98}$$

$$0 \leqslant r_t^{\mathrm{u}} - \left[\hat{w}_t - q(\boldsymbol{x}_t;\boldsymbol{v}_{\underline{\alpha}}) \right] \leqslant \left(\hat{q}_t^{\varepsilon} - \hat{w}_t \right)\left(1 - z_t^{\mathrm{u}}\right), \quad \forall t \in \mathcal{T} \setminus \mathcal{L} \tag{9-99}$$

$$0 \leqslant r_t^{\mathrm{u}} \leqslant \hat{w}_t z_t^{\mathrm{u}}, \quad \forall t \in \mathcal{T} \setminus \mathcal{L} \tag{9-100}$$

$$0 \leqslant r_t^{\mathrm{d}} - \left[q\left(\boldsymbol{x}_t;\boldsymbol{v}_{\overline{\alpha}}\right) - \hat{w}_t \right] \leqslant \left(\hat{w}_t - \hat{q}_t^{1-\varepsilon} \right)\left(1 - z_t^{\mathrm{d}}\right), \quad \forall t \in \mathcal{T} \setminus \mathcal{U} \tag{9-101}$$

$$0 \leqslant r_t^{\mathrm{d}} \leqslant \left(w_{\mathrm{c}} - \hat{w}_t \right) z_t^{\mathrm{d}}, \quad \forall t \in \mathcal{T} \setminus \mathcal{U} \tag{9-102}$$

$$z_t^{\underline{\alpha}}, z_t^{\overline{\alpha}}, z_t, z_t^{\mathrm{u}}, z_t^{\mathrm{d}} \in \{0,1\}, \quad \forall t \tag{9-103}$$

$$r_{t,-}^{\mathrm{u}} \geqslant \hat{w}_t - \overline{w}_t - r_t^{\mathrm{u}}, \quad \forall t \in \mathcal{T} \tag{9-104}$$

$$r_{t,-}^{\mathrm{d}} \geqslant \overline{w}_t - \hat{w}_t - r_t^{\mathrm{d}}, \quad \forall t \in \mathcal{T} \tag{9-105}$$

$$r_{t,-}^{\mathrm{u}}, r_{t,-}^{\mathrm{d}} \geqslant 0, \quad \forall t \in \mathcal{T} \tag{9-106}$$

$$\boldsymbol{\eta}_{\alpha} \geqslant -\boldsymbol{v}_{\alpha}, \boldsymbol{\eta}_{\alpha} \geqslant \boldsymbol{v}_{\alpha}, \quad \forall \alpha \in \{\underline{\alpha}, \overline{\alpha}\} \tag{9-107}$$

以上公式中，式(9-92)保证了由集合$\mathcal{S}$索引得到的风电功率实际值$\overline{w}_t$都会落入预测区间中，满足式(9-81)。约束式(9-93)～式(9-96)和式(9-99)～式(9-102)分别对原始约束条件式(9-56)～式(9-60)～式(9-63)进行了大 M 系数缩减与冗余 0-1 变量削减。约束式(9-97)和式(9-98)将约束式(9-60)～式(9-63)中部分 0-1 变量值预设为 1。简化后的 MILP 问题的决策变量集$\mathcal{D}_{\mathrm{R}}$具体如下：

$$\mathcal{D}_{\mathrm{R}} = \begin{Bmatrix} \boldsymbol{v}_{\underline{\alpha}}, \boldsymbol{v}_{\overline{\alpha}}, \boldsymbol{\eta}_{\underline{\alpha}}, \boldsymbol{\eta}_{\overline{\alpha}}; \\ r_t^{\mathrm{u}}, r_t^{\mathrm{d}}, r_{t,-}^{\mathrm{u}}, r_{t,-}^{\mathrm{d}}, \quad \forall t \in \mathcal{T}; \\ z_t^{\underline{\alpha}}, z_t^{\overline{\alpha}}, z_t; \\ \forall t \in \mathcal{T} \setminus \mathcal{S}; \\ z_t^{\mathrm{u}}, \quad \forall t \in \mathcal{T} \setminus \mathcal{L}; \\ z_t^{\mathrm{d}}, \quad \forall t \in \mathcal{T} \setminus \mathcal{U} \end{Bmatrix} \tag{9-108}$$

对比原始的决策变量集$\mathcal{D}$，$\mathcal{D}_{\mathrm{R}}$削减了$3|\mathcal{S}|+|\mathcal{L}|+|\mathcal{U}|$的 0-1 变量值，大大简化了 MILP 问题。

9.6 算 例 分 析

9.6.1 算例描述

本节利用比利时输电网运营机构 Elia 公开的系统级风电真实功率与日前预测功率数据，验证备用量化方法的有效性。上述数据的时间分辨率为 1h，涵盖从 2019 年 12 月～2020 年 11 月四个季节。截至 2020 年 11 月底，比利时全境的风电装机总量为 4544.829MW，基于该装机总量对风电数据进行归一化处理。采用滚动时间窗的策略构建机器学习模型，即训练样本对应时段随着预测时段滚动向前推移。如图 9.3 所示，本章所关注的预测时段和提前时段均为一天，将最近一个月的历史风电数据作为训练集样本完成模型训练，进而估计次日的风电预测区间及备用需求，对所得的机器学习模型每日更新一次，即滚动时间窗口长度为一天。为了体现不同季节风电出力差异性对备用量化结果的影响，对四季的备用量化结果分别进行评估。表 9.5 给出了所采用的正负备用预留价格及缺额惩罚价格，其中正备用不足的价格对应切负荷惩罚价格，负备用不足的价格对应弃风价格。

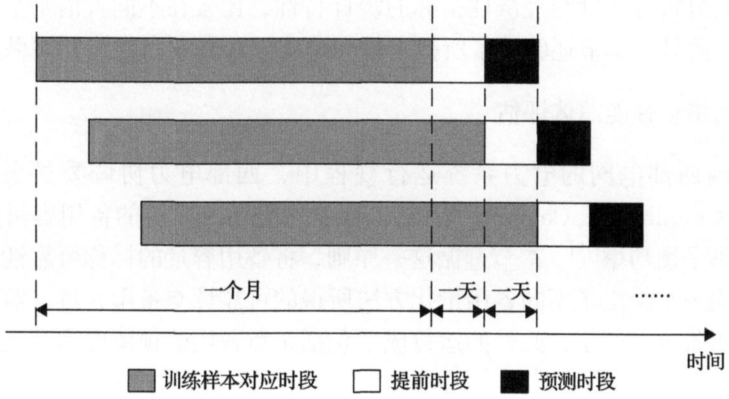

图 9.3　基于滚动时间窗的模型训练示意图

表 9.5　备用预留价格及缺额惩罚价格

价格类型	价格/(\$/MW · h)
正备用预留	4.80
负备用预留	0.07
正备用不足惩罚	500
负备用不足惩罚	30

选取四种已有备用量化方法作为基准模型进行对比，这些方法首先获得风电概率预测结果，然后利用概率预测估计系统备用容量需求，遵循序贯预测-决策的传统准则。四种基准模型包括动态统计学方法(dynamic statistical approach，DS)[13]、基于非参数中心预测区间(central prediction intervals，CPI)[9]和最短可靠预测区间(shortest well-calibrated prediction intervals，SPI)[8]备用量化方法、以及风险-成本决策(risk-cost based decision，RCD)[22]方法。DS 方法首先将风电功率划分为若干组段，对预测误差按照功率组段进行分类，利用高斯分布分别拟合属于不同组段内的误差统计分布，最终得到以功率组段为条件的备用量化结果。CPI 方法和 SPI 方法分别利用中心预测区间和最短可靠预测区间的边界确定正负备用需求，其区间标称置信水平与系统要求的可靠性水平保持一致。与上述基准模型不同，RCD 方法考虑了因备用预留与备用缺额所导致的系统运行成本，通过最小化备用预留成本和备用缺额惩罚的期望值确定最优的备用容量，其备用缺额惩罚的期望值可以利用风电功率的概率分布预测计算评估。在基准模型 CPI 和 SPI 中，风电预测区间由极限学习机生成；在基准模型 RCD 中，风电功率概率分布通过条件核密度估计生成。

为了验证所提出方法的有效性，对各备用量化方法在不同季节中达到的可靠性和经济性进行评估。考虑到备用量化结果在不同数据集和置信水平下性能的差异性，本节分析可靠性与经济性指标的统计特性，比较在不同置信水平下的备用量化结果。此外，本节还验证了所提求解策略对于计算效率的提升效果。

9.6.2 备用量化性能总体评估

在美国西部电网的电力系统运行规程中，西部电力协调委员会(Western Electricity Coordinating Council，WECC)通常规定系统预留的备用容量应当能补偿 95%的不平衡功率[10]，本节遵循这一原则，将备用容量的标称可靠性水平设置为 95%。表 9.6 给出了不同备用量化方法所得的可靠性与备用容量，对应的系统运行成本如图 9.4 所示，此处的运行成本包括正负备用的预留成本及正负备用缺额惩罚。

表 9.6　不同方法所得运行备用的可靠性与容量大小

季节	方法	ECP/%	CM/%	AUR	ADR
冬季	DS	82.01	−12.99	0.0776	0.1442
	CPI	95.00	0.00	0.2138	0.0901
	SPI	91.11	−3.89	0.1240	0.0573
	RCD	95.42	0.42	0.1498	0.0710
	IPFD	98.13	3.13	0.1932	0.1470
春季	DS	85.00	−10.00	0.0708	0.1186
	CPI	91.25	−3.75	0.1379	0.0823
	SPI	90.42	−4.58	0.1024	0.0550
	RCD	93.82	−1.18	0.1143	0.0804
	IPFD	95.83	0.83	0.1487	0.1779
夏季	DS	85.62	−9.38	0.0786	0.1210
	CPI	91.60	−3.40	0.1574	0.0910
	SPI	90.99	−4.01	0.1074	0.0784
	RCD	93.41	−1.59	0.1144	0.0954
	IPFD	95.97	0.97	0.1272	0.1746
秋季	DS	91.19	−3.81	0.1053	0.1331
	CPI	88.52	−6.48	0.2129	0.1159
	SPI	91.87	−3.13	0.1265	0.1073
	RCD	93.51	−1.49	0.1369	0.1137
	IPFD	95.63	0.63	0.1669	0.1686

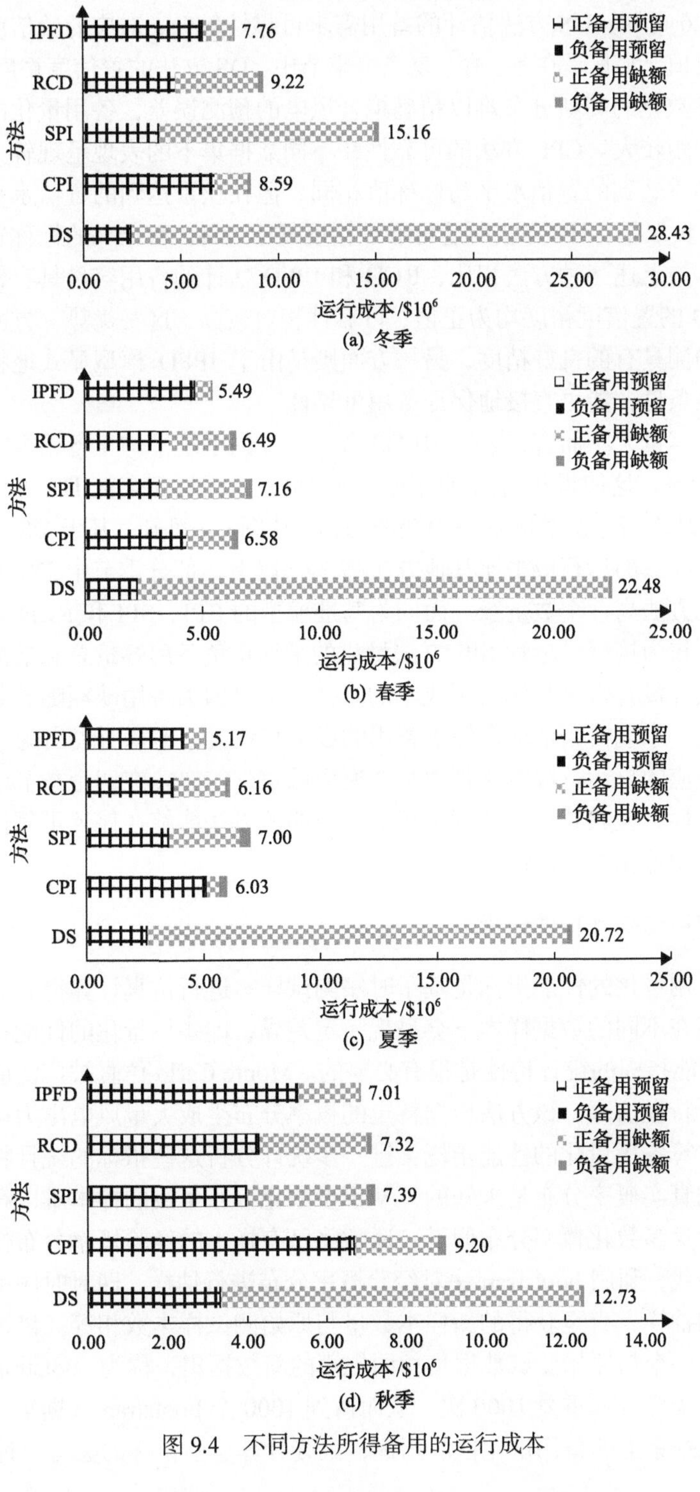

图 9.4　不同方法所得备用的运行成本

由表 9.6 可知，DS 方法估计的备用需求可靠性较低，对应的置信度裕度指标为较大的负值，尤其是在冬、春、夏三个季节中，DS 方法的置信度裕度低于–9%。这是因为参数化的高斯分布难以精确拟合风电的预测误差，备用量化的标称置信度与实际差距较大。CPI 方法的可靠性在不同数据集下的表现呈现较大的差异，该方法在冬季达到的置信水平与标称值相同，但在秋季达到的置信水平则存在高达 6.48%的负误差。SPI 方法所达可靠性裕度低于–3%，和 95%的标称置信度存在一定差距。与上述三种方法相比，RCD 和 IPFD 估计的备用容量具有较精确的置信度。IPFD 的置信度裕度均为正值，可靠性相对较高，这一优势一方面来源于非参数概率预测具有的良好精度，另一方面则是由于 IPFD 模型显式地将置信度预算作为约束条件，能更直接地保证备用可靠性。

就备用容量大小而言，表 9.6 中 DS 方法估计的系统平均正备用需求至少比其他方法低 15%，这使得相当比例的风电预测负误差无法完全被 DS 方法确定的正备用补偿，从而带来显著的正备用缺额惩罚。从图 9.4 可知，基于 DS 方法确定的备用容量所导致的运行成本比其他方法高 38%以上，部分季节中 DS 的备用成本甚至比其他方法高一个数量级。而同为基准模型的 CPI、SPI 和 RCD 方法对应的运行成本则较为接近。尽管 SPI 方法量化的平均正负备用容量总和最低，但较低的备用总量并没有带来整体备用成本的降低，这是因为备用缺额随着备用预留的降低而增大，未能恰当地均衡提供备用的成本与效益。本章所提出的 IPFD 备用量化方法对应的总运行成本比其他基准模型低 4%～75%，在四个季节中均达到了最优的经济性，且其置信度裕度为正值，说明该方法能够在保证可靠性的前提下显著提升备用量化的经济性。

9.6.3 备用量化统计特性分析

由于备用量化的性能指标是基于时序测试样本进行仿真计算得到的确定性数值，该数值在不同的数据样本下会呈现一定差异，即备用量化的性能存在不确定性，研究性能指标的统计特性是很有必要的。Monte Carlo 仿真被广泛应用于备用量化的统计特性仿真，该方法根据特定的概率分布生成大量风电出力样本，在这些样本下计算备用量化的性能指标，进一步统计分析这些指标的统计特性。由于风电出力的真实概率分布是未知的，基于参数化分布生成的样本难以符合真实情况。为了避免参数化概率分布假设，通常将已有样本的经验概率分布作为真实概率分布的替代，利用 bootstrap 法对经验概率分布进行抽样，即对时序测试样本进行有放回的抽样，直至获得的新样本数量与原始测试样本数相等。该过程每重复一次即获得一个与原始测试数据集相同规模的新数据集，称为 bootstrap 数据集。本节将上述采样过程重复 1000 次，从而得到 1000 个 bootstrap 数据集，计算每个 bootstrap 数据集上的备用量化性能指标，最终计算这些指标的关键统计量。

表 9.7 展示了不同备用量化方法在 1000 个 bootstrap 数据集下置信度裕度和运行成本的均值和标准差。总体而言，表 9.7 中置信度裕度和运行成本的均值与前一节表 9.6 和图 9.4 中的确定性指标较为接近。本章所提出的 IPFD 方法的置信度裕度标准差是所有方法中最低的，体现出该方法对不同数据集都有稳健的可靠性。尽管在冬、夏、秋三季中 CPI 方法的运行成本标准差比 IPFD 低，但 CPI 方法的运行成本均值显著高于 IPFD，所提 IPFD 方法的运行成本均值在四季中比 CPI 方法低 10%～24%，说明了 CPI 方法的运行成本稳定保持在高于 IPFD 的水平。在除 CPI 以外的基准模型中，所提 IPFD 方法的运行成本标准差也是最低的，验证了该方法能在不同数据集下保持相对稳健的经济性优势。

表 9.7　备用量化可靠性与经济性的统计特性

季节	方法	CM		运行成本	
		均值	标准差	均值/$\$10^6$	标准差/$\$10^6$
冬季	DS	–12.97%	0.97%	28.3338	2.3419
	CPI	–0.01%	0.58%	8.6067	0.4128
	SPI	–3.87%	0.75%	15.2288	1.8088
	RCD	0.42%	0.56%	9.2296	1.0961
	IPFD	3.15%	0.35%	7.7453	0.4750
春季	DS	–9.97%	0.91%	22.3439	1.9728
	CPI	–3.77%	0.74%	6.5934	0.3195
	SPI	–4.57%	0.77%	7.1557	0.8098
	RCD	–1.17%	0.63%	6.4926	0.6352
	IPFD	0.84%	0.53%	5.4870	0.1696
夏季	DS	–9.36%	0.93%	20.6061	1.7696
	CPI	–3.37%	0.71%	6.0234	0.1815
	SPI	–3.98%	0.75%	6.9838	0.6785
	RCD	–1.60%	0.65%	6.1956	0.6049
	IPFD	0.96%	0.53%	5.1635	0.2462
秋季	DS	–3.82%	0.72%	12.7182	1.2095
	CPI	–6.49%	0.83%	9.2081	0.2990
	SPI	–3.11%	0.71%	7.3506	0.8218
	RCD	–1.49%	0.64%	7.3342	0.7224
	IPFD	0.65%	0.54%	6.9953	0.5644

为了更加直观地反映不同方法的统计特性，不失一般性，图 9.5 和图 9.6 分别绘制了在冬季 bootstrap 数据集下不同方法所得备用置信度裕度和运行成本的累积概率分布。表 9.7 中所提方法具有最高的置信度裕度均值和最低的运行成本均值，

其对应的累积概率分布曲线分别位于图 9.5 的最右侧和图 9.6 的最左侧。值得注意的是，图 9.5 和图 9.6 中所提方法的累积概率分布曲线相对狭窄集中，说明该方法所达到的可靠性与经济性指标在不同 bootstrap 数据集下都较为稳定。根据所提 IPFD 方法分布曲线的形态及其相对位置，可以推断该方法能以较大概率保证置信度裕度高于其他基准方法，保证运行成本低于其他基准方法。上述备用量化性能统计特性分析进一步证实了所提 IPFD 方法在置信水平和运行成本两方面均表现出稳健的优越性。

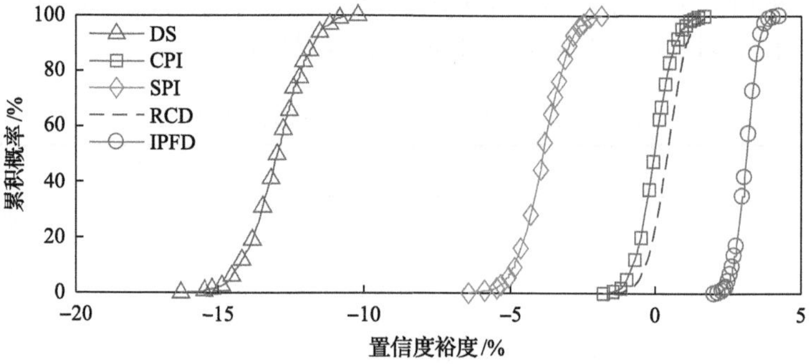

图 9.5　冬季 bootstrap 数据集下不同方法所得备用置信度裕度的累积概率分布

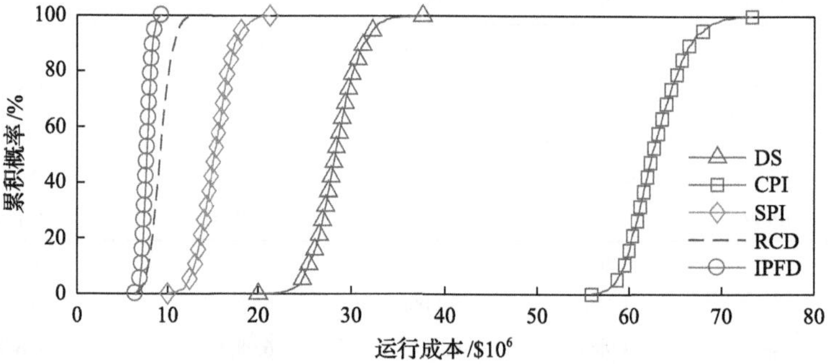

图 9.6　冬季 bootstrap 数据集下不同方法所得备用运行成本的累积概率分布

9.6.4 不同置信度下备用量化性能分析

除了参照运行导则或企业标准，电力系统运行人员有时也会根据运行经验灵活设置不同的备用可靠性要求。本节测试各方法在不同标称置信水平要求下的有效性。为不失一般性，选取 85%～95%的置信水平范围进行考察，图 9.7 和图 9.8 分别展示了各备用量化方法在夏季的置信度裕度和运行成本。由图 9.7 和图 9.8 可知，DS 方法估计的备用容量在各标称置信水平下存在约 10%的置信度缺额，对应的运行成本也高达其他各方法的 2 倍以上。由于 RCD 方法在确定备用容量时并不考虑标称置信水平要求，其备用量化结果不随标称置信水平要求而改变。

RCD 方法在图 9.7 中的置信度裕度曲线为一条斜率固定的线段，在图 9.8 对应的运行成本曲线则是一条与横轴平行的线段，该方法对预测误差的经验覆盖概率为 93.4%。在多置信水平要求下，两种基于预测区间的基准模型 CPI 和 SPI 具有相近的可靠性表现。尽管 SPI 方法基于更窄的预测区间对备用进行量化，其确定的备用总量要低于 CPI，但 CPI 方法对应的总备用成本比 SPI 低 13%～38%，这说明仅通过缩短区间宽度、降低备用总量对提升经济性的作用较为有限。所提出的 IPFD 方法量化的备用容量置信度具有较高的置信度裕度，能以标称置信水平为下限自适应地增大实际置信水平，且在上述置信水平要求下总运行成本比其他方法低 14%～84%，体现出显著的可靠性与经济性优势。

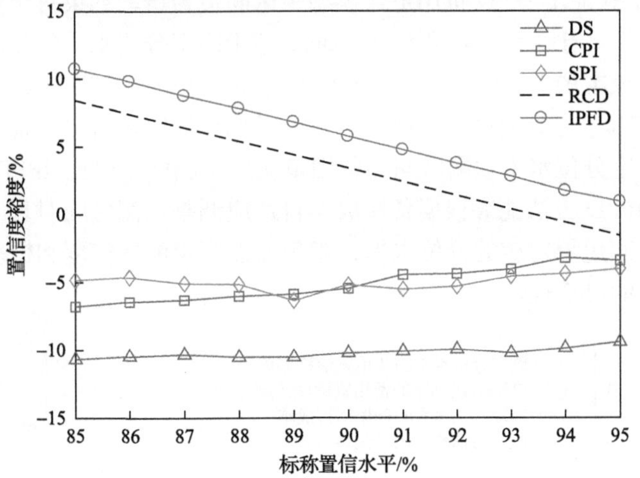

图 9.7　不同方法在夏季所得多置信水平备用的置信度裕度

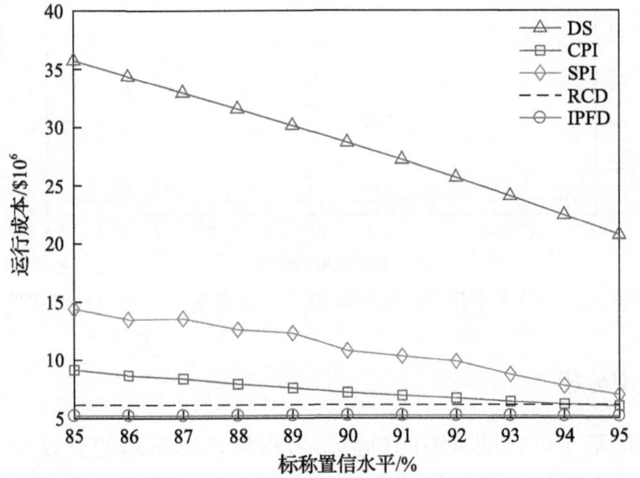

图 9.8　不同方法在夏季所得多置信水平备用的运行成本

对于同一标称覆盖率下的预测区间，其上下边界可由不同分位水平下的分位数构成，这些区间对应着不同的概率质量偏差，基于不同分位水平预测区间估计的备用需求也呈现出各异的性能。传统预测区间通常固定其上下边界对应的一对分位水平，而所提 IPFD 方法无需指定该分位水平的数值，允许在不同时间断面区间上下边界对应不同的分位水平。针对 95%的标称覆盖率，利用直接分位数拟合方法[23]生成概率质量在±5%之间的固定分位水平预测区间，并基于这些区间估计系统备用需求，进而与所提 IPFD 方法所得备用估计的可靠性和经济性进行对比。图 9.9 展示了不同方法夏季所得备用的可靠性与经济性，由图可知，在所有的概率质量偏差下，基于固定分位水平预测区间的备用量化置信度裕度均低于所提 IPFD 方法，验证了 IPFD 备用量化模型中区间覆盖概率约束对于保证备用量化可靠性的有效性。当概率质量偏差为 1%时，基于固定分位水平预测区间的备用量化对应的运行成本最低，此时的预测区间下边界对应分位水平为 2%，上边界对应分位水平为 97%。尽管通过恰当调整概率质量偏差能够显著提升备用量化的经济性，但基于固定分位水平预测区间的备用量化成本仍然至少比 IPFD 方法高至少 13.8%。所提 IPFD 方法能够根据备用成本自适应调整预测区间对真实风电功率的覆盖概率和区间边界对应的分位水平，避免预设固定的置信度和概率质量偏差，因而具有更高的灵活性。

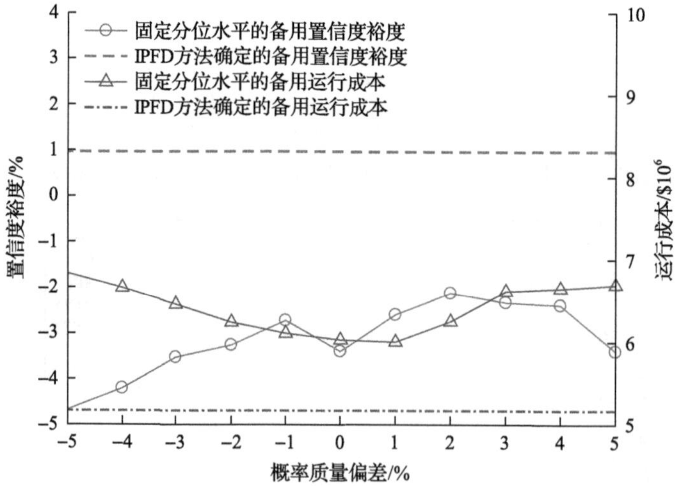

图 9.9 基于固定分位水平预测区间与所提方法在夏季所得备用的可靠性与经济性

9.6.5 计算效率分析

为验证所提基于可行域紧缩的机器学习模型训练策略的有效性，分别对可行域紧缩前后的混合整数线性规划问题进行求解，并完成对夏季系统备用容量的量化与评估，所选取的最低置信水平为 95%。上述混合整数线性规划问题均通过成熟求解器 CPLEX 进行求解，求解单个问题的最长时限设置为 1 小时。所采用的仿真硬件平台为搭载 Intel Core i7-7700 CPU @ 3.60GHz 和 16GB 内存的计算机。

表 9.8 给出了求解可行域紧缩前后混合整数线性规划问题的相关信息，包括 62 个仿真日中备用量化问题中的逻辑变量个数、平均计算时间及最长计算时间。由表可知，若不采用可行域紧缩技术，求解原始混合整数线性规划所需时间可达近 1 小时。通过可行域紧缩技术，约 92.3%的冗余逻辑变量被削减，从而使平均计算时间降至 1 秒。在 62 个仿真日中，所有的备用优化模型都在 3 秒内完成求解，计算效率提升了数百倍，从而验证了所提可行域紧缩策略能够有力支撑备用量化模型的在线应用。

表 9.8　不同求解策略下的计算效率比较

评估指标	可行域紧缩前	可行域紧缩后
平均逻辑变量个数	3595	263
平均计算时间/s	129.07	1.07
最长计算时间/s	3579.32	2.94

9.7　本章小结

传统意义上，预测者仅关注预测质量的提升，忽视了预测对于决策的价值。序贯预测-决策的框架依赖给定的预测信息进行优化决策，预测仅作为决策的输入，难以进一步通过调整预测信息改善决策性能，存在一定局限性。针对传统序贯预测-决策框架的不足，本章提出新能源电力系统概率预测-决策一体化理论，将预测模型和决策模型的统一集成至一个机器学习模型中，通过直接优化基于预测的决策所导致的成本或效益，获得成本导向的预测区间，协同提升预测质量和预测价值。以基于风电概率预测的电力系统运行备用量化为例，展示了预测-决策一体化理论在电力系统中的应用。利用极限学习机输出风电功率的非参数预测区间，通过预测区间的上下边界确定系统正负运行备用容量需求。以备用预留成本和备用缺额惩罚作为机器学习训练的损失函数，权衡备用量化决策带来的成本效益，在保证良好可靠性的前提下有效减少系统运行成本，优化预测信息对于决策的价值。基于本章所提的可行域紧缩技术，概率预测-决策一体化模型可以在数秒内被高效求解，进而可靠地支撑该方法在电力系统运行中的在线应用，具有广阔的应用前景。

参考文献

[1] Murphy A H. What is a good forecast? An essay on the nature of goodness in weather forecasting[J]. Weather and forecasting, 1993, 8(2): 281-293.

[2] Zhao C, Wan C, Song Y. Operating reserve quantification using prediction intervals of wind power: An integrated probabilistic forecasting and decision methodology[J]. IEEE Transactions on Power Systems, 2021, 36(4): 3701-3714.

[3] Elmachtoub A N, Grigas P. Smart "Predict, then Optimize"[J]. Management Science, 2022, 68(1): 9-26.

[4] Zhao C, Wan C, Song Y. Cost-oriented prediction intervals: On bridging the gap between forecasting and decision[J]. IEEE Transactions on Power Systems, 2021, to be published, doi: 10.1109/TPWRS.2021.3128567.

[5] North American Electric Reliability Corporation. Reliability standards for the bulk electric systems of North America[S]. 2011.

[6] da Silva A M L, da Costa Castro J F, Billinton R. Probabilistic assessment of spinning reserve via cross-entropy method considering renewable sources and transmission restrictions[J]. IEEE Transactions on Power Systems, 2017, 33(4): 4574-4582.

[7] Park B, Zhou Z, Botterud A, et al. Probabilistic zonal reserve requirements for improved energy management and deliverability with wind power uncertainty[J]. IEEE Transactions on Power Systems, 2020, 35(6): 4324-4334.

[8] Zhao C, Wan C, Song Y. An adaptive bilevel programming model for nonparametric prediction intervals of wind power generation[J]. IEEE Transactions on Power Systems, 2020, 35(1): 424-439.

[9] Wan C, Wang J, Lin J, et al. Nonparametric prediction intervals of wind power via linear programming[J]. IEEE Transactions on Power Systems, 2018, 33(1): 1074-1076.

[10] Ela E, Milligan M, Kirby B. Operating reserves and variable generation[R]. Colden: National Renewable Energy Lab. (NREL), Golden, CO (United States), 2011.

[11] Doherty R, Malley M O. A new approach to quantify reserve demand in systems with significant installed wind capacity[J]. IEEE Transactions on Power Systems, 2005, 20(2): 587-595.

[12] Fahiman F, Disano S, Erfani S M, et al. Data-driven dynamic probabilistic reserve sizing based on dynamic bayesian belief networks[J]. IEEE Transactions on Power Systems, 2019, 34(3): 2281-2291.

[13] Stiphout A V, Vos K D, Deconinck G. The impact of operating reserves on investment planning of renewable power systems[J]. IEEE Transactions on Power Systems, 2017, 32(1): 378-388.

[14] Bruninx K, Delarue E. A Statistical description of the error on wind power forecasts for probabilistic reserve sizing[J]. IEEE Transactions on Sustainable Energy, 2014, 5(3): 995-1002.

[15] Wan C, Xu Z, Pinson P. Direct interval forecasting of wind power[J]. IEEE Transactions on Power Systems, 2013, 28(4): 4877-4878.

[16] Vapnik V. Principles of risk minimization for learning theory[C]//San Francisco: Advances in Neural Information Processing Systems. Morgan Kaufmann, 1991.

[17] Rudin C, Waltz D, Anderson R, et al. Machine learning for the New York city power grid[J]. IEEE Transactions on Pattern Analysis and Machine Intelligence, 2012, 34(2): 328-345.

[18] Jordan M I, Mitchell T M. Machine learning: Trends, perspectives, and prospects[J]. Science, 2015, 349(6245): 255-260.

[19] Tibshirani R. Regression shrinkage and selection via the lasso: a retrospective[J]. Journal of the Royal Statistical Society: Series B (Statistical Methodology), 2011, 73 (3) : 273-282.

[20] Qiu F, Li Z, Wang J. A data-driven approach to improve wind dispatchability[J]. IEEE Transactions on Power Systems, 2017, 32 (1) : 421-429.

[21] Wan C, Zhao C, Song Y. Chance constrained extreme learning machine for nonparametric prediction intervals of wind power generation[J]. IEEE Transactions on Power Systems, 2020, 35 (5) : 3869-3884.

[22] Matos M A, Bessa R J. Setting the operating reserve using probabilistic wind power forecasts[J]. IEEE Transactions on Power Systems, 2011, 26 (2) : 594-603.

[23] Wan C, Lin J, Wang J, et al. Direct quantile regression for nonparametric probabilistic forecasting of wind power generation[J]. IEEE Transactions on Power Systems, 2017, 32 (4) : 2767-2778.